ÉTUDES

SUR LES

ÉTAGES JURASSIQUES INFÉRIEURS

DE LA

NORMANDIE.

ÉTUDES

SUR LES

ÉTAGES JURASSIQUES INFÉRIEURS

DE LA

NORMANDIE.

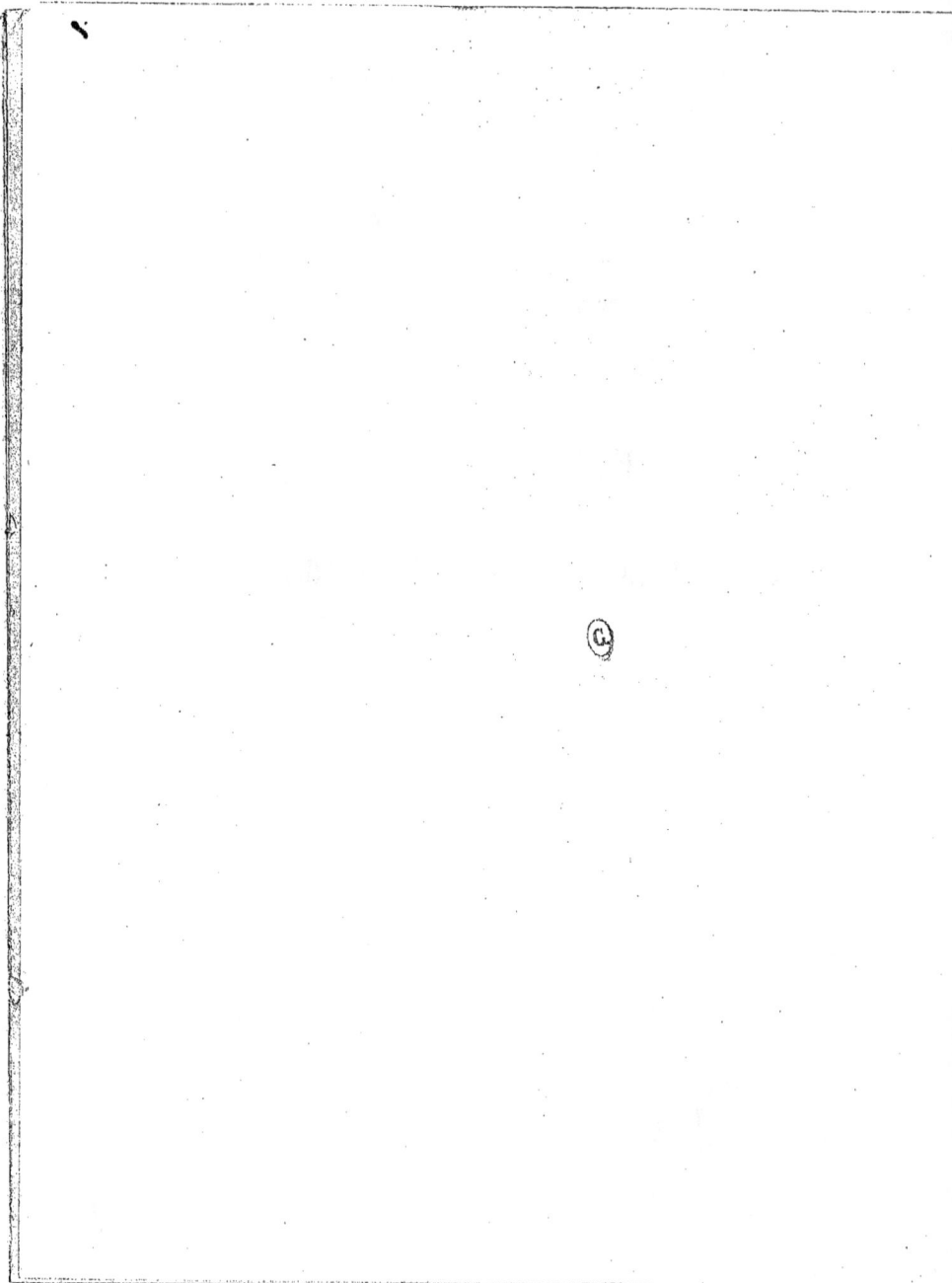

ÉTUDES

SUR LES

ÉTAGES JURASSIQUES INFÉRIEURS

DE LA

NORMANDIE,

Par M. Eugène EUDES-DESLONGCHAMPS,

DOCTEUR ÈS SCIENCES NATURELLES,
PRÉPARATEUR DE GÉOLOGIE A LA FACULTÉ DES SCIENCES DE PARIS,
MEMBRE DU COMITÉ DE LA PALÉONTOLOGIE FRANÇAISE, ETC., ETC.

Avec 47 coupes partielles intercalées dans le texte et 3 planches de coupes et de cartes gravées par l'auteur.

> Il serait bien à désirer que la délimitation de tous ces calcaires si différents d'aspect, si singulièrement partagés quant au nombre et aux espèces les plus abondantes de leurs fossiles, fût faite avec soin et détails comme monographie de localités.
>
> EUDES-DESLONGCHAMPS, *Mémoire sur le Pachlopleuron Bucklandi.*

PRIX : 12 FRANCS.

PARIS,

F. SAVY, LIBRAIRE-ÉDITEUR,
Rue Hautefeuille, 24.

CAEN,

F. LE BLANC-HARDEL, IMP.-LIB.,
Rue Froide, 2.

1864.

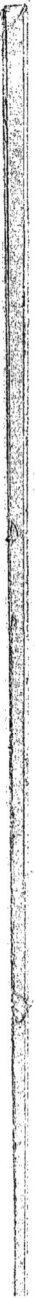

INTRODUCTION.

Les coupes magnifiques de la côte de Normandie, qui nous offre la série jurassique au complet, et la grande richesse en fossiles de la plupart de ses couches ont fait depuis long-temps, de cette contrée, un type classique pour l'étude de la géologie. Mais, malgré les nombreux travaux qu'elle a inspirés, il est resté un certain vague sur la délimitation rigoureuse de ces couches; et si quelques-unes sont bien classées, il en est d'autres sur lesquelles il règne encore aujourd'hui une véritable obscurité. Aussi, lorsque nous voyons de tous côtés se produire d'excellentes études, tantôt sur un point de la France, tantôt sur un autre, il est pénible de voir presque délaissée la terre classique du terrain jurassique, illustrée autrefois par les études des de La Bêche, de Caumont, Buckland, de Buch, Dufrénoy, Elie de Beaumont, et tant d'autres géologues éminents.

En effet, depuis la publication du IIe volume de la *Carte géologique de France*, aucun travail spécial un peu important n'a été

1

fait sur cette contrée, et le vœu que mon père exprimait en 1838, et que j'ai pris pour épigraphe, n'est pas encore exaucé.

C'était pour moi un désir bien ardent et presque un devoir de chercher à combler cette lacune : aussi, depuis plus de dix années, j'ai parcouru, dans tous les sens, la partie jurassique de nos trois départements ; j'ai relevé avec un soin minutieux la plupart des coupes, et surtout je me suis efforcé de limiter d'une manière rigoureuse les moindres couches, d'en reconnaître les allures, les transformations d'un point à un autre, et j'ai tâché d'en étudier comparativement les faunes. Alors mille petits détails qui m'avaient d'abord paru insignifiants ont eu leur importance, et, de déduction en déduction, j'en suis arrivé souvent à modifier du tout au tout des idées préconçues, que je m'étais formées tout d'abord.

On pourra croire que ces travaux de détail sont d'une assez médiocre importance ; et c'est, en effet, ce que s'imaginent ceux qui ne font que passer dans une contrée et voient les choses de loin et d'en haut ; mais quand on aborde résolûment la difficulté, que de mécomptes ! rien n'est plus long et ne demande plus de vérifications, de courses et de temps. Cette étude paraît en un mot simple et facile, quand on n'a dans l'esprit que des masses : les notions qu'on s'en fait alors ressemblent à ces représentations vagues d'objets qu'on regarde à l'aide d'un verre grossissant et dont les contours ne sont point arrêtés ; tout paraît bien en place, mais les détails ne sont rien. Mais si vous vous placez au point où les cercles de diffusion ont disparu, alors la scène change : là où vous n'aperceviez rien ou presque rien, des contours nouveaux se dessinent, une masse de détails apparaissent, et tout un monde dont vous ne soupçonniez pas l'existence se révèle à vos yeux étonnés.

C'est ce qui m'est arrivé. Lorsque j'entrepris tout d'abord

cette étude, tout me paraissait simple et facile, et je croyais qu'une année ou deux suffiraient pour la mener à bonne fin ; mais plus j'avançais, moins je voyais le but se rapprocher, au contraire il s'éloignait davantage, et oserai-je l'avouer : encore maintenant, après tant de recherches, bien des points sont restés obscurs et demanderaient à être éclaircis.

Mon intention était d'abord de comprendre dans ce travail toutes les couches jurassiques de la Normandie ; mais j'ai dû me borner pour l'instant au lias et au système oolithique inférieur : réservant pour une autre étude les systèmes oolithiques moyen et supérieur, pour lesquels j'ai déjà rassemblé une grande quantité de matériaux.

Ainsi restreinte, la monographie que je livre aujourd'hui à l'impression comprendra encore une grande quantité de sujets. Je la diviserai en deux parties : la première aura trait à la description des couches composant les divers étages du lias et du système oolithique inférieur. On y trouvera discutées la valeur et l'étendue de chacun de ces étages. Nous passerons ensuite en revue les couches qui les composent, leurs caractères minéralogiques et paléontologiques, les modifications qu'elles éprouvent en passant d'une région dans une autre, leurs rapports avec celles qui les précèdent ou les suivent dans la série. Enfin, en terminant l'étude de chacun de ces étages, nous donnerons toujours un résumé qui fera connaître les travaux principaux dont ils auront été l'objet, et l'état actuel de nos connaissances à leur égard. Ces petits résumés nous dispenseront de consacrer un article spécial à la bibliographie, puisque nous aurons soin de renvoyer aux mémoires originaux lorsque nous traiterons de chaque étage en particulier.

La seconde partie du travail comprendra des considérations géologiques et paléontologiques sur les couches décrites dans la première. Nous y étudierons d'abord les stations paléontologiques remarquables, et particulièrement le récif si curieux de May et de Fontaine-Étoupefour, que nous suivrons dans ses divers états en passant en revue les différentes faunes qui l'ont animé. Le second chapitre sera consacré à des dislocations subies par ces couches, postérieurement à leur dépôt. Enfin, le troisième et dernier chapitre traitera de l'extension des étages et des limites des mers pendant leurs diverses phases de sédimentation. Nous y ferons connaître un certain nombre de grandes coupes prises en divers sens, à travers nos trois départements; et ce sujet nous amènera naturellement, en parlant des niveaux, à signaler les nombreuses nappes d'eau que récèlent, à diverses hauteurs, les couches argileuses de nos terrains.

Ce travail est donc, comme on le voit, une monographie complète des étages jurassiques inférieurs de la Normandie. Nous ne laisserons de côté que ce qui a trait aux applications que ces diverses couches peuvent fournir à l'industrie, comme les qualités et usages des divers calcaires et argiles, et nous renverrons pour ces détails aux travaux de MM. Hérault et de Caumont, qui, dans le *Tableau des terrains du département du Calvados* et dans la *Topographie géognostique* du même département, ont traité ce sujet d'une manière beaucoup plus complète que je n'aurais pu le faire.

E. DESLONGCHAMPS.

Paris, ce 18 juin 1864.

Ire PARTIE.

ÉTUDE DES DIFFÉRENTES COUCHES DES SYSTÈMES LIASIQUE ET OOLITHIQUE INFÉRIEUR.

CHAPITRE Ier

LIMITES DES SYSTÈMES LIASIQUE ET OOLITHIQUE INFÉRIEUR.

§ 1. — Les limites entre lesquelles sont compris ces deux systèmes sont très-nettes en Normandie et inhérentes à la configuration même du sol. Ce sont, d'une part, les *argiles triasiques;* de l'autre, les puissantes assises oxfordiennes, également argileuses, connues dans le pays sous le nom d'*argiles de Dives.*

Les deux systèmes forment, dans les départements du Calvados et de l'Orne, une large zone nord-ouest-sud-est qui constitue la deuxième région naturelle, si bien indiquée par M. de Caumont dans sa *Topographie géognostique du Calvados.* Cette zone présente, en général, de vastes plaines dont l'uniformité n'est interrompue que par quelques vallées et contraste, sous ce rapport, avec deux autres régions constituées, d'un côté, par la craie et les systèmes jurassiques moyen et supérieur, c'est-à-dire l'ancien Vexin ; de l'autre, par les anciens terrains, c'est-à-dire le Bocage normand.

Les limites géologiques en sont aussi bien établies que les limites topographiques ; elles ont été tracées de la manière la plus nette par M. Hébert, pour tout le bassin de Paris. « Elles marquent l'instant où « s'est terminée la première période d'affaissement général et où com-

« mence la deuxième, c'est-à-dire d'un exhaussement, également gé-
« néral, qui se continuera jusqu'à la fin de la grande période jurassique.
« C'est alors que la grande oolithe, après son dépôt, s'est trouvée sur
« tout son pourtour émergée hors des eaux pour n'y plus rentrer jusqu'à
« la fin de l'époque jurassique (1). Un temps d'arrêt assez long a
« marqué ce changement dans la direction du mouvement oscillatoire
« du sol. La grande oolithe, en effet, porte presque partout à sa surface
« l'empreinte d'érosions plus ou moins puissantes, qui ont quelquefois
« entièrement enlevé certaines assises, le plus ordinairement durci et
« corrodé la surface, permis aux animaux lithophages de s'y creuser de
« nombreuses demeures. Presque dans tous les points où nous avons pu
« observer le contact immédiat de l'oxford-clay et de la grande oolithe,
« nous avons vérifié l'existence de ces nombreux trous de coquilles per-
« forantes et aussi d'huîtres, de serpules, fixées à la surface de la roche
« usée qui terminait la grande oolithe. »

§ 2. — Ces limites sont surtout très-tranchées en Normandie. Partout,
en effet, où nous pouvons constater le contact immédiat de la grande

oolithe et des assises oxfordiennes ou calloviennes, nous voyons la surface supérieure de
la première usée en table ou étagée par des
corrosions successives ; mais le fait ne se voit
nulle part mieux que dans la petite falaise de
Lion-sur-Mer (Calvados). Nous donnons ici
une figure représentant ce contact. Cette surface est usée et durcie, couverte d'huîtres plates
adhérentes et percée d'innombrables trous produits par les coquilles lithophages : circonstances qui prouvent qu'il a dû s'écouler un
long espace de temps avant le dépôt, sur la
grande oolithe, des premières assises calloviennes.
Mais cette discordance devient bien plus manifeste encore si nous

(1) Hébert, *Les mers anciennes et leurs rivages dans le bassin de Paris*, 1re partie : Terrain jurassique, p. 5.

suivons quelque temps le contact des deux roches. En effet, nous voyons, à Lion-sur-Mer, qu'une couche de la grande oolithe a disparu. Cette couche est le cornbrash, dont les fossiles remaniés sont sur la place même ou près de l'endroit d'où ils ont été arrachés par les eaux de la mer oxfordienne. Ces fossiles du cornbrash sont eux-mêmes usés et roulés, ou bien corrodés par les vers et garnis de serpules. Non-seulement la surface de la grande oolithe est usée et corrodée, mais encore l'inclinaison des couches n'est plus la même ; enfin, la grande oolithe subit un affaissement entre Lion-sur-Mer et Colleville, et se relève ensuite si fortement que vers Perriers, à moins d'un kilomètre, sa hauteur dépasse de 65 mètres le niveau du rivage callovien.

Si nous suivons le contact des deux systèmes depuis la côte jusque dans le département de l'Orne, nous verrons d'autres faits se produire. Ainsi, dans un grand nombre de points, nous trouverons les assises calloviennes en contact immédiat avec l'oolithe miliaire : par conséquent, les couches de Langrune ont dû être enlevées dans ces points par des dénudations. De plus, ce ne sont pas, sur toute cette ligne, les mêmes assises calloviennes qui seront en contact avec la grande oolithe : ainsi, à la butte d'Écoville, dans le Calvados, nous ne voyons aucune trace des couches calloviennes les plus inférieures caractérisées par l'*Ammonites macrocephalus* ; ce sont des couches moins profondes, appartenant au niveau de l'*Ammonites bullatus* ; du côté d'Argentan, nous voyons paraître les assises inférieures à *Ammonites macrocephalus*, mais seulement leurs couches les plus élevées ; enfin, vers Séez seulement, nous pouvons reconnaître les couches les plus inférieures de l'étage callovien, c'est-à-dire celles qui renferment à la fois des *Ammonites macrocephalus* et une grande quantité d'oursins, tels que les *Nucleolites clunicularis*, *Dysaster ellipticus*, etc., etc., accompagnés de véritables *Terebratula digona*. D'un autre côté, nous voyons au Merlerault les assises inférieures de la grande oolithe, ou d'oolithe miliaire, relevées en forme d'arc, s'élever au-dessus du niveau des assises oxfordiennes, dont la position horizontale prouve que le mouvement qui a relevé le plateau du Merlerault s'est produit, ou du moins a commencé à se produire, entre le dépôt du système oolithique inférieur et celui du système oolithique moyen. Cette dernière trace de discordance est la plus forte que nous ayons encore observée dans nos départements ; elle prouve , de la manière la plus nette, l'indépendance complète des deux systèmes. Pour bien faire sentir ces discordances , nous les représenterons graphiquement au moyen du diagramme suivant, qui montre la suc-

cession des couches depuis Lion-sur-Mer jusqu'au Merlerault. On y voit que la discordance est des plus complètes entre les couches 1 et 2 du système oolithique inférieur et les couches 3, 4, 5 du système oolithique moyen ; le n° 1 représente l'oolithe miliaire ; 2, le calcaire à polypiers ou couches de Langrune ; 3 , les assises inférieures à *Ammonites macrocephalus ; 4* , les assises supérieures à *Ammonites macrocephalus ; 5* , les assises calloviennes supérieure et moyenne.

Ces points posés , nous étudierons , dans les deux chapitres suivants, la composition des couches des systèmes liasique et oolithique inférieur.

CHAPITRE II.

SYSTÈME LIASIQUE.

I. SON ÉTENDUE EN NORMANDIE , SES DIVISIONS EN TROIS ÉTAGES. — II. DU CALCAIRE DE VALOGNES OU INFRA-LIAS. — III. DU LIAS A GRYPHÉES ARQUÉES. — IV. DU LIAS A BÉLEMNITES.

§ 3. — Le système liasique est constitué, en Normandie , par une puissante série de couches , les unes calcaires , les autres argileuses ou argilo-calcaires , reposant tantôt sur les terrains anciens , tantôt sur le trias , et qui s'étendent, dans le département de la Manche , dans les arrondissements de Valognes et de Carentan, dont elles forment presque toute la partie orientale. Dans le Calvados, on les suit sur une longue bande qui coupe obliquement du nord-ouest au sud-est les arrondissements de Bayeux , de Caen et de Falaise , et s'enfonce sous les divers sédiments du système oolithique inférieur. Arrêtés par les terrains anciens qui constituent les sommités siluriennes de Falaise et de Montabart , on les voit s'amincir beaucoup et disparaître entièrement , vers ce point du grand récif jurassique qui , à l'époque du lias , formait simplement un cap de la partie continentale ; mais elles le contournent vers l'ouest et pénètrent ainsi dans le département de l'Orne , où on les voit sur une mince bande qui , s'étalant auprès d'Écouché , dans l'arrondissement d'Argentan , vient se terminer aux environs de Briouze , jusque dans l'arrondissement de Domfront.

§ 4. — Nous comprenons , dans le système liasique , deux grandes divisions qui nous paraissent bien distinctes par des compositions minéralogiques tout-à-fait différentes et même contrastantes , par des faunes spéciales, enfin par une discordance profonde d'usure de la roche de contact ; conditions auxquelles vient se joindre une configuration différente des mers durant le dépôt des deux sédiments. Ce sont , d'une part , l'infrà-lias, constitué par les calcaires gréseux désignés en Normandie sous le nom de *calcaires de Valognes* ; de l'autre , les épaisses assises argileuses à *Ostrea arcuata* ou lias inférieur proprement dit , et les couches argilo-calcaires non moins importantes à *Ostrea cymbium* , plus connues sous le nom de lias moyen.

Ces deux dernières assises se continuent sans aucune trace de discordance de stratification ni générale, ni locale ; mais, bien que leurs deux faunes offrent de grands points de ressemblance , elles sont cependant assez distinctes , et surtout la configuration des mers a été assez différente durant ces deux périodes pour que nous les regardions comme suffisamment distinctes. Le système liasique comprendra donc pour nous trois étages :

1° Le calcaire de Valognes ou infrà-lias ;

2° Le calcaire à Gryphées arquées ou lias inférieur ;

3° Le calcaire à Bélemnites ou à Gryphées cymbiennes.

On sera sans doute étonné de ne pas me voir comprendre dans le

système liasique les diverses assises argileuses ou argilo-calcaires, désignées généralement sous le nom de lias supérieur, que je fais rentrer
dans le système oolithique inférieur. J'ai, en effet, hésité pendant
long-temps à faire cette séparation radicale; mais, malgré la ressemblance dans les caractères minéralogiques, les discordances m'ont paru
si grandes (au moins en Normandie) entre le lias moyen et le lias
supérieur, ce dernier me paraît si bien commencer un ordre de choses
nouveau, que je me suis vu forcé d'opérer cette scission, malgré la
répugnance que j'éprouve à me mettre ainsi en opposition avec un grand
nombre de géologues éminents. Si c'est à tort, on me pardonnera en
faveur de la conviction profonde qui m'a forcé à agir ainsi, dans l'intérêt de ce que j'aurai cru être la vérité.

Nous étudierons maintenant chacune des couches constituant nos
trois étages.

II. Du calcaire de Valognes ou infrà-lias.

SYNON. Calcaire de Valognes et calcaire d'Osmanville des géologues normands. — Grès
infrà-liasique (Dufrénoy et Elie de Beaumont, *Explication de la Carte géologique*). —
Quatrième étage du lias (d'Archiac, *Progrès de la géologie*). — Partie inférieure de l'étage
sinémurien (d'Orbigny).

Puissance : environ 20 mètres.

§ 5. *Distribution géographique.* — L'infrà-lias n'occupe en Normandie
qu'une étendue très-restreinte. On l'observe dans la partie orientale des
arrondissements de Valognes et de Carentan (Manche) et dans une
très-faible portion de la partie occidentale de l'arrondissement de Bayeux
(Calvados), auprès d'Isigny, à la limite des deux départements.

Il s'est déposé dans deux dépressions des anciens terrains, séparées
entre elles par un prolongement des grès quartzeux siluriens qui se di-
rigent vers la mer, en formant une crête saillante suivant une ligne
ouest-est passant par Montebourg et dont les dernières sommités, plongeant sous la mer, reparaissent une dernière fois pour constituer les
petites îles de St-Marcouf, à deux lieues environ de la côte. Il forme
donc, en réalité, deux petits bassins ou plutôt deux petits golfes dont

le pourtour et les parties les plus profondes, déjà comblées antérieurement par les puissantes argiles du trias, n'ont laissé qu'un espace très-restreint où ses sédiments s'appuyant, d'une part, sur les terrains déjà déposés antérieurement, viennent, de l'autre, plonger sous la mer où on peut les suivre parfois, à marée basse, le long des côtes orientales de la presqu'île du Cotentin.

De ces deux petits golfes, le moins étendu forme dans l'arrondissement de Valognes une bande étroite, dirigée ouest-sud-ouest—est-nord-est sur les communes d'Yvetot, Valognes, Alleaume, Huberville; de là, il se continue, en formant un léger coude vers le nord, à St⁰-Marie-d'Andouville, Octeville et Videcosville.

Les dépôts du deuxième golfe sont beaucoup plus étendus que ceux du premier : ils ont pour limite, au nord, la crête silurienne de Montebourg; on les retrouve ensuite formant le sous-sol des marais et les flancs des collines d'une grande partie du Cotentin jusqu'à Hauteville, où on les voit recouverts en partie par les dépôts de la craie supérieure à baculites et du terrain tertiaire éocène, et où ils reposent encore sur les argiles triasiques. Ils reparaissent bientôt au jour à Pont-l'Abbé, Picauville, Cretteville, Coigny, Baupte où on les perd de nouveau sous les terrains tertiaires plus récents. On ne les voit plus, à partir de ce point, que dans un espace très-circonscrit au Désert (arrondissement de St-Lo), et enfin à Osmanville, auprès d'Isigny, dans le Calvados, où ils plongent rapidement sous le lias inférieur (1).

Il est d'ailleurs hors de doute que l'infrà-lias se prolonge régulièrement sous les assises du lias inférieur et du lias à Bélemnites, qui constituent le plateau dont St⁰-Mère-Église occupe le centre; en effet, on retrouve le calcaire de Valognes dans la mer et au-dessous de la zone de marais étendue depuis le littoral jusqu'aux collines qui terminent ce plateau vers l'est. Il ne peut y avoir à ce sujet aucune espèce d'incertitude.

(1) M. de Caumont a signalé l'infrà-lias à Agy, près de Subles; mais je ne pense pas que ces dépôts aient pu s'avancer aussi près de Bayeux. D'ailleurs, les carrières ont été comblées et n'ont pu être vues qu'un instant; la présence de gryphées arquées, de nombreuses pinnes et enfin d'ammonites de très-grand volume, qui ne peuvent guère appartenir qu'à l'*Am. bisulcatus*, me paraît exclure entièrement l'idée de couches appartenant au calcaire d'Osmanville et de Valognes, où jamais on n'a cité de pareils fossiles : c'était probablement un facies particulier, peut-être littoral, du lias inférieur proprement dit.

§ 6. *Relations géologiques et stratigraphiques.* — L'infrà-lias, d'après ce que nous venons de dire, ayant eu pour lit une dépression des anciens terrains comblée déjà en grande partie par le trias, repose généralement sur ce dernier terrain, dont il suit à peu près concentriquement les limites. Toutefois, dans quelques points, tels que vers Picauville, Coigny, Baupte, il a dépassé la bordure triasique et se trouve directement adossé au granit. Dans ce cas, les calcaires qui le constituent renferment, en grande quantité, de petits fragments quartzeux, quelquefois des parcelles de mica et souvent même des galets de granit; à cette cause sont dus, sans doute, les grès remplis de cailloux roulés, passant quelquefois à une sorte de poudingue et qui donnent un caractère tout particulier au calcaire de Picauville. Ces accidents s'observent principalement à certains niveaux des couches supérieures; au contraire, les sédiments inférieurs sont plus marneux, quelquefois dolomitiques, surtout dans le premier petit golfe septentrional où l'infrà-lias est entièrement bordé par une ceinture d'argiles triasiques. Cet état marneux est dû sans doute à la proximité de ces argiles qui, servant de base aux premiers dépôts, ont dû être lavées par le flot et altérer la pureté du calcaire lors de sa sédimentation. Il est même très-probable que certains sables dolomitiques, alternant avec des argiles rouges et qu'on observe souvent au-dessous du calcaire de Valognes, appartiennent déjà à cette formation et ne sont dus qu'à un remaniement sur place des argiles inférieures (1).

Au nord de Montebourg, l'infrà-lias n'est recouvert que par du diluvium généralement formé d'argiles triasiques remaniées; il n'en est pas de même du golfe méridional. Dans ce dernier, le dépôt qui nous occupe est presque partout recouvert par le lias inférieur, et la surface de contact marquée par une forte usure de la roche inférieure; cette surface est durcie, usée, perforée par les vers, couverte d'huîtres qui s'y sont appliquées. Il y a donc une véritable discordance, rendue plus manifeste encore par la différence minéralogique des deux dépôts, puisque l'inférieur est un calcaire très-dur et même cristallin,

(1) Nous verrons, du reste, un fait analogue se produire pour le lias à Délemoites des environs de Falaise, dont les couches les plus profondes sont formées de débris des roches triasiques préexistantes, entremêlées de cailloux roulés et de fossiles du lias les mieux caractérisés.

tandis que le supérieur est argileux. Ajoutons enfin que les bancs ne sont plus parallèles entre les deux dépôts. Tout cela nous prouve qu'il y a eu un temps d'arrêt, et que le lias inférieur a été soumis à des actions différentes de celles qui ont présidé à la sédimentation de l'infrà-lias. Cette discordance est surtout manifeste à Osmanville, comme nous le verrons plus loin.

Dans certaines localités, le calcaire de Valognes est recouvert directement par des terrains plus récents, soit par des falhuns tertiaires, soit par la craie à baculites (1).

La puissance totale de l'infrà-lias n'excède pas, en Normandie, 25 mètres ; elle est même souvent beaucoup moindre. Il est formé d'un ensemble de couches dont les supérieures seules, qui constituent la masse principale, peuvent être facilement étudiées. Ces dernières, en effet, formées d'un calcaire dur, pouvant se débiter comme pierre de taille, donnent lieu à des exploitations nombreuses ; mais, comme la partie inférieure n'est bonne à rien, que sa nature marneuse donne lieu à une nappe d'eau très-gênante pour les travaux, toutes les carrières s'arrêtent à cette nappe, qui ne peut d'ailleurs s'écouler par les pentes des vallons, retenue qu'elle est par un diluvium formé d'argile très-tenace, due au remaniement du trias : d'où résulte que la for-

(1) C'est seulement sur les pentes de la dépression centrale de la presqu'île du Cotentin qu'on observe ces curieuses relations stratigraphiques. En effet, long-temps après que les dépôts jurassiques furent exondés, c'est-à-dire à l'époque de la craie supérieure, des dislocations très-curieuses dont la baie des Veys fut alors le siège ont fracturé les roches, et la mer, battant en brèche les terrains brisés par les failles, trouva un sol moins résistant, se fraya un passage à travers les roches bouleversées et vint déposer des sédiments nouveaux dans un golfe qu'elle se creusa, et dont les couches de l'infrà-lias et du lias inférieur formèrent les rivages et les falaises. Ce golfe est resté ouvert durant la période tertiaire et, même à notre époque, le golfe de la mer tertiaire n'est pas encore devenu terre ferme. De vastes marécages, des tourbes flottantes où l'eau douce a remplacé d'hier seulement les eaux marines, et où la marée monterait encore maintenant sans les digues qui l'arrêtent, attestent aujourd'hui le travail accompli par l'Océan.

Par une cause fortuite, mais qui n'est pas moins curieuse, les calcaires blancs et durs de la craie à *baculites* offrent une telle ressemblance avec ceux de l'infrà-lias qu'on a peine à les distinguer. Dans les carrières d'Orglandes, entre autres, on peut en observer un exemple frappant. On y voit, en superposition directe, des calcaires tertiaires sur la craie à baculites et celle-ci sur l'infrà-lias. A peine peut-on constater la ligne de démarcation de ces niveaux, et il faut y regarder de très-près pour ne pas être le jouet d'une illusion et considérer la carrière entière comme composée d'un tout homogène. Nous reviendrons plus loin sur ce sujet, lorsque nous traiterons des accidents de dislocation qui ont affecté les sédiments jurassiques inférieurs de la Normandie, postérieurement à leur dépôt.

mation tout entière est enveloppée d'un manteau argileux ; argiles en place au-dessous , remaniées au-dessus et s'unissant sur les pentes, de manière qu'il est presque impossible de distinguer ce qui est en place de ce qui est remanié.

Le diagramme suivant rendra mieux compte de cette disposition. En A, on voit une exploitation qui s'arrête à la ligne d'eau indiquée par une flèche , au-dessous de laquelle on voit les couches marneuses et dolomitiques inférieures. En B , on voit le diluvium couvrir le flanc d'une colline, dont il adoucit la pente en même temps que, dans le fond de la vallée , il vient recouvrir directement les argiles triasiques.

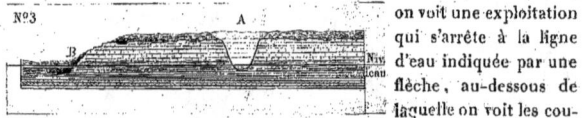

On peut distinguer , dans l'infrà-lias de Normandie , trois assises plus ou moins distinctes , que nous allons décrire successivement :

1° Assises inférieures ou grès dolomitiques à végétaux ;
2° Assises moyennes , marnes à *Mytilus minutus* et à Oursins ;
3° Assises supérieures , ou calcaires gréseux à Cardinies.

SABLES ET GRÈS DOLOMITIQUES A EMPREINTES VÉGÉTALES

(Couche A du grand diagramme).

§ 7. — Ce n'est qu'avec une grande difficulté qu'on peut observer les assises tout-à-fait inférieures qui nous occupent , car jamais ou presque jamais les exploitations ne les mettent à jour, et l'on n'en a guère connaissance que par des puits ; quant aux pentes des vallées , elles sont toujours masquées par le diluvium , comme nous l'avons dit précédemment.

Ces assises ont une faible épaisseur (3 mètres tout au plus); elles sont généralement formées de grès plus ou moins magnésiens , ou de sables dolomitiques jaunâtres renfermant des coquilles à peu près indéterminables , et en certains points , de nombreuses empreintes végétales. N'ayant jamais pu les voir en place moi-même dans les environs de

Valognes, j'emprunterai les lignes suivantes au mémoire de M. de Caumont sur les terrains de la Normandie occidentale (1).

« Les assises inférieures offrent cela de particulier, qu'elles sont « moins épaisses que les couches moyennes, plus chargées de sable, « et qu'elles alternent avec des couches plus épaisses de sable marneux « gris ou bleuâtre ; de plus, elles renferment, parallèlement à la « stratification, une grande quantité de coquilles bivalves, presque « toutes de même espèce (*Venus? Avicula?*) et mal conservées. On « trouve, avec ces coquilles, une multitude de lignites rangés en sens « divers, mais toujours parallèles à la stratification (le Désert) (2). On « voit aussi, çà et là dans la roche, quelques empreintes de fougères « et des parties noires brillantes (3), qui ressemblent à du charbon « de bois. Quelquefois, la fréquence des lits de coquillages et des « lignites donne au calcaire l'apparence schisteuse. Tous ces faits se « remarquent principalement au Désert, canton de St-Jean-de-Daye ; « arrondissement de St-Lo. On voit également, à Coigny, les couches « inférieures du calcaire de Valognes dans un chemin creux appelé la « rue du Fût. Elles y alternent avec le même sable gris dont j'ai parlé, « et se chargent de parties quartzeuses au point de devenir une espèce « de grès. Je n'ai pas remarqué de lignites dans cette localité ; mais on « en trouve au Ham et probablement dans beaucoup d'autres points. « Dans une recherche de houille que l'on fit à Montebourg, on dé- « couvrit, à 40 pieds de profondeur, une pierre calcaire arénacée, « lardée de bois fossile qui, selon toute apparence, était le calcaire de « Valognes.

« Le sable silicéo-marneux, qui alterne avec les couches inférieures « du calcaire de Valognes, forme souvent un banc assez épais entre elles « et le grès rouge nouveau (trias). La présence de ce sable à la surface

(1) Voir t. II des *Mémoires de la Société Linnéenne de Normandie*, année 1825, p. 305 et suivantes.

(2) Malheureusement il ne reste pas de traces de cette exploitation, dont les carrières sont maintenant comblées.

(3) Ces parties noires brillantes ne seraient-elles pas plutôt des débris de dents ou d'ossements roulés, comme on en trouve généralement à la base de l'infra-lias dans les couches si curieuses auxquelles on a donné le nom de *bone-bed*, et qui ont été signalées dans une position identique en Angleterre, en Allemagne et dans l'est de la France ?

« du sol a souvent annoncé à M. de Gerville que le calcaire de Valognes
« devait être tout près.

« Les empreintes de fougères y sont assez rares. M. de Gerville en
« possède deux espèces qui paraissent appartenir à deux genres diffé-
« rents. »

Une seule fois, j'ai pu observer quelques petites assises d'un calcaire
magnésien, qui forme sans doute la base de l'infrà-lias dans les environs
de Carentan.

Ces assises occupent, entre Catz et Brévends, le flanc d'un coteau
au lieu dit Hameau-de-la-Vallée. Une petite exploitation les avait mises
à jour, à 12 mètres environ au-dessus du niveau des prairies ; on pouvait
y constater, de bas en haut :

1° Calcaire un peu caverneux, très-dolomitique, s'enlevant en larges
plaques et renfermant des fossiles indéterminables, 0^m,50 ;

2° Marne grenue jaunâtre, 1 mètre environ ;

3° Argile feuilletée et petits cailloutis marneux, 2 mètres ;

4° Calcaire très-fendillé en plaquettes, semblable au n° 1, mais renfermant des fossiles un peu mieux conservés.

Ces calcaires semblent plonger vers la mer sous une inclinaison de 12°
environ (1) ; ils sont d'un blanc-jaunâtre avec parties caverneuses, ca-
riées ou pulvérulentes et fortement pénétrés de magnésie (2). Les fossiles
y sont abondants, mais à l'état de moules et si mal conservés qu'on peut
rarement distinguer leurs formes. J'y ai observé des fragments de *Turritelles* et de *Trochus*, le *Mytilus minutus* et quelques autres lamellibranches
parmi lesquels j'ai cru distinguer une *Myophoria*, une *Cypricardia*, une
Hettangia; enfin, quelques fragments semblent indiquer l'*Avicula contorta*.

En remontant un fossé nouvellement ouvert près de cette carrière, j'ai
pu observer la succession suivante :

1° 5 mètres environ d'argiles un peu sableuses, mais plus compactes

(1) Il faut ajouter que, vers ce point, les couches jurassiques ont subi des dislocations assez considérables
et que cette inclinaison coïncide sans doute avec des failles plus ou moins fortes dont nous nous oc-
cuperons plus loin.

(2) Ces couches de Brévends ont une grande ressemblance avec les calcaires dolomitiques si connus
de Géra (Westphalie), qui dépendent du permien, désignés en Allemagne sous le nom de *Zechstein* et
correspondant au *Magnesian-limestone* des Anglais.

à la partie inférieure, à mesure qu'on se rapproche du niveau des prairies ;

2° 5 petits bancs de calcaire dolomitique s'enlevant par feuillets ou se délitant en morceaux irréguliers, séparés les uns des autres par de petites couches argileuses, 0^m,40 ;

3° Argile cendrée, 1 mètre ;

4° Banc principal, calcaire en gros moëllons, 0^m,50 ;

5° Argile rouge, tenace, 0^m,10 ;

6° Un dernier petit banc calcaire en moëllons fendillés, 0^m,15.

Puis, au-dessus, environ 8 mètres d'argiles de diverses nuances où le rouge domine, qui paraissent remaniées et dépendre du diluvium.

Quant à la liaison de ces assises dolomitiques avec les couches plus élevées, je n'ai jamais pu l'observer directement ; mais, d'après ce qui a été vu par M. de Caumont, il est presque certain qu'elles sont en relation directe avec la série marneuse d'Huberville, qui doit succéder immédiatement. Il est donc de toute probabilité que ces assises dolomitiques représentent en Normandie, les couches à *Avicula contorta*, qui partout forment la base de l'infrà-lias.

MARNES A MYTILUS MINUTUS ET A OURSINS

(Couche B du grand diagramme).

§ 8. A la base de toutes les carrières des environs de Valognes, on voit paraître des bancs où l'on rencontre souvent des ossements roulés, principalement des vertèbres de Plésiosaure. Ces bancs, où la marne et l'argile remplacent le calcaire des assises supérieures, commencent la partie moyenne de notre infrà-lias et déterminent une nappe d'eau à laquelle s'arrêtent toutes les exploitations. On peut donc voir facilement le contact des couches supérieures et des couches moyennes dans la plupart de ces excavations.

Une petite carrière ouverte à Huberville, à la jonction des deux séries, nous permettra de donner le développement de ces couches moyennes.

La nappe d'eau envahit presque toujours les bancs les plus inférieurs, et on ne peut observer, *de visu*, ce qui existe au-dessous des couches marneuses ; mais, d'après la puissance totale de notre infrà-lias, on peut dire avec certitude que l'on atteint ici à peu près la base des couches

3

moyennes ; et il est hors de doute que celles-ci se continuent à peine au-dessous, et que l'on atteindrait immédiatement les couches inférieures de sables et de grès dolomitiques que nous avons étudiées précédemment. La puissance de ces couches moyennes ne peut donc dépasser 7 à 8 mètres.

Voici la succession, telle qu'on l'observe de bas en haut dans les carrières d'Huberville :

1° 2 mètres d'argiles bleues, alternant avec de minces couches de calcaire marneux bleuâtre renfermant, en grande quantité, *Mytilus minutus* et *Ostrea anomala* ;

2° 2 mètres d'argile d'un bleu-noirâtre, avec bancs intercalés de calcaire marneux, tout pénétré de sulfure de fer sous forme d'oolithes disséminées irrégulièrement. La base est marquée par un banc, un peu plus épais que les autres, d'un calcaire assez dur fendillé en moëllons, dans le centre desquels on voit des portions de couleur plus foncée que le reste de la marne. Les calcaires renferment une grande quantité d'*Ostrea anomala* ; dans les argiles se voient des débris de plicatules, d'huîtres, des baguettes et des portions de mâchoires d'oursins ;

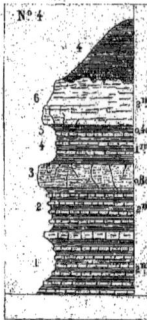

3° Banc de pierre de taille marneuse, grise, avec débris de coquilles et pénétrée également de fer sulfuré, 0m,80 ;

4° Alternance de calcaires et d'argiles d'un gris-bleuâtre ,avec les mêmes *Ostrea anomala*, *Mytilus minutus*, *Panopées*, *Cypricardes* et autres lamellibranches ayant perdu leur test. On y trouve également des portions de *Diademopsis seriale* assez bien conservées, 1 mètre ;

5° Argile jaunâtre avec les mêmes fossiles : *Mytilus minutus*, *Ostrea anomala*, et quelques débris de *Diademopsis seriale*, 0m,40 ;

6° 2 mètres environ de calcaire jaunâtre dur, un peu siliceux, en plaquettes, avec fossiles à test spathique, principalement des Cardinies. Cette dernière couche dépend de la partie supérieure de l'infrà-lias et est semblable à celui des carrières de Valognes.

Le tout est recouvert par 2 mètres environ d'argile diluvienne.

Les fossiles abondent dans ces argiles et calcaires marneux de la partie moyenne de l'infrà-lias; mais ils sont peu nombreux en espèces et ont généralement perdu leur test; il faut en excepter les huîtres, les moules, etc., qui toujours gardent leur test dans des circonstances analogues.

Voici la liste, peu nombreuse, des fossiles que j'ai recueillis dans les carrières d'Huberville :

Moule interne de *Trochotoma* nov. spec.? de *Natices* et de *Turritelles* ou *Chemnitzia* indéterminables, *Panopea* de petite taille, R.; *Cypricardia Marcignyana* (Martin), C.; *Cardinia*, A. C.; *Corbula Ludovicæ* (Terq.), A. C.; *Avicula infrà-liasiana* (Martin), R.; *Mytilus minutus*, T. C.; *Mytilus liasianus* (Terq.), T. C.; *Plicatula Baylii* (Terq.), R.; *Plicatula lineolata* (Desl.), A. C.; *Ostrea anomala* (Terq.), T. C.; baguettes et débris de *Diademopsis seriale*, A. C.

CALCAIRE GRÉSEUX A CARDINIES

(Couche C du grand diagramme).

§ 9. —Les couches du calcaire à Cardinies forment la partie supérieure de l'infrà-lias et constituent la masse principale de cet étage. On peut les étudier avec la plus grande facilité dans un grand nombre de carrières où leur ensemble atteint une puissance de 10 à 15 mètres.

Ces couches supérieures, tout-à-fait analogues d'aspect et de disposition au grès calcaire d'Hettange et du Luxembourg, sont formées d'un calcaire plus ou moins gréseux, d'un blanc-jaunâtre ou d'un gris-cendré; elles présentent une série de bancs de succession très-variables d'une carrière à l'autre, et dont les joints de stratification sont généralement formés par des lignes de sables siliceux. Quelquefois, cependant, la séparation des bancs est marquée par de très-minces couches argileuses ou marneuses, qui forment des cordons bruns, noirs ou bleus, dont l'aspect contraste avec la blancheur de la masse.

Ce calcaire se présente généralement en petits lits peu constants, alternant avec de gros bancs d'un calcaire grenu et cristallin, très-dur, contenant une multitude de coquilles à test spathique, principalement des Cardinies, des Peignes ou des Limes, quelquefois aussi on y observe de minces lits de calcaire d'une structure arénacée ou même porceuse,

formant une vraie lumachelle, composée de petits Gastéropodes et
Acéphales soit entiers, soit en débris. A la partie inférieure, les-bancs
deviennent généralement plus épais, plus cristallins. Ils renferment
souvent un grand nombre de fossiles qui paraissent roulés, entr'autres
de grosses Astrées plus ou moins usées et une énorme quantité de
petits galets roulés, de couleur noire, blanche ou rose. Ces bancs deviennent même souvent un vrai poudingue, avec galets quartzeux ou
granitiques.

Ces gros bancs sont souvent bleuâtres, et alternent à leur base avec
des parties de plus en plus marneuses. On atteint alors les argiles de
la partie moyenne de l'étage que nous venons d'étudier précédemment.

Les nombreuses carrières ouvertes autour de la ville de Valognes
donnent d'excellentes coupes, où on peut étudier la succession des
calcaires (1) supérieurs ; elles sont aussi très-riches en fossiles bien
conservés, parmi lesquels nous citerons : *Pleurotomaria cœpa* (Desl.),
Pleur. obliqua (Terq.), *Cardinia concinna* (Stucht.), *Card. regularis*
(Terq.), *Cardinia Deshayesi* (Terq.), *Lima Valoniensis* (Defr.), *Pecten
Valoniensis* (Defr.), *Ostrea anomala* (Terq.), *Plicatula Baylei* (Terq.),
Plicatula Hettangiensis (Terq.), *Corbula Ludovicœ* (Terq.), *Hettangia
securiformis* (Terq.), *Avicula infrà-liasiana* (Terq.), *Cypricardia Mar-
cignyana* (Martin.), *Astarte cingulata* (Terq.), etc., etc.

Voici la coupe de l'une de ces carrières.

Tout-à-fait à la base et au niveau de la nappe se voient des couches
(A) marneuses et argileuses, avec débris de vertébrés plésiosaures et
autres ; c'est la partie supérieure des assises argileuses moyennes.

Au-dessus, commencent à se développer les calcaires supérieurs :

1° Par trois assises calcaires jaunâtres, d'épaisseur inégale et offrant
peu de fossiles, dont l'ensemble mesure 1^m, 50. Le détail de ces bancs,
dont les joints de stratification sont marqués par de très-minces lignes

---

(1) Ce calcaire est presque toujours très-siliceux : la silice y est à l'état de sable très-fin, qu'on peut
séparer par un acide. Dans certains cas, comme à Picauville par exemple, il renferme, en outre, une
grande quantité de grains quartzeux ; le tout est cimenté par une pâte calcaire que les eaux, chargées
de carbonate de chaux, ont continué à rendre plus compacte, en tapissant de cristaux spathiques tous
les vides de la roche et principalement la place laissée par le test disparu des corps organisés : aussi les
fossiles ont-ils tous un test spathique dû à cette action. On y rencontre également de la barytine et quelquefois des traces de galène.

marneuses , est le suivant : lit de clou , 0ᵐ, 35 ; lit de crasse, 0ᵐ, 25 ; le petit lit, formé de pierre à chaux en trois bancs séparés par des lignes de sable argileux, 0ᵐ,85.

2° Banc de calcaire un peu arénacé , renfermant un grand nombre de fossiles à test spathique, parfaitement conservés , principalement des *Cardinies*, *Lima* et *Pecten Valoniensis*. La puissance de ce banc , nommé par les ouvriers *lit pouillard*, à cause du grand nombre de coquilles qu'il contient , est de 0ᵐ, 70.

3° Banc de calcaire semblable au précédent, mais renfermant moins de fossiles ; c'est le niveau où les *Hettangia* sont le plus abondantes, le gros lit des ouvriers, dont l'épaisseur est de 0ᵐ, 60.

4° On trouve au-dessus un petit lit de 0ᵐ, 25 , dit *lit de savatte* , puis une assise argileuse de 0ᵐ, 60 qui, dans d'autres carrières, devient marneuse , et où l'on voit s'intercaler de petits bancs de calcaire.

5° Immédiatement au-dessus de ce petit niveau argileux, on voit un banc de pierre de taille de 0ᵐ, 50, qui paraît être très-constant et auquel les ouvriers donnent le nom de *banc Féron ;* il renferme également un grand nombre de coquilles parfaitement conservées : *Cardinia concinna*, *Cardinia Deshayesi* , *Plicatula Baylei* , *Plicatula Hettangiensis* , *Ostrea anomala* et une foule d'autres espèces ; j'y ai également recueilli *Pleurotomaria cœpa* et *suturalis*.

6° Enfin paraissent 5 mètres de petits bancs qui ne peuvent être employés comme pierre de taille et dont l'un d'eux, assez constant, est formé d'une lumachelle de petites coquilles , principalement de Gastéropodes, indiquant des eaux saumâtres, tels que des Néritines ornées de leurs couleurs , d'autres qui me paraissent de véritables Ampullaires. On y trouve également des coquilles annonçant incontestablement un dépôt marin, telles que des Pleurotomaires, des Troques, des Turritelles, etc.

Le tout est recouvert par les argiles diluviennes.

Auprès de la gare, les assises supérieures forment une lumachelle de petits Gastéropodes, puis on voit au-dessous une alternance d'argiles et de calcaires qui tient la place de notre assise 5, entièrement argileuse dans les calcaires de Valognes. Voici le détail de ces assises supérieures, de haut en bas.

Plaquettes disloquées, 1^m, 50 : vraie lumachelle de Gastéropodes, puis petit banc calcaire sans fossiles, ensemble, 0^m, 20 ; alternance d'argile bleue et jaunâtre et de calcaire lumachelle, dont le centre est coloré en bleu foncé, 0^m, 50 ; banc calcaire à Cardinies, 0^m, 60 ; argile feuilletée, 0^m, 10 ; au-dessous, gros bancs de calcaires semblables à ceux des parties inférieures des calcaires de Valognes.

La même série s'observe à Yvetot, avec quelques différences de détail insignifiantes. A Orglandes, de grandes carrières où l'on voit la superposition de la craie à baculites sur l'infrà-lias sont ouvertes dans les couches inférieures ; les bancs y sont plus épais et l'un d'eux est remarquable par l'immense quantité de *Pecten* et *Lima Valoniensis* qu'il renferme.

A Baupte, la roche est encore très-fossilifère et on y trouve, outre les espèces habituelles, l'*Ammonites Jonhstoni* qui est très-rare dans les autres carrières.

A Picauville, on peut voir un magnifique développement des assises supérieures de l'infrà-lias. Nous ne donnerons pas ici le détail de ces carrières, qui ont été parfaitement décrites par MM. Hérault, de Caumont et, en dernier lieu, par MM. Dufrénoy et Élie de Beaumont, dans l'Explication de la Carte géologique de France. Nous devons cependant noter que les gros bancs inférieurs y sont remplis d'une foule de petits galets de quartz, et que parfois même la roche devient un vrai conglomérat. On y trouve alors de gros polypiers roulés : *Thecosmilia* spec. ? *Septastræa excavata* (de From.), *Montlivaltia sinemuriensis* (de From.).

Dans d'autres parties, les sédiments annoncent, au contraire, un dépôt plus tranquille ; c'est alors un calcaire blanc, tendre et tachant, disposé par lentilles et pénétré d'une quantité énorme de fossiles d'une belle conservation et non roulés. J'ai pu y recueillir *Patella Dunkeri* (Terq.), *Neritina arenacea* (Terq.), *Ner. Hettangiensis* (Terq.), *Tur-*

ritella Dunkeri (Terq.), *Turr. Zenkeni* (Terq.), *Melania unicingulata*
(Terq.), *Mel. usta* (Terq.), *Chemnitzia*, nov. spec., voisine du *Chem-*
nitzia phasianoides (Desl.), *Cerithium Jobœ* (Terq.), *Ampullaria gra-*
cilis (Terq.), *Ampullaria angulata* (Terq.), *Plicatula Baylei* (Terq.),
Avicula Buvignieri (Terq.), *Mytilus arenicola* (Terq.), *Hettangia se-*
curiformis (Terq.), *Cypricardia Marcignyana* (Martin), *Ostrea anomala*
(Terq.) (1).

Dans tous les points que nous venons d'étudier, on ne voit pas la
partie supérieure des assises à Cardinies, qui a été dénudée et enlevée.
Cette partie supérieure est facile, du reste, à observer dans beaucoup
de localités, principalement à Cretteville, à Beuzeville-la-Bastille
(Manche) et à Osmanville (Calvados); elles sont formées d'un calcaire,
souvent fendillé, plus compacte et plus siliceux que le reste de la masse,
et auquel les ouvriers ont donné pour cette raison le nom de *banc de*
fer. Ce banc est facile à reconnaître, en ce qu'il renferme presque
exclusivement une Cardinie que nous n'avions pas encore rencontrée,
la *Cardinia Copides*. La roche est toute pétrie de cette espèce, dont les
échantillons se montrent souvent avec les deux valves en rapport; ce
qui prouve qu'elles n'ont pas été roulées, mais au contraire qu'elles ont
vécu en place.

Voici la coupe d'une carrière, prise à Cretteville :

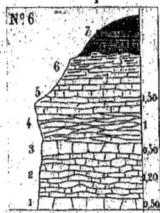

1° A la base, banc calcaire continu, de 0ᵐ,50,
qui représente peut-être le banc Féron de Valognes, mais où je n'ai pu observer de fossiles ;

2° Dix petits bancs environ, ayant ensemble
1 mètre 20 de puissance et formés de calcaire
gréseux très-dur, souvent en rognons, dont les
intervalles sont remplis par une sorte de marne
pulvérulente. Ces bancs ne se continuent pas
régulièrement, mais ils sont comme ondulés
et n'ont pas partout une épaisseur uniforme ;

(4) Dans la lumachelle des carrières voisines de la gare, les fossiles sont parfaitement conservés.
Ils sont généralement très-petits et enchevêtrés les uns dans les autres ; il suffit d'en extraire quelques
blocs pour en obtenir une collection intéressante. Parmi ces fossiles, je citerai : *Neritina arenacea*
(Terq.), *Neritina Hettangiensis* (Terq.), *Orthostoma oriza* (Terq.), *Actæon secalis* (Terq.), *Act.*
acuminatus (Piette), *Phasianella nana* (Terq.), *Ph. cerithiformis* (Piette), *Cerithium paludinare*

3° Banc de calcaire avec quelques fossiles privés de test, d'une épaisseur moyenne de 0ᵐ,50, mais variant d'un point à un autre dans la même carrière ;

4° 1 mètre d'une alternance de petits bancs de calcaire très-gréseux et très-sonore, d'un décimètre environ de puissance ; environ six à sept de ces petits bancs disposés d'une manière flexueuse et ne se continuant pas toujours. On y trouve un petit nombre de gastéropodes mal conservés ;

5° 1 mètre 50 d'un calcaire gréseux, pétri de *Cardinia Copides* et renfermant en outre un grand nombre de gastéropodes : *Chemnitzia* (sp. ind.), *Ampullaria planulata*, *Littorina Koninckana*, et une foule d'autres espèces, dont il est très-difficile d'obtenir des échantillons en bon état, à cause de l'excessive fragilité de leur test spathisé ;

6° Petits lits en plaquettes très-minces, souvent fendillées, avec quelques *Cardinia Copides* mal conservés, et renfermant en outre quelques petits grains de quartz blanc, rose ou noir ;

7° 2 mètres environ de diluvium formé d'un argile jaunâtre, tenace, remaniée probablement du lias inférieur.

Tous ces calcaires se ressemblent ; ils sont seulement plus ou moins gréseux et se lèvent facilement en plaquettes. Il est évident qu'ils ont été déposés sous l'empire de courants, ce qui est démontré par la disposition onduleuse qu'affectent les lits à plusieurs niveaux. Aussi cette succession n'est-elle pas constante, et dans d'autres carrières les bancs varient en nombre et en épaisseur ; mais le niveau des fossiles, et surtout celui de la *Cardinia Copides*, ne varie pas.

Si de ce point on se dirige vers Beuzeville-la-Bastille, on gravit au sortir du village de Cretteville une petite butte où on peut voir, dans les fossés de la route, le contact du lias inférieur sur les assises infra-liasiques à *Cardinia Copides*.

Il ne nous reste plus, pour terminer cette étude des calcaires à Cardinies, qu'un seul point à visiter ; ce dernier est très-curieux en ce qu'il nous offre une magnifique coupe où l'on peut voir le contact, et par

(Terq.), *Cer. acuticostatum* (Terq.), *Pleurotomaria obliqua* (Terq.), *Pleurot. suturalis* (Desl.), *Turritella Dunkeri* (Terq.), *Ampullaria gracilis* (Terq.), *Cypricardia Marcignyana* (Martin), *Avicula Buvignieri* (Terq.), *Mytilus liasianus* (Terq.), *Myt. lamellosus* (Terq.), etc.

cela même, la discordance des assises infrà-liasiques avec celles du lias à gryphées arquées : nous voulons parler des carrières d'Osmanville, petit village situé auprès d'Isigny, dans le département du Calvados, à la limite de ce département avec celui de la Manche.

Une série de carrières nous offre la succession suivante :

1° A la base, un gros banc de calcaire gréseux sans fossiles, 0m,20 ;

2° Au-dessus, série de quatre à cinq petits bancs calcaires, avec marne gréseuse interposée entre les lits, 0m, 30 ;

3° Le *banc de fer* des ouvriers, formé d'un calcaire gréseux très-dur, gris-jaunâtre, divisé en deux assises et renfermant une grande quantité de fossiles gastéropodes et lamellibranches, parmi lesquels dominent des *Cardinia Copides*, presque toutes avec leurs deux valves, et offrant leur test spathique conservé. La partie supérieure de ce banc est d'une excessive dureté ; elle est plus ou moins colorée en gris par le fer sulfuré, et la teinte se change en roux sale par suite de l'exposition à l'air. Cette surface est en outre fortement usée, corrodée, et montre des perforations produites par des vers et des coquilles lithophages. De plus, on y voit fixées une grande quantité d'huîtres qui ont vécu durant la période suivante. Enfin on y observe en certains points des traînées de marne très-siliceuse, qui sont, on n'en peut douter, le reste des déjections des vers qui avaient perforé la roche.

Avec ce banc de fer se terminent les calcaires de l'infrà-lias, puis aussitôt on voit paraître un système tout différent, formé d'argiles et de calcaires marneux en alternance. Ces nouvelles assises contiennent beaucoup d'*Ostrea arcuata* et quelques *Mactromya liasiana ;* on y rencontre également un énorme Nautile, le *Nautilus striatus*, l'*Ammonites bisulcatus,* enfin la *Lima gigantea.* A ces fossiles on a reconnu le lias inférieur, et la surface de contact des deux étages est ainsi marquée par une forte usure de la roche inférieure et tous les autres accidents qui accompagnent d'ordinaire la séparation de deux étages bien distincts.

4

Mais là ne se borne pas la discordance : un fait plus positif encore vient s'ajouter à cette usure de la roche.

En effet, si on considère la disposition des bancs de l'infrà-lias, surtout dans l'une des carrières d'Osmanville, on voit qu'à l'une des extrémités, le banc de fer est élevé de plus de 1 mètre au-dessus du niveau de la base des carrières, tandis qu'à l'autre il arrive au niveau du sol ; le calcaire d'Osmanville plonge donc assez fortement, et la coupe indique une ligne oblique que nous exagérons un peu. Au con-

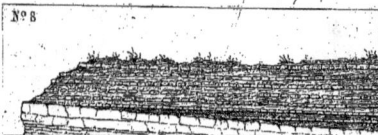

traire, les couches du lias inférieur sont dis- posées suivant une ligne parfaitement horizon- tale ; tout parallélisme a donc disparu entre les sédiments des deux étages.

Il y a donc eu, après le dépôt de l'infrà-lias, un mouvement du sol qui n'a pas affecté le lias inférieur : c'est à cette cause qu'il faut at- tribuer la superposition, en différents points, de couches plus ou moins élevées du lias inférieur sur ce même banc de fer, qui termine invariablement les assises supérieures de l'infrà-lias dans cette partie de la Normandie. C'est donc, en définitive, une discordance des plus profondes et bien plus marquée que celles qui existent entre tous les autres étages jurassiques inférieurs. Nous ne retrouverons d'action aussi violente qu'à la séparation des deux systèmes oolithiques, inférieur et moyen, entre la grande oolithe et la série oxfordienne.

§ 10. *Résumé sur l'infrà-lias.* — L'infrà-lias de Normandie a été l'objet de nombreuses études. Méconnu tout d'abord par M. de La Bêche (1), qui l'avait cru supérieur au calcaire à gryphées arquées, sa position véritable a été rétablie par M. Desnoyers (2), mais surtout par M. de

(1) *On the Geology of the coast of France* (*Transact. Geol. Soc. of London*, 1er vol., 2e série, 1822.
(2) *Examen comparatif de la formation oolithique de l'Angleterre et du nord-ouest de la France* (*Annales des sciences naturelles*, avril 1825. — *Mémoire sur la craie et les terrains tertiaires du Cotentin*, 11e volume de la Société d'hist. nat. de Paris, 1824).

Caumont, dans son excellent *Mémoire sur quelques terrains de la Normandie occidentale* (1). Ce travail est certainement ce qui a été fait jusqu'ici de plus complet sur ce terrain ; toutes ses conclusions sur le gisement et la position du calcaire de Valognes sont irréprochables ; les divisions qu'il en donne, surtout celles de la partie inférieure, sont bonnes et nettement tracées ; enfin, il signale la discordance d'Osmanville et la surface corrodée, durcie et percée à son contact avec le lias à gryphées. M. Hérault (2) donne une assez bonne coupe de la carrière d'Osmanville ; mais, sous le nom de lias siliceux ou calcaire d'Osmanville, il en fait une simple assise du lias ; et, loin d'insister sur la profonde ligne de démarcation qui existe entre les deux étages, il suppose qu'il y a alternance entre eux, et il déclare qu'on y rencontre des gryphées arquées. Il est inutile de dire que ces deux assertions sont erronées, et qu'il est résulté du travail, d'ailleurs très-recommandable, de M. Hérault une confusion et une incertitude fâcheuse. M. de Caumont (3), dans ses autres Mémoires, n'ajoute rien à ce qu'il a déjà dit ; mais M. Maufras (4) et, d'après lui, M. de Caumont ont rangé à tort, je crois, certaines couches d'Agy dans l'infrà-lias.

On trouve également de très-bons renseignements dans l'Explication de la Carte géologique de France (5). M. Harlé (6) maintient la séparation du calcaire de Valognes et du calcaire à gryphées, dont il fait deux sous-étages ; mais c'est une simple indication. Enfin M. d'Archiac (7), dans son volume des *Progrès de la géologie*, n'ajoute aucun fait nouveau : il se contente de signaler ce qui a été dit à ce sujet, et lui donne le nom de quatrième étage du lias.

Nous avons complété ces données par nos propres observations, et

---

(1) *Mémoire géologique sur quelques terrains de la Normandie occidentale* (tome II des *Mémoires de la Société Linnéenne de Normandie*, p. 499 et suiv. 1825).

(2) *Tableau des terrains du département du Calvados.* Janvier 1824.

(3) *Topographie géognostique du département du Calvados* (tome IV, *Mém. Soc. Linn. de Normandie*, 1828). — *Distribution géographique des roches dans le département de la Manche* (tome V des *Mémoires de la Soc. Linn. de Normandie*, 1835). — *Feuille de route de Caen à Cherbourg*, 1860.

(4) *Note sur le calcaire de Valognes* (tome III des *Mém. Soc. Linn. de Normandie*, 1827).

(5) Dufrénoy et Élie de Beaumont, IIe volume, *Explicat. de la Carte géol. de France*, p. 170. 1848.

(6) *Aperçu de la constitution géologique du département du Calvados*, p. 11.

(7) *Progrès de la géologie*, VIe vol., 1856.

nous allons résumer en quelques mots les faits que nous venons d'exposer.

L'infrà-lias occupe, dans la partie orientale de la presqu'île du Cotentin, deux petits bassins séparés par l'arête quartzeuse de Montebourg. Il repose sur le trias, et ses assises les plus inférieures semblent lui succéder normalement. Il est recouvert par le lias inférieur, qui repose en stratification discordante sur ses dernières assises durcies, usées et corrodées, comme on peut facilement le voir dans les carrières d'Osmanville, à la limite des départements de la Manche et du Calvados.

La série infrà-liasique peut être divisée, en Normandie, en trois assises.

L'inférieure est formée de grès et sables dolomitiques, avec empreintes végétales.

L'assise moyenne est formée de calcaires et d'argiles bleues en alternance ; elle est caractérisée par l'*Ostrea anomala*, le *Mytilus minutus* et le *Diademopsis seriale*.

Les assises supérieures consistent en calcaires gréseux, où dominent les Cardinies. On peut les subdiviser en deux parties : l'inférieure, formée de gros bancs passant quelquefois à l'état de poudingues, offrent encore quelques minces cordons argileux ; ils sont caractérisés spécialement par les *Cardinia concinna*, les *Pecten* et *Lima Valoniensis*. La partie supérieure offre des bancs moins épais et plus siliceux ; ses couches inférieures sont souvent pétries d'une énorme quantité de petits fossiles, principalement de Gastéropodes ; les supérieures se reconnaissent par l'abondance de la *Cardinia Copides*.

Si maintenant nous jetons un coup-d'œil sur l'ensemble des êtres organisés qui caractérisent ces divers dépôts, nous verrons qu'ils ne renferment pas un seul Brachiopode, que les Céphalopodes y sont fort rares, et se réduisent à quelques Ammonites qu'on rencontre à la partie moyenne des assises supérieures. Nous pouvons donc en déduire, comme conséquence, que les sédiments ont été déposés dans de petites dépressions dont le peu de profondeur était incompatible avec la vie des Brachiopodes, que les bords de ces petits golfes étaient formés par des plages sableuses où vivaient une immense quantité de Lamellibranches. La présence de Néritines et autres coquilles, qu'on ne voit que dans les eaux douces ou saumâtres, vient encore confirmer ces conclusions. Enfin, la rareté extrême des Céphalopodes cloisonnés prouve que les golfes n'avaient, avec la haute mer, que des communications très-peu étendues, l'entrée de ces golfes étant sans doute obstruée par les barrières qu'opposaient des arêtes quartzeuses ou schisteuses des anciens terrains. Les îles St-Marcœuf sont encore sans doute, de nos jours, les jalons des crêtes élevées qui ont, à ces anciennes époques, resserré l'entrée de ces golfes vers la haute mer. La période suivante s'annonce avec d'autres caractères et des conditions vitales toutes différentes. Notre série infrà-liasique est donc tout-à-fait indépendante de celle du lias proprement dit.

III. Du lias à Gryphées arquées ou lias inférieur.

Synon. Lias inférieur et calcaire à Gryphites des géologues normands. — Calcaire à Gryphées arquées (Dufrénoy et Élie de Beaumont). — Troisième étage du lias (d'Archiac, *Progrès de la géologie*). — Partie supérieure de l'étage sinémurien (d'Orbigny, *Paléont. strat.*).

Puissance totale : environ 80 à 85 mètres.

§ 11. *Distribution géographique.* — Le lias inférieur occupe, en Normandie, une étendue plus grande que l'infrà-lias. On le voit au jour dans une partie du Cotentin, où il compose le grand plateau dont le bourg de Ste-Mère-Église forme le centre, et qui s'étend depuis l'arête quartzeuse de Montebourg jusqu'à la baie des Veys. On le retrouve ensuite, dans le département du Calvados, dans une grande partie de l'arrondissement de Bayeux, qu'il coupe suivant une ligne dirigée nord-ouest-sud-est; il s'arrête vers Bayeux, et on n'en voit plus de traces dans l'arrondissement de Caen.

Les sédiments du lias à gryphées arquées se sont déposés dans un golfe beaucoup plus ouvert, vers la haute-mer, que celui de l'étage précédent; ses limites septentrionales et occidentales ont été l'arête silurienne de Montebourg; puis, il a suivi à peu près les mêmes contours que le golfe méridional de l'infrà-lias, mais il l'a débordé vers Carentan, et surtout dans le département du Calvados.

Il est tantôt en rapport avec l'infrà-lias , et tantôt avec le trias, dont il suit à peu près les contours dans l'arrondissement de Bayeux , comme nous avons vu le calcaire de Valognes le suivre lui-même dans les arrondissements de Valognes et de Carentan ; enfin on le voit, mais bien plus rarement, déborder quelque peu le trias et s'adosser aux anciens terrains , vers l'extrémité de l'arrondissement de St-Lo. En suivant ses dépôts vers la partie septentrionale de l'arrondissement de Bayeux, on les voit plonger sous le lias moyen et les autres assises jurassiques plus récentes.

§ 12. *Relations géologiques et stratigraphiques.* — Le lias inférieur a été déposé, ainsi que nous venons de le dire, dans un vaste golfe largement ouvert du côté de la mer. Le golfe septentrional de l'infrà-lias était alors devenu terre ferme : aussi les couches déposées antérieurement dans cette petite anse, n'ont-elles pas été recouvertes par les sédiments nouveaux ; mais, dans le golfe méridional, le lias inférieur a recouvert d'un vaste manteau argileux à peu près toute la surface de l'infrà-lias, dont il a corrodé, usé et aplani les couches supérieures. Aussi l'aspect de ce nouvel étage, formé entièrement de couches alternantes d'argiles et de calcaires marneux, bleus ou jaunes, contraste-t-il avec celui des calcaires infrà-liasiques, qui ont de plus subi un léger affaissement, dont la pente est vers la mer.

Il résulte de ce fait une autre conséquence, c'est que les mêmes assises du calcaire à gryphées ne sont pas partout en rapport avec la surface corrodée de l'infrà-lias : ainsi, dans les environs de Cretteville, par exemple, ce sont les couches tout-à-fait inférieures du système avec des gryphées arquées typiques, à crochet fortement recourbé, à sillon latéral très-prononcé, tandis qu'à Osmanville ce sont des assises un peu plus élevées où les *Gryphæa arcuata* tendent déjà à passer à la forme de la *Gryphæa cymbium*, qui caractérisera l'étage suivant.

La discordance est donc très-prononcée. A des anses étroites et resserrées a succédé un large golfe. Au lieu de plages sablonneuses, on voit un fond vaseux où les gryphées arquées ont pullulé. De gros céphalopodes flottants, des nautiles et des ammonites viennent s'échouer sur ces plages vaseuses ; d'énormes limes, quelques bélemnites et quelques brachiopodes donnent à cette nouvelle faune un caractère tout différent.

Les sédiments sont, durant cette nouvelle période, déposés avec une constance si remarquable ; ces alternances de calcaires et d'argiles sont si semblables du haut en bas de la série ; les espèces y sont distribuées avec une telle uniformité, que l'on éprouve de grandes difficultés pour y pratiquer des divisions. Ces conditions se continuent même durant la période suivante, et il est difficile de distinguer la limite du lias inférieur et du lias à bélemnites : il y a donc concordance parfaite entre les deux dépôts, et l'arrivée seule d'une faune nouvelle nous indique la séparation de deux étages.

Le lias inférieur est presque partout recouvert par le lias moyen, excepté sur une bande étroite, à l'extrémité occidentale de l'arrondissement de Bayeux et dans le Cotentin : encore y voit-on un espace étendu à Ste-Marie-du-Mont, Blosville, etc. , où les assises plus récentes du lias à bélemnites et des marnes infrà-oolithiques recouvrent le calcaire à gryphées arquées.

Bien que toute cette masse, dont la puissance atteint environ 35 mètres, soit très-homogène et difficile à diviser, nous y admettrons deux sections, d'après la considération des fossiles :

1° Couches inférieures à *Gryphées arquées* types (niveau des *Amm. bisulcatus* et *Lima gigantea*) ;

2° Couches supérieures à *Gryphées arquées*, *modifiées* (niveau des *Terebratula cor* et *Belemnites brevis*).

Ces derniers comprennent également une assise particulière à Gastéropodes et à *Cardinia imbricata*, mais qui n'est pas constante et que nous regardons comme un simple accident local, une modification de la partie inférieure du système.

COUCHES INFÉRIEURES À GRYPHÉES ARQUÉES TYPIQUES

(Couche D du grand diagramme).

§ 13. — Les couches inférieures , d'une puissance de 18 à 20 mètres, sont caractérisées par les gryphées arquées types, à crochet très-recourbé et avec sillon latéral très-prononcé; elles offrent constamment une alternance de calcaires et d'argiles dont les épaisseurs relatives et la nuance varient beaucoup. Tantôt grises ou jaunes, mais plus généralement d'un bleu foncé ou même presque noires, ces nuances ne sont nullement constantes pour le même niveau, et il arrive souvent que des assises, qui sont entièrement blanchâtres dans une carrière, sont tout-à-fait bleues dans une autre; quelquefois encore on trouve des portions de calcaire blanc ou grisâtre au milieu de celui qui est bleu, et réciproquement.

Les calcaires varient aussi beaucoup d'épaisseur à divers niveaux de la masse; mais généralement les lits d'argiles sont plus abondants à la base, tandis que vers le haut ce sont les bancs calcaires qui deviennent plus épais. Toute la masse offre des gryphées arquées, dont certains bancs sont quelquefois lardés; dans quelques lits seulement, mais à diverses hauteurs, on voit des *Ammonites bisulcatus* et d'énormes *Lima gigantea*.

En suivant la route de Cretteville à Beuzeville-la-Bastille, on peut voir le contact des couches inférieures sur l'infrà-lias. Dans une butte, à la sortie du premier de ces villages, on trouve tout d'abord une série de couches argileuses d'un gris pâle, avec quelques petits bancs calcaires en alternance. Ces premières assises ne renferment pas de gryphées arquées, mais quelques *Mactromya liasiana*. A mi-côte, les bancs calcaires deviennent plus épais, et les gryphées arquées commencent à devenir plus nombreuses. Ces assises de la base ont une puissance de 8 à 9 mètres; puis on voit successivement paraître les couches suivantes, qu'une grande exploitation ouverte au haut du plateau, sur le territoire de la commune de Beuzeville-la-Bastille, permet d'étudier dans leurs détails.

On y voit, de bas en haut:

1° 5 mètres d'argiles et bancs de calcaires bleus, avec un petit nombre de gryphées *arquées* et quelques *Mactromya liasiana*. Ces bancs sont formés: 1° lit d'argile; 2° gros banc calcaire; 3° alternance d'argiles et de petits bancs calcaires interposés; 4° cinq bancs calcaires assez serrés, séparés par de minces couches argileuses; 6° deux gros bancs calcaires.

2° Au-dessus, 0ᵐ,30, deux petits bancs calcaires d'un gris-bleuâtre, renfermant un grand nombre de gryphées ; on y recueille quelquefois des *Ammonites bisulcatus*, *Pinna*, etc.

3° Lit continu de pierre calcaire silicéo-marneuse, d'un gris-blanchâtre, avec un nombre immense de petits Gastéropodes et quelques rares Cardinies, 0ᵐ,25.

4° Trois lits épais de calcaire jaunâtre, séparés par des argiles bleues. Ces calcaires ne sont pas continus , mais divisés en moëllons irréguliers, 1ᵐ.

5° Alternance d'argile et de bancs très-fendillés. Ces deux assises renferment des *Lima gigantea* et quelquefois des *Ammonites bisulcatus.*

6° Alternance de petits lits de calcaire et d'argile jaunâtre , 1ᵐ,50 , avec *gryphées arquées* nombreuses.

7° Lit argileux, 0ᵐ,10 , avec nombreuses *gryphées.*

8° Banc calcaire continu , 0ᵐ,20.

Une succession analogue s'observe dans une foule d'autres carrières du département de la Manche, aux environs de Sᵗᵉ-Mère-Église ; mais la série est rarement aussi complète. Dans le Calvados, on peut également la constater à Tournières, à l'Épinay-Tesson, et jusque dans les environs de Bayeux, à Subles, où la partie supérieure en est visible.

A l'Épinay-Tesson, près de Littry, et dans les environs de St-Fromond, on voit quelquefois, au niveau des petits Gastéropodes que nous venons de signaler dans la carrière de Cretteville, un banc calcaire où les fossiles ont également leur test spathique conservé. Ce banc est très-remarquable par la grande quantité des *Cardinia imbricata* et *C. similis* qu'il renferme. On y trouve également un grand nombre d'autres espèces, *Myoconcha spatula,* une petite *Cucullée,* quelques *Limes,* la *Pinna diluviana* et quelques Gastéropodes, entr'autres, les *Pleurotomaria suturalis* et *anglica,* de petites *Turritelles,* le *Spiriferina Walcotti,* etc. Ce banc offre une faune assez riche ; mais malheureusement il n'est pas constant, et je ne l'ai observé que dans la partie occidentale du département du

5

Calvados. J'ai également recueilli, à peu près au même niveau, à Osmanville et à St-Cosme-du-Mont, la *Lingula Metensis,* associée à l'*Ammonites bisulcatus* et à la *Lima gigantea.*

COUCHES SUPÉRIEURES A GRYPHÉES ARQUÉES MODIFIÉES
(Courbe E du grand diagramme).

§ 14. — Aux divers bancs que nous venons d'étudier succède une seconde série, d'une quinzaine de mètres de puissance, où la *Gryphæa arcuata* se modifie : elle perd peu à peu son sillon latéral et se rapproche de la *Gryphæa cymbium* ; c'est la variété à laquelle on donne quelquefois le nom de *Gryphæa Macculochi ;* mais la transition entre les deux séries est insensible, et on ne peut signaler entre elles de ligne de démarcation bien tranchée. On observe cette série supérieure principalement dans le département du Calvados et dans l'arrondissement de Bayeux.

Ces couches supérieures sont d'aspect tout-à-fait semblable à celles que nous venons d'étudier, et consistent également en une alternance de calcaires et d'argiles bleues ou grises. Toutefois, avec un peu d'habitude, on les distingue même d'assez loin, surtout les couches inférieures, en ce qu'elles sont formées de bancs plus petits, plus fracturés, et qu'elles simulent à s'y méprendre une maçonnerie grossière. Cet aspect est tout particulier ; et comme les carrières sont souvent assez profondes, que les ouvriers les attaquent généralement par portions verticales, en laissant de gros contreforts très-réguliers, ces exploitations représentent exactement les anciennes forteresses du moyen-âge, avec leurs grosses tours carrées. Pour rendre l'analogie encore plus frappante, d'immenses fours à chaux placés au milieu des carrières, avec des ouvertures en forme de poternes et de meurtrières, viennent encore ajouter à l'illusion.

Les couches les plus profondes offrent surtout cet aspect ; elles sont presque toujours peu fossilifères et formées d'un calcaire plus compacte auquel les ouvriers donnent le nom de *Castine,* tandis qu'ils réservent le nom de *pierre bise* au calcaire à Gryphées arquées proprement dit. Au-dessus de la castine, se voient un certain nombre de bancs plus épais, dont quelques-uns atteignent quelquefois 1 mètre d'épaisseur ; les fossiles deviennent plus nombreux. On y voit beaucoup de *Panopées*, des *Avicules* de la section des *Digitatæ*, des *Mactromya liasiana*, quelques *Pecten*, des *Spirifers*, entr'autres, le *Spiriferina Walcotti*, et surtout une quantité énorme de Gryphées arquées qui déjà se modifient, s'allongent, prennent une taille plus grande que le type et où le sillon latéral est peu prononcé.

A ces gros bancs succèdent immédiatement des alternances, où l'argile devient plus abondante, et quelquefois même remplace presque entièrement le calcaire, qui ne paraît plus que par cordons très-minces. Ces couches sont presque toujours d'une couleur bleue très-foncée, ou même noire, et fortement pénétrées de fer sulfuré. Les fossiles y sont très-abondants ; dans les argiles, ce sont des Gryphées de plus en plus modifiées, des Avicules, des Peignes, et enfin trois espèces qui caractérisent parfaitement ce niveau, c'est-à-dire le *Belemnites brevis*, la *Terebratula cor*, plus connue sous le nom de *Ter. Causoniana*, et enfin le *Harpax* (Plicatula) *spinosus* (1). On y trouve encore les *Spiriferina Walcotti* de petite taille, mais aussi d'autres espèces qu'on rencontre également dans le lias à bélemnites, c'est-à-dire, les *Spiriferina pinguis* et *rostrata*, les *Rhynchonella tetraëdra* et *variabilis;* enfin, mais rarement, une ammonite que je ne puis différencier de l'*Am. planicosta*, dont le gisement est d'ordinaire plus élevé.

Ces couches supérieures du lias inférieur sont très-faciles à observer dans une grande quantité de carrières de l'arrondissement de Bayeux, à Subles, à Arganchy, à Crouay et dans les environs de Littry. La carrière de Subles est surtout intéressante à visiter au point de vue de la synthèse du lias, parce qu'elle donne une coupe où on peut suivre

(1) La *Terebratula cor* ressemble beaucoup à la *Ter. numismalis*, surtout par la petitesse excessive de son foramen ; mais elle s'en distingue par sa forme, toujours plus renflée, et en ce qu'elle montre habituellement deux lobes arrondis, plus ou moins développés, qui l'ont quelquefois fait confondre avec la *Ter. cornuta*. Quant au véritable *Harpax spinosus*, c'est une espèce très-différente de celles que presque tous les géologues appellent *Plicatula spinosa* et qui est caractéristique du lias à bélemnites. Cette dernière doit porter le nom de *Harpax Parkinsoni*; elle se distingue du véritable *H. spinosus* en ce que celui-ci est généralement plus grand et porte des épines aussi bien sur la valve attachée que sur la valve libre, tandis que le *H. Parkinsoni* ne montre d'épines que sur sa valve attachée; mais, par suite d'un caractère prêtant à l'illusion, la valve libre offre presque constamment des sillons et des renflements qui ne sont que la reproduction, par moulage, des épines de la valve adhérente. Ce caractère, tout-à-fait extraordinaire, a été d'ailleurs mis parfaitement en évidence par mon père dans son travail sur les Plicatules (Voir X° volume de la *Société Linnéenne de Normandie*, p. 45 et suiv.).

à la fois la base des marnes infrà-oolithiques ou lias supérieur, le lias à bélemnites ou lias moyen , les couches supérieures et inférieures du lias à Gryphées arquées. Comme cette coupe a été déjà donnée par MM. Hérault et de Caumont, et que d'ailleurs, si elle est plus complète, par contre les assises qui nous occupent n'y sont pas aussi bien caractérisées que dans les carrières des environs de Littry, nous pensons qu'il vaut mieux donner ici la coupe de Crouay , que nous compléterons par l'examen de plusieurs carrières. La coupe suivante, quoique rigoureuse, n'est donc pas visible en réalité, au moins dans la série de carrières que j'ai visitées; mais, un jour ou l'autre, l'une d'elles arrivera certainement à la réaliser.

On voit, à partir de la base :

1° 7 mètres pierre bise des ouvriers, c'est-à-dire du lias à Gryphées arquées types et à *Ammonites bisulcatus;*

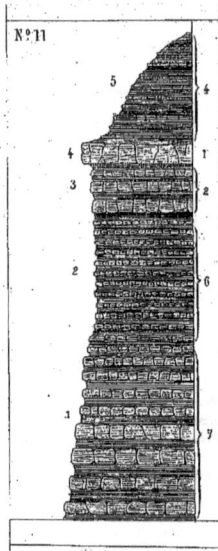

2° 6 mètres de calcaires et d'argiles, par lits absolument égaux du haut en bas de la série, formés de bancs en moëllons irréguliers , brisés d'une manière presque régulière et simulant un mur de clôture, avec un petit nombre de Gryphées arquées;

3° Alternance de gros bancs marneux et d'argiles grises ou bleues (le nombre de ces bancs n'étant pas constant d'une carrière à l'autre), avec *Gryphæa arcuata*, var. *Macculochii*, peu modifiées, et *Spiriferina Walcotti* d'assez grande taille ; 2 mètres ;

4° Gros banc calcaire, avec *Panopées, Avicules, Macromya liasiana* et Gryphées modifiées, semblables à celles des bancs précédents ; 1 mètre;

5° Argiles noires ou bleu foncé, avec petits bancs ou même souvent de simples cordons calcaires, et renfermant en grande quantité *Gryphæa arcuata* très-modifiée , puis *Belemnites brevis, Harpax (Plicatula spinosus* (type), *Terebratula cor*, *Rhynchonella tetraedra* et *variabilis*, petits *Spiriferina Walcotti* et quelquefois *Ammonites planicosta*.

Le haut de la butte doit être formé par les divers bancs du lias à bélemnites, caractérisés par la *Terebratula numismalis* et les *Gryphæa cymbium* de petite taille ; couches que n'atteignent pas les exploitations. Le contact des deux étages s'observe dans une grande quantité de carrières de l'arrondissement de Bayeux, principalement à Subles, où on les voit se succéder normalement et sans aucune trace d'usure de la roche sous-jacente.

§ 15. *Résumé sur le lias à Gryphées.* — Le lias inférieur de la Normandie n'a été étudié jusqu'ici que d'une manière très-incomplète. Reconnu par M. de Gerville (1), qui lui donne le nom de *banc des Gryphites*, il est déjà bien distingué du lias moyen, qui occupe un petit espace auprès de Ste-Marie-du-Mont, et auquel il donne le nom de *banc à Bélemnites*. M. de Caumont (2) adopta cette division dans ses divers travaux ; mais, ainsi que M. Hérault (3), il n'insiste nullement sur ses divers niveaux et se contente de décrire son aspect général et son étendue dans les deux départements. M. Hérault confond d'ailleurs les deux étages du lias supérieur et du lias moyen ; mais, en revanche, il comprend dans l'oolithe inférieure le banc le mieux caractérisé du lias moyen, c'est-à-dire le *banc de roc* à *Amm. margaritatus* et *spinatus*; il va jusqu'à dire que les inductions qu'on peut tirer de la présence des fossiles sont trompeuses et ne peuvent l'emporter sur celles de la nature minéralogique des dépôts. En suivant cette méthode, M. Hérault apporta une grande confusion dans nos divers niveaux liasiques. M. de Caumont, au contraire, maintient avec raison (4) les deux divisions du lias d'après la présence, d'une part des Gryphées, de l'autre des Bélemnites. L'Explication de la Carte géologique ne nous apprend rien

(1) Lettre à M. Defrance, du 25 août 1813, sur les coquilles fossiles de Valognes (*Journal de physique et de chimie*, vol. LXXIX).

(2) Mémoire géologique sur quelques terrains de la Normandie occidentale (tome II des *Mémoires de la Société Linnéenne de Normandie*, p. 498).

(3) *Tableau des terrains du Calvados*, p. 96.

(4) Topographie géognostique du département du Calvados, p. 238, IVe volume des *Mémoires de la Société Linnéenne de Normandie*.

de nouveau ; enfin M. d'Archiac , dans ses *Progrès de la géologie*, reconnaît bien les divers étages du lias ; mais leur séparation n'est pas bien nettement indiquée pour la Normandie.

Ainsi, tous les auteurs n'ont traité de notre lias inférieur qu'à un point de vue général ; dans aucun de leurs travaux , ils n'ont indiqué ses divisions ni le détail de ses couches que nous allons résumer en quelques mots.

Le lias à Gryphées arquées occupe la dépression d'un vaste golfe, étendu dans le Cotentin et la partie nord-ouest du département du Calvados. Il repose en stratification discordante sur l'infrà-lias , dont les couches supérieures ont été usées et corrodées avant son dépôt. Il est recouvert par le lias à Gryphées cymbiennes, qui succède normalement sans aucune trace de discordance, ou plutôt qui se continue, avec des limites plus étendues des mers.

Cette série peut être divisée en deux assises peu tranchées :

L'inférieure, formée d'une alternance d'argiles et de calcaires marneux, est caractérisée par les GRYPHÉES ARQUÉES TYPES, c'est-à-dire de petite taille, avec un sillon latéral très-prononcé, par la *Lima gigantea* et l'*Ammonites bisulcatus.*

La supérieure se compose également de calcaires et d'argiles en alternance et est caractérisée par les GRYPHÉES ARQUÉES, PLUS OU MOINS MODIFIÉES et passant insensiblement à la *Gryphœa cymbium*, par les *Belemnites brevis, Terebratula cor, Plicatula spinosa*, etc.

Si nous examinons l'ensemble de la faune de cet étage, nous voyons que les Gryphées y dominent; que les Mactromyes , les Panopées annoncent un fond vaseux bien différent de celui des mers, pendant la période précédente ; que de gros Céphalopodes, tels que des nautiles, de grandes ammonites, assez répandus à la partie inférieure, annoncent un golfe largement ouvert vers la pleine mer. Dans ces eaux profondes, mais fort tranquilles , commencent à se montrer quelques Brachiopodes qui vont pulluler pendant la période suivante. Celle-ci succède, sans apporter de changements notables dans la composition des sédiments et dans les conditions vitales de l'immense quantité de formes destinées à remplacer les nombreux individus appartenant aux quelques espèces du dépôt précédemment étudié.

IV. Du calcaire à Gryphées cymbiennes ou lias à Bélemnites.

SYNON. Lias moyen, calcaire à Bélemnites, et quelquefois lias supérieur des géologues normands. — Marnes du lias (Dufrénoy et Elie de Beaumont). — Deuxième étage du lias (d'Archiac). — Etage liasien (d'Orbigny, *Paléont. stratig.*)..

Puissance totale : environ 15 à 20 mètres.

§ 16. *Distribution géographique.* — La partie supérieure du système liasique , composée des *couches à Gryphées cymbiennes* ou *lias à Belemnites* de MM. de Gerville et de Caumont, occupe en Normandie une étendue beaucoup plus considérable que les deux étages précédents. Ce lias existe dans le Cotentin, autour de Ste-Marie-du-Mont, sur un petit espace dont les limites sont marquées par les communes d'Andouville, Sébeville, Hiesville, St-Cosme-du-Mont.

Dans le département du Calvados, on le rencontre soit seul, soit recouvert par divers étages du système oolithique inférieur, dans le Bessin, où il forme une bande qui coupe l'arrondissement de Bayeux, suivant une ligne nord-ouest-sud-ouest. Il se voit au jour dans presque toutes les vallées de la partie ouest de l'arrondissement de Caen ; enfin il occupe, dans celui de Falaise, une bande s'avançant vers sa partie occidentale, en suivant une ligne à peu près nord-sud, qui contourne ensuite l'arête nord de la crête silurienne de Falaise—Montabart ; il se perd, du côté de cette éminence, sous les terrains oolithiques, et il ne paraît plus qu'à l'autre extrémité du département de la Sarthe. De l'autre côté du récif, il forme une lisière étroite qui se continue au sud.

Dans le département de l'Orne, nous voyons cette étroite lisière de lias pénétrer dans l'arrondissement d'Argentan, où on le retrouve de place en place à Habloville, Fresnay-le-Buffard ; il pénètre même jusque dans l'arrondissement de Domfront, vers Briouze et Ste-Opportune, où il forme de petits dépôts fort curieux, affectant des caractères tout-à-fait spéciaux.

§ 17. *Relations géologiques et stratigraphiques.* — La partie supérieure du système liasique ou lias à Bélemnites (1) n'a plus été déposée dans de petits golfes comme dans les deux étages précédents ; mais, au contraire, ce que nous connaissons en Normandie a occupé les bords d'une mer ouverte qui, à mesure qu'elle diminuait du côté de l'ouest, s'étendait de plus en plus et envahissait de grands espaces vers l'est ; il en résulte que, par son bord occidental, le lias à Bélemnites est en rapport avec le lias à Gryphées arquées, dont les sédiments argilo-marneux précédemment déposés ont dû donner lieu à d'immenses plages vaseuses et à des côtes plates et peu accidentées ; tandis que par son bord oriental il repose d'abord sur le trias, puis bientôt sur les anciens terrains ; et alors, au lieu de plages vaseuses uniformes, les bords de cette nouvelle mer ont présenté une multitude de caps, de récifs sur lesquels la mer se brisait ; ou bien des anses, des rades, de petites criques abritées, où des eaux tranquilles ont singulièrement favorisé le développement de cette splendide faune, qui compte les espèces par milliers. On comprend combien de pareilles modifications ont dû amener de dissemblances dans des sédiments déposés avec des conditions si différentes ; aussi la partie occidentale est-elle formée d'argiles et de calcaires marneux tout-à-fait semblables à ceux du lias inférieur ; mais où les huîtres, représentées par les Gryphées cymbiennes qui ont déjà remplacé les Gryphées arquées, sont moins abondantes, et où paraissent des myriades de Bélemnites, des Ammonites de formes et d'espèces variées, en même temps que les Panopées, les Pholadomyes deviennent nombreuses.

En se rapprochant de Caen, tout change : les marnes sont moins étendues, n'existent plus que dans les dépôts situés à quelque distance du rivage ; et si on veut retrouver des sédiments semblables à ceux du Bessin et du Cotentin, il faut aller trouver les couches profondes qui

(1) Nous n'admettons donc que deux divisions du lias proprement dit : les calcaires à Gryphées arquées et les calcaires à Bélemnites. Ce dernier étage devrait donc, d'après notre manière de voir, porter le nom de lias supérieur ; mais comme cette dénomination, qui lui a été du reste déjà appliquée, a donné lieu à une grave confusion, le plus grand nombre des géologues et en particulier M. d'Orbigny considèrent encore comme lias ce que nous appelons marnes infra-oolithiques ; il s'ensuit que ce nom de lias supérieur s'applique en réalité au lias moyen de ces mêmes auteurs. Pour éviter les méprises, nous abandonnerons cette nomenclature, et il est bien entendu que ce qui est désigné dans cet ouvrage sous le nom de lias à Bélemnites correspond à l'étage liasien de M. d'Orbigny.

ont pu se former dans de petits bassins creusés aux dépens du trias,
comme dans les environs de Noyers, de Monts, de Vendes, Fontenay-
le-Pesnel, etc. Dans les environs de Caen, ce sont des calcaires beaucoup plus purs, quelquefois un peu oolithiques ou gréseux : des milliers
de Gastéropodes et de Lamellibranches côtiers, mais peu de Céphalopodes; en quelques points plus profonds et généralement entre les
crêtes de deux récifs, qui ont dû faire l'office de brise-lames, des
Polypiers aux calices et aux étoiles les plus élégantes, des Brachiopodes
en grand nombre et avec des formes remarquables qu'on ne trouve
que là : tels sont les caractères tout-à-fait spéciaux du lias des environs
de Caen. Il suffit donc de la présence d'un récif, de quelques petites
anses à l'abri des vents, pour accroître considérablement le nombre des
productions animales d'un terrain; en effet, le lias à Gryphées cymbiennes, dont la faune est si réduite habituellement devient, grâce aux
récifs de May et de Fontaine-Étoupefour, le plus fossilifère de tous
les niveaux jurassiques (1).

Enfin, dans les environs de Falaise et dans le département de l'Orne,
c'est encore une autre chose : ici, les bords des bassins sont tout-à-fait
déchiquetés, et ceux-ci sont tellement réduits que l'on a peine à
comprendre ces formations en miniature : la composition minéralogique
de ces dépôts est aussi tout-à-fait anormale : ce ne sont plus des argiles
ni des calcaires, mais de véritables grès, des assises quartzeuses pénétrées d'une immense quantité de Térébratules, qui avaient jusqu'ici
dérouté tous les géologues et qui viennent d'être reconnues, il y a une
année seulement, par M. Morière.

Il nous faut donc, pour avoir une idée bien exacte du calcaire à Bélemnites de la Normandie, faire une étude de cet étage par contrée : à cette
condition seulement, il nous sera possible de paralléliser exactement ces
dépôts. Nous les examinerons donc successivement dans le Cotentin,
dans les environs de Bayeux, dans ceux de Caen, enfin autour du récif

---

(1) Je n'entends pas par là que la faune de toute la terre de cette époque n'ait été enrichie que par
la formation des récifs de la Normandie ; il est certain qu'une pareille exubérance vitale a dû s'étaler
au contraire sur de grandes surfaces ; cela ne s'applique qu'aux quelques points que nous avons pu étudier
sérieusement. Qu'est-ce, en effet, que le bassin de Paris, et à bien plus forte raison la Normandie, sur
l'étendue du globe ? Une goutte d'eau dans l'Océan.

de Montabard et dans le département de l'Orne. Mais, avant de nous engager dans cette étude, nous devons faire connaître une série type à laquelle nous comparerons celles de chacune des régions. Cette série normale, dans le département du Calvados, ne dépasse pas 15 à 20 mètres ; nous prendrons pour type les carrières comprises entre Évrecy et Vieux-Pont, qui nous offrent la succession des couches suivantes que nous étudierons séparément :

1° Calcaires et marnes à *Terebratula numismalis*.

2° Marnes à *Ammonites Davœi* et petites *A. fimbriatus*.

3° Calcaires à *Am. margaritatus.* { 1° Couches à grandes *A. fimbriatus* et à *Am. Valdani* ; 2° Couches à *Rhynch. acuta.*

4° Couche à *Leptœna.*

CALCAIRES ET MARNES A TEREBRATULA NUMISMALIS

(Couche F du grand diagramme).

§ 18. — Cette assise, qui constitue la partie inférieure du lias à Bélemnites, en est aussi la plus puissante et atteint, à son état normal, une puissance de 8 à 10 mètres, qu'elle dépasse même quelquefois ; elle est formée généralement de calcaires marneux et d'argiles en alternance, mais dont les épaisseurs relatives varient suivant les lieux.

Auprès de Ste-Marie-du-Mont, non loin de Bouteville, toute la masse est formée de calcaires bleus, tendres et très-marneux, séparés par des argiles de même couleur ; on y trouve des *Gryphées cymbiennes* de petite taille, quelques *Mactromya*, mais surtout des Brachiopodes, parmi lesquels dominent la *Terebratula numismalis* et la *Rhynchonella Thalia* ; j'y ai recueilli également quelques *Terebratula punctata* et *Waterhousi*, les *Spiriferina verrucosa* et *pinguis*. La même série se retrouve à la chaussée du Grand-Chemin, entre Audouville et Ste-Marie ; mais les couches y sont moins épaisses et mieux délimitées, les fossiles plus rares.

Ces couches offrent le même aspect et la même composition à l'ouest de Bayeux ; à Subles, par exemple, où l'on peut très-bien voir les rapports des couches à *Ter. numismalis* avec celles qui les précèdent et les suivent dans la série. Dans ces deux régions, elles reposent constamment sur les couches supérieures du lias à Gryphées arquées.

De l'autre côté de Bayeux, ces couches reposent directement sur le trias ou sur les anciens terrains; elles sont à jour dans un grand nombre de carrières, entr'autres à Vieux-Pont, où elles sont très-fossilifères et où l'on peut recueillir les *Ammonites planicosta, Belemnites niger, B. clavatus, Terebratula numismalis, florella, subovoides, Rhynchonella Thalia,* etc., etc. Mais, ici, les bancs commencent à devenir moins marneux; leur couleur est souvent jaunâtre ou gris pâle, et les argiles elles-mêmes se chargent de calcaire.

Dans les environs de Hottot-les-Bagues, Fontenay-le-Pesnel, Noyers, Monts, Villy, etc., ces bancs, alternativement calcaires et argileux, fendillés, dont l'aspect rappelle celui de vieilles murailles, n'existent plus qu'à la partie supérieure. Dans les couches de la base, les argiles ont presque entièrement disparu; les calcaires forment de gros bancs continus, noirs ou gris, très-homogènes, nullement fissurés et d'une assez grande dureté pour pouvoir être employés (Hottot et Fontenay-le-Pesnel) à l'ornementation, surtout pour le dallage des églises; grâce à leur pâte fine, susceptible d'un beau poli, à leur couleur d'un beau noir-bleuâtre, ils peuvent remplacer avantageusement même le marbre. Quelques-uns de ces bancs inférieurs sont fossilifères, et lorsqu'ils sont polis, forment de belles plaques avec lesquelles on peut faire des cheminées ou des tables; j'en ai vu plusieurs dans les environs de Bayeux, où les nombreuses traces de coquilles brisées leur donnent l'aspect d'un marbre lumachelle. La partie supérieure renferme un grand nombre de fossiles, les mêmes que ceux déjà signalés à Ste-Marie et à Vieux-Pont.

Dans les environs d'Évrecy, à Curcy, à Landes, à Croisilles, et jusqu'auprès de Caen, ces couches changent beaucoup d'aspect. En relation directe avec les terrains anciens (schistes, grès et marbres siluriens), leur partie inférieure est presque toujours formée de sable quartzeux très-divisé, ou de poudingues de gros galets de quartz, cimentés par une pâte quartzeuse (Évrecy, Ouffières, Maltot, Croisilles, etc.), dont l'épaisseur n'est pas constante d'un point à un autre, mais qui semblent au contraire disposés en amas plus étendus et plus puissants là où existent des dépressions. Ces matériaux ont donc servi tout d'abord à niveler un sol fort inégal, que les mers jurassiques n'avaient pu encore envahir. On ne trouve pas, dans cette région, de fossiles dans ces sables et poudingues inférieurs. Les parties les plus profondes sont nivelées par des sables argileux ou des argiles onctueuses et feuilletées, ou parsemées de parcelles de mica, suivant que leur sous-sol est un schiste ou un grès. Puis, au-dessus, paraissent des bancs presque toujours très-fossilifères, d'un calcaire jaunâtre ou grisâtre, alternant avec des argiles de même couleur, renfermant des *Ammonites Bechei* et *planicosta*, *Belemnites niger* et *paxillosus*, *Inoceramus ventricosus*, *Gryphæa cymbium* type, *Terebratula numismalis*, *subovoides*, *Spiriferina pinguis*, sp. *verrucosa*, *Rhynchonella Thalia*, *rimosa*, *variabilis*, etc., etc.

Nous devons ajouter que dans plusieurs localités, entre autres à Évrecy et à La Caine, on y a recueilli de nombreux débris de Plésiosaures, entre autres une colonne vertébrale presque entière d'un individu de taille moyenne, qui est conservée dans la collection de M. Bréville. Mon père possède également quatre vertèbres, d'une très-grande espèce, recueillies à ce niveau à Bretteville, près de Ste-Honorine-du-Fay.

Au contact des récifs, ces couches changent d'aspect, deviennent très-minces et renferment un nombre immense de fossiles ; mais, comme on ne peut plus distinguer exactement à laquelle des subdivisions du lias à Bélemnites ces couches appartiennent, nous ne les citons ici que pour mémoire. Toutefois, il est probable que les parties sableuses à nombreux brachiopodes appartiennent aux couches à *Ter. numismalis*, tandis que celles où abondent surtout les Gastéropodes doivent être plutôt rapportées aux couches à *Amm. margaritatus*.

Dans cette région, on ne voit plus paraître la couche à *Ammonites Davœi*, et nous retrouvons, intimement liés avec les marnes inférieures, les calcaires supérieurs à ce niveau et que caractérisent les grandes *Ammonites fimbriatus*, les *Amm. Valdani*, les *Terebratula subovoides* modifiées, etc. On peut voir cette succession principalement aux environs même de Caen, à Fresnay-le-Puceux, à Maltot, Bully, Vieux, etc.

Si de là nous pénétrons dans les environs de Falaise, nous ne pouvons plus distinguer les couches inférieures des couches moyennes et supérieures, les niveaux étant très-peu accentués; mais, d'après les fossiles. *Ter. subovoides* et *indentata*, on peut être certain qu'une grande partie au moins des grès de St-Opportune et les couches sableuses d'Habloville appartiennent à la base du calcaire à Bélemnites, ce que nous prouve mieux encore la *Ter. numismalis* trouvée par M. Morière dans les environs de Briouze.

MARNES A AMMONITES DAVÆI

(Couche G du grand diagramme).

§ 19. — Cette assise est très-peu développée en Normandie, et si même nous lui consacrons un article particulier, c'est parce qu'elle correspond, comme niveau géologique, à l'énorme masse d'argiles sans fossiles, séparant d'une manière si remarquable le lias en deux parties dans tout l'est de la France. Cette assise n'est même distincte des marnes à *Terebratula numismalis* que dans les environs de Bayeux ; toutefois, on la pressent déjà, plutôt qu'on ne la voit, dans le petit lambeau de St-Marie-du-Mont, par la présence de la *Belemnites umbilicatus,* qui paraît très-bien caractériser ce niveau. On n'en voit plus de traces dans les environs de Caen, ni dans ceux de Falaise et d'Argentan ; c'est donc une sorte de lentille intercalée dans le Bessin, entre les régions du Cotentin et de la plaine de Caen. Elle doit, sans doute, augmenter d'épaisseur en se rapprochant de la côte et en gagnant vers la haute mer. Elle est surtout bien caractérisée dans la carrière de Vieux-Pont, et formée d'un banc de 1 mètre de puissance, composé d'argiles d'aspect schisteux, jaunâtres à la partie supérieure, bleu foncé à la partie inférieure (1), avec nombreux fossiles pénétrés de fer sulfuré.

---

(1) Bien qu'en parlant ici de la Bourgogne nous sortions de notre sujet, puisque nous ne devons étudier que les couches jurassiques de la Normandie, nous pensons qu'il sera intéressant de comparer ces couches à *Ammonites Davæi* de Vieux-Pont et leurs analogues dans l'est de la France. Nous profiterons de cette occasion pour donner ici la coupe complète des environs de Semur, depuis les arkoses inférieures jusqu'aux schistes à Possidonomyes. Cette coupe vérifiée, ou plutôt presque entièrement empruntée à M. Collenot, offre donc toutes les garanties d'exactitude que peut y apporter le nom d'un géologue aussi consciencieux.

On y trouve, de bas en haut :

1° Granit ;

2° Arkoses sans fossiles, 1 à 2 mètres ;

En séparant, avec un ciseau, les feuillets de cette marne, on obtient de très-beaux fossiles dont la plupart, surtout les Ammonites, sont

3° Arkoses supérieures grésiformes avec *Avicula contorta*, *Mytilus minutus*, etc., 1 mètre. A Marcigny, 3 mètres ;

4° Calcaire lumachelle grisâtre très-fossilifère, avec *Ostrea irregularis*, et un grand nombre d'autres fossiles (*Amm. Burgundiæ*, etc.), parmi lesquels nous citerons principalement la *Terebratula perforata* (sp. *Walcotti*), 1 mètre ; les *Ammonites Burgundiæ* et *tortilis* ;

5° Foie de veau inférieur, ou calcaire marneux jaunâtre, avec *Ammonites angulatus* et *Moreanus* ;

6° Foie de veau supérieur avec *Ammonites Hettangiensis*, Gastéropodes, Cérites et nombreuses *Cardinies* et *Astartes*. Cette série forme, suivant MM. Collenot et Bréon, l'infrà-lias des environs de Semur ; nous ne pouvons guère paralléliser avec nos niveaux de Normandie que les deux couches d'arkose avec *Avicula contorta*, qui doivent représenter nos grès dolomitiques inférieurs au calcaire de Valognes proprement dit. Nous croyons donc que ce qui correspond véritablement au calcaire de Valognes, c'est-à-dire les grès d'Hettange, manquent dans les environs de Semur. Quant à la lumachelle et au foie de veau, nous pensons qu'on ne peut nullement les assimiler au calcaire de Valognes, avec lequel ils n'ont aucun rapport, ni minéralogiquement ni paléontologiquement. Il faut donc les considérer ou comme la base du lias inférieur où les Gryphées arquées peuvent très-bien être absentes, ou bien en faire une série particulière de l'infrà-lias intermédiaire entre le lias inférieur et le calcaire de Valognes ; il n'y aurait rien d'étonnant à cela, puisqu'il y a eu un temps d'arrêt, en Normandie, entre le dépôt de notre infrà-lias et celui de notre lias inférieur, bien marqué par la surface corrodée et la discordance d'Osmanville.

A ces couches succèdent :

7° 5 mètres de calcaires à Gryphées arquées, tout-à-fait semblables d'aspect à notre calcaire à Gryphées de la Normandie. MM. Bréon et Collenot y considèrent trois horizons : 1° celui des *Ammonites Scipionianus* et *rotiformis* ; 2° celui de l'*Ammonites bisulcatus* ; 3° celui des *Ammonites stellaris*, *Birchii*, *raricostatus* et *oxynotus*.

Les collines autour de Semur sont formées des couches suivantes, supérieures à cette série :

8° Calcaires à Bélemnites, également formées d'une alternance de calcaires tendres et d'argiles grises comme ils se présentent généralement en Normandie, offrant 3 mètres seulement à Semur, 13 mètres à Vernary ; la partie supérieure de cette assise renferme les *Belemnites clavatus*, *Ammonites Davæi*, etc., *Terebratula numismalis*, etc. ; ces dernières y acquièrent une taille considérable.

9° A ces couches à *Amm. Davæi* succède une masse de marnes grises, désignées habituellement sous le nom de *marnes sans fossiles*, qui atteignent quelquefois jusqu'à 65 mètres de puissance. MM. Bréon et Collenot y ont recueilli récemment de nombreux Foraminifères, une *Avicula*, nov. sp., *Pseudodiadema minutum*, etc. ;

10° Calcaires formés de sept bancs alternatifs de marne et d'argile, avec *Gryphæa cymbium*, *Ammonites fimbriatus*, *Amm. margaritatus*, *Amm. acanthus*, *Amm. Loscombi*, *Pecten æquivalvis*, etc.

Au-dessus paraissent les marnes bleuâtres feuilletées, avec *Possidonomya Bronni*, c'est-à-dire les premières assises de nos marnes infrà-oolithiques et les autres étages plus élevés.

Si maintenant nous étudions les environs d'Avallon, nous intercalerons, entre ces marnes infrà-oolithiques et la couche n° 10, 2 mètres environ de calcaire à grosses *Gryphæa cymbium*, var. *gigantea*, avec *Ter. cornuta*, *Rhynchonella acuta*, etc., et nous aurons la série complète de cette partie de la Bourgogne.

La série des couches que nous venons de signaler est donc tout-à-fait semblable à celle de la Normandie, sauf les 65 mètres de marnes sans fossiles dont il semble que nous n'ayons aucun représentant. Toutefois la petite couche marneuse de Vieux-Pont, à *Amm. Davæi* offre exactement l'aspect des marnes sans fossiles de la Bourgogne. Comme ces dernières, elle se divise en feuillets et a l'apparence plus ou

aplatis par la pression qui donne aux fossiles, situés dans une position horizontale ou oblique, cet aspect si particulier qu'on observe à plusieurs niveaux, mais principalement dans les schistes bitumineux de la base des marnes infrà-oolithiques. Les fossiles et surtout les Ammonites se détachent en noir sur le fond gris-bleuâtre de la roche, ou bien avec cet aspect cuivré, habituel aux fossiles de l'oxfordien de Dives.

Nous avons recueilli, dans cette couche, les fossiles suivants : *Belemnites acuarius, B. umbilicatus, B. Bruguierianus, Ammonites Loscombi, Amm. fimbriatus* (de petite taille), *Amm. planicosta, Amm. Davœi*, des *Nucules*, des *Pholadomyes*, deux Avicules dont une nouvelle ressemblant de forme à l'*Av. echinata*, mais beaucoup plus grande et lisse, *Pecten orbicularis, P. priscus, Hinnites velatus, Harpax (Plicatula) Parkinsoni, Rhynchonella variabilis, Spiriferina rostrata, diadema?* aplati, fortement encroûté de sulfure de fer. Cette couche est pénétrée, dans tous les sens, par les baguettes de cet oursin, qu'il nous a été impossible de déterminer. Enfin, elle renferme également quelques articulations d'une très-petite espèce de *Pentacrinite*, des débris de *Comatules* et surtout une innombrable quantité de petits Foraminifères récemment décrits par M. Terquem.

CALCAIRES A AMMONITES MARGARITATUS.

§ 20. — Ces calcaires sont composés de gros bancs, de 3 ou 4 mètres au plus de puissance normale, qui terminent ordinairement en haut le lias à Bélemnites, et dont le plus élevé, nommé par les ouvriers *banc de roc* ou *banc pinard*, offre surtout un horizon d'une constance

moins schisteuse et renferme la même *Avicula* et *Pseudodiadema minutum*. Or, comme à Vieux-Pont, nous sommes tout-à-fait au bord d'un bassin et que par conséquent, en s'éloignant, il est probable que les couches augmentent beaucoup en épaisseur sous la mer, il me semble tout-à-fait rationnel de supposer que ces marnes à *Ammonites Davœi* augmentent de puissance et que leur peu d'épaisseur seul empêche, à Vieux-Pont, de séparer deux niveaux. Ainsi, que la masse entière renferme alors l'*Ammonites Davœi*, ou que la partie supérieure soit dépourvue de fossiles, nous n'en aurons pas moins un trait de ressemblance extraordinaire entre deux points aussi éloignés : ce qui prouve qu'à l'époque du lias, les couches du bassin de Paris ont été déposées avec une constance remarquable, avec une uniformité qui confond notre imagination, si nous considérons quelle variété préside aux dépôts formant de nos jours l'étage contemporain.

remarquable. Ces calcaires renferment quelquefois une énorme quantité de Bélemnites, principalement les *Belemnites niger* et *paxillosus*, les *Ammonites margaritatus* et *spinatus*, la grosse *Gryphœa cymbium*, var. *gigantea*; mais surtout les *Harpax (Plicatula) Parkinsoni* et les *Pecten æquivalvis* et *disciformis*. On peut encore subdiviser ces couches en deux autres formant deux niveaux assez constants : celui des *Ammonites Valdani* et des grosses *Ammonites fimbriatus* et celui de la *Rhynchonella acuta*.

NIVEAU DES AMMONITES VALDANI ET DES GROSSES A. FIMBRIATUS

(Couche II du grand diagramme).

§ 21. — A la chaussée du Grand-Chemin, près Ste-Marie-du-Mont (Manche), il est assez difficile de reconnaître exactement ce niveau, toute la masse étant formée de calcaires et d'argiles en alternance, qui se ressemblent tous et où les fossiles les plus caractéristiques font défaut; mais on peut, de toute probabilité, rattacher à ce niveau inférieur des calcaires à *Amm. margaritatus* toute une série de gros bancs calcaires bleus, séparés par d'épaisses argiles et où l'on recueille, de distance en distance, des Bélemnites et quelques rares *Ammonites margaritatus*, un peu plus aplaties que le type et pénétrées de fer sulfuré (V. la coupe, p. 56). Cette assise atteindrait en ce point jusqu'à 14 mètres de puissance, et n'aurait pas l'aspect qu'on lui connaît dans les environs de Caen; son épaisseur serait donc plus grande et ses caractères moins tranchés; mais il ne faut pas oublier que, vers Ste-Marie-du-Mont, les calcaires à Bélemnites ont été produits dans une station vaseuse, et que par conséquent leur aspect doit être tout différent de celui des environs de Caen, qui s'est déposé sur un fonds de roche.

Dans les environs de Bayeux, ce niveau n'est guère mieux caractérisé à la carrière de Subles, mais à Vieux-Pont on le reconnaît assez bien ; il se compose de quelques bancs de calcaires grisâtres continus, reposant sur la couche à *Ammonites Davœi* et sous le banc de roc, qui forme constamment la partie supérieure des couches à *Ammonites margaritatus* et qui se reconnaît aisément à ses fossiles spéciaux, *Terebratula quadrifida*, *T. cornuta*, *Rhynchonella acuta*. Cette assise inférieure du calcaire à *Amm. margaritatus* est assez peu fossilifère dans cette localité; on y trouve cependant quelques *Ammonites margaritatus* pénétrés de fer sulfuré, *Belemnites niger*, *Pecten æquivalvis*, etc.

Dans les environs d'Évrecy et de Landes, cet horizon est mieux caractérisé. Intimement lié avec la couche à *Rhynchonella acuta* et formé d'un calcaire gris-rougeâtre où les fossiles sont parfaitement conservés, il y forme, en réalité, la partie inférieure d'une assise unique de 2 mètres environ d'épaisseur, mais qu'on peut cependant séparer en deux; la supérieure est plus cristalline et plus puissante; l'inférieure et la moins développée est celle qui nous occupe. Le calcaire y est un peu plus marneux, souvent coloré en roux par de petites oolithes disséminées irrégulièrement; les Céphalopodes et les Gastéropodes y ont souvent un test spathique, mais fortement coloré en roux-brun. C'est en cet état qu'on y voit de grandes Ammonites, entre autres l'*Amm. Stockesi* que nous considérons comme une simple variété de l'*Amm. margaritatus*; d'énormes *Ammonites fimbriatus*, avec les plus fins détails de leurs belles expansions lamelleuses; des *Nautiles*, des *Chemnitzia*, des *Panopées, Lyonsia*, etc.; enfin la variété à sillon ventral de la *Terebratula subovoides*, dont nous avons vu le type caractériser les couches à *Terebratula numismalis*. Nous y avons également recueilli les *Amm. Ibex et Taylori*.

Ce niveau est surtout bien caractérisé à Bully, à Maltot, à Fresnay-le-Puceux et dans les environs de Caen, où le niveau supérieur à *Rhynch. acuta* devient moins épais et où celui de l'*Ammonites Valdani* acquiert quelquefois 3 mètres de puissance. Ce sont des calcaires grenus, quelquefois sonores et siliceux, se clivant parfois en plaquettes et renfermant un grand nombre de fossiles, parmi lesquels nous citerons *Ammonites margaritatus* type, et var. *Enghelhardi*; *Amm. fimbriatus* de grands et magnifiques échantillons. Mais le plus abondant et le plus caractéristique des Céphalopodes de ce petit niveau est l'*Ammonites Valdani*, dont la roche, surtout à Maltot, est quelquefois pétrie. Parmi les Gastéropodes, on y trouve des *Troques*, des *Chemnitzia*, les *Pleurotomaria suturalis* et *anglica*, puis un grand nombre de lamellibranches: *Panopea elongata*, *Pholadomya Hausmanni*, *Lyonsia unioides*, *Inoceramus ventricosus* et *substriatus*, *Hinnites velatus*, *Pecten orbicularis*, *Pecten æquivalvis*, *Harpax*

7

(Plicatula) Parkinsoni (1) ; enfin, certains Brachiopodes sont très-caractéristiques de ce niveau ; ce sont, en première ligne, les variétés à sillon
ventral de la *Terebratula subovoïdes*, les *Spiriferina Hartmanni* et *Oxyptera*, la *Rhynchonella furcillata*. On y trouve encore d'autres espèces qui
se rencontrent également dans le niveau supérieur, telles que les *Tereb. cornuta*, *Waterhousi*, *subnumismatis*, les *Spiriferina rostrata*, les *Rhynchonella
tetraëdra*. Nous devons ajouter que la *Rhynchonella rimosa*, si abondante
dans certains bancs des couches à *Ter. numismatis*, existe également,
quoique rare, à ce niveau et ne se retrouve plus au-dessus.

Une partie des couches à Gastéropodes déposées sur le récif de Fontaine-Etoupefour, de May, et surtout de Bretteville-sur-Laize, appartiennent sans doute à ce niveau, comme semblent le prouver le *Asmmonites
margaritatus*, var. *Enghelhardi*, les *Terebratula subnumismatis*, *Waterhousi*, *Eugenii*, etc. ; mais, à cause du peu d'épaisseur de ces couches,
ces relations sont à peu près impossibles à préciser.

NIVEAU DES TEREBRATULA QUADRIFIDA ET RHYNCHONELLA ACUTA

(Couche I du grand diagramme).

§ 22. — Autour de Sᵗᵉ-Marie-du-Mont, le niveau supérieur des assises à
Ammonites margaritatus, plus fossilifère que l'inférieur, est facile à reconnaître en beaucoup de points par la présence des *Terebratula cornuta* et
quadrifida et de la *Rhynchonella acuta*. Je l'ai observé tout près de Sᵗᵉ-Marie
même, dans les abreuvoirs ; à Sᵗ-Martin, à Etaville, à Beuville, il existe
également vers la mer ; enfin, à la chaussée du Grand-Chemin, on peut
voir ses rapports avec les niveaux inférieurs dans une belle coupe qui
montre, ainsi que nous l'avons déjà dit, la série tout entière du lias à
Bélemnites ; il y occupe le haut du coteau, et ses couches ont en ce
point 3 mètres 50 environ de puissance.

A la base, immédiatement au-dessus des gros bancs calcaires du niveau inférieur, on observe d'abord 2 mètres d'argile d'un gris-blanchâtre,
avec *Pecten æquivalvis*, *Belemnites niger*, *Harpax spinosus*, *Terebratula*

_____

(1) C'est-à-dire l'espèce qui est habituellement citée sous le nom de *Plicatula spinosa* et qu'il ne faut
pas confondre avec le *Harpax spinosus* du lias inférieur, ni avec le *Harpax pectinoïdes*, qui se trouve au
même niveau, mais seulement dans l'est de la France.

cornuta, Rhynchonella acuta. Au-dessus se voient quatre bancs de calcaires marneux gris, alternant avec des argiles feuilletées, de même couleur et renfermant les mêmes fossiles, mais plus nombreux, et de beaux échantillons de *Terebratula quadrifida* ; j'y ai recueilli également un échantillon de l'*Ammonites spinatus.*

Dans tout le Bessin, ce niveau se présente avec des caractères analogues : à Vieux-Pont, il est formé d'un seul banc de 1 mètre 50 environ d'épaisseur ; c'est le banc de roc qui est ici d'un gris-cendré, quelquefois bleu à sa partie inférieure et jaunâtre en-dessus ; il renferme une grande quantité de fossiles les plus caractéristiques : *Ammonites spinatus, Amm. margaritatus, Belemnites niger, Pecten æquivalvis, Pecten disciformis, Lima punctata, Terebratula quadrifida, Ter. cornuta, Ter. punctata, Ter. Edwardsii, Rhynchonella acuta, Rhync. tetraedra, Spiriferina rostrata.* Sa partie supérieure est marquée par un niveau très-remarquable renfermant de petits Gastéropodes des genres *Turbo, Cerithium, Tornatella, Actæonina,* et quelquefois le *Pleurotomaria precatoria.* Ces petits Gastéropodes ont conservé leur test et forment un horizon très-sensible qu'on retrouve à Subles, à Landes, à Neuilly, etc.

A Évrecy, à Landes, à Curcy, à Croisilles et dans toute la région avoisinante, cette même couche se présente avec une constance remarquable ; elle est formée d'un gros banc calcaire d'un blanc-jaunâtre, gréseux, renfermant quelquefois de très-fines oolithes et tout lardé de bélemnites. Ce banc, bien connu des ouvriers sous le nom de *banc de roc*, tranche par sa masse et sa couleur sur les roches supérieures et inférieures, et ne peut être confondu avec aucun autre ; il renferme beaucoup de fossiles. Outre les bélemnites, on y voit une énorme quantité de Brachiopodes : les *Terebratula quadrifida, cornuta, punctata, subpunctata, Edwardsii* ; les *Spiriferina rostrata* et *Münsteri* ; les *Rhynchonella acuta* et *tetraedra.* Un grand nombre de Céphalopodes cloisonnés, d'énormes *Nautiles,* des Ammonites, principalement l'*Amm. spinatus,* type ; des Gastéropodes, entre autres le *Pleurotomaria suturalis* et les petites espèces du niveau de Vieux-Pont ; les *Pecten æquivalvis* et *disciformis,* une grande quantité de grosses *Panopées,* des *Pholadomyes,* le *Harpax Parkinsoni,* la *Gryphæa cymbium,* var. *gigantea.* On y a trouvé également, à plusieurs reprises, de nombreux débris, quelquefois le squelette presque entier d'un immense Ichthyosaure , dont les vertèbres mesurent jusqu'à 20 centimètres de diamètre. Mon père possède une grande portion de la mâchoire inférieure de ce gigantesque reptile , trouvée à Missy ; quoiqu'incomplète , elle mesure plus de 1 mètre de longueur, et devait appartenir à un animal de près de 50 pieds de long qui, par conséquent, pouvait rivaliser pour la taille avec nos grands cétacés. Ce niveau est donc, sans contredit , le plus fossilifère de toute la série liasique.

Il est hors de doute, d'ailleurs, que c'est à ce niveau qu'appartiennent la plupart des Gastéropodes si curieux qu'on recueille dans les fissures des roches siluriennes, tout le long du récif de Fontaine-Étoupefour et de May, puisque l'on y rencontre les mêmes espèces que nous avons signalées à la partie supérieure du *banc de roc* de Vieux-Pont ; mais nous éprouvons ici la même incertitude que pour les niveaux étudiés précédemment : le peu d'épaisseur des couches et la façon dont les sédiments s'infiltrent dans les roches sous-jacentes s'opposent à ce que nous puissions y tracer des lignes de démarcation entre les divers niveaux.

Nous ne pouvons également reconnaître cet horizon auprès de Falaise, ni dans le département de l'Orne, où le lias à bélemnites est tout-à-fait modifié et affecté des caractères anormaux ; mais, d'après les fossiles, nous pouvons être certain que les couches supérieures y sont représentées.

Le lias à bélemnites se termine, dans presque toute la Normandie, avec cette couche à *Amm. margaritatus* et *Rhynch. acuta ;* il est alors recouvert directement soit par les unes, soit par les autres des marnes infra-oolithiques ; nous en exceptons toutefois les environs d'Évrecy, de Curcy et de Caen, où il est séparé de ces dernières par une toute petite couche, qui se présente avec des caractères si étranges que nous devons lui consacrer une place spéciale : c'est la *couche à Leptœna* dont j'ai fait connaître, dès 1853, la présence en Normandie , où elle se montre avec des caractères plus curieux encore qu'en Angleterre, où elle a été signalée pour la première fois.

COUCHE A LEPTÆNA

(Couche J du grand diagramme).

§ 23. — La couche à *Leptæna* n'existe que dans le département du Calvados, et encore dans une région restreinte aux environs d'Évrecy et de Caen. Elle est formée d'une assise si mince qu'elle compte à peine dans la série du lias, puisqu'elle n'a jamais, à son état normal , plus de 0^m, 25 d'épaisseur. Cette petite assise lilliputienne n'en est pas moins remarquable par sa faune tout-à-fait spéciale. Elle est formée d'une marne rougeâtre renfermant une grande quantité de petits éléments calcaires très-divisés et occupant un niveau constant, immédiatement au-dessus du banc de roc, cet horizon si remarquable que nous avons dit former la partie supérieure des couches à *Ammonites margaritatus.*

Cette petite couche existe d'ailleurs dans un espace très-étendu de la plaine de Caen, et sa constance remarquable, l'uniformité même de son dépôt prouvent que sa présence n'est point un fait isolé ou un accident particulier à une localité ; ajoutons que, si elle n'avait été reconnue qu'en Normandie, on pourrait la considérer comme un petit dépôt tout-à-fait local ; mais il n'en est pas ainsi : elle se retrouve avec des caractères identiques en Angleterre et à l'autre extrémité de la France, au pic de St-Loup, près Montpellier (1).

(1) Nous devons ajouter que dans l'est de la France, malgré toutes les recherches minutieuses auxquelles je me suis livré, je n'ai pu retrouver la couche à *Leptæna*, au moins avec son aspect normand. Mais si on observe la coupe du lias entre Chalindrey et Langres (Haute-Marne), on y voit les couches à *Pecten æquivalvis*, à *Terebratula cornuta*, à *Ammonites margaritatus et spinatus*, par conséquent notre niveau bien établi du roc et consistant alors en calcaires à nodules ferrugineux ; on les voit, dis-je, recouvertes par une grande masse de calcaire compacte renfermant, en certains points, une grande quantité d'articulations de tiges de Crinoïdes, mais surtout des débris de bras de Pentacrinites ; le tout surmonté par les argiles schisteuses à Possidonomyes. Ces calcaires offrent donc tout-à-fait les relations de notre couche à *Leptæna* ;mais leur énorme épaisseur, relativement à celle de notre couche normande, rend cette assimilation très-problématique ; et comme ces calcaires sont très-durs et très-compactes, on ne peut s'assurer s'ils renferment ou non ces petites *Leptæna*, qui trancheraient la question, mais qu'on ne peut obtenir que dans des couches réductibles en sable par un lavage plus ou moins prolongé. Toutefois, l'énorme quantité de débris de Pentacrinites qu'on rencontre dans la couche de May semble prouver que cette assimilation n'est pas trop hasardée.

Quoi qu'il en soit, la couche à *Leptœna* est en rapport, à sa partie supérieure, avec les couches argileuses qui remplacent, en Normandie, les marnes et schistes à Possidonomyes; elle se trouve donc au point de contact de nos systèmes liasique et oolithique inférieur. Elle semble enfin devoir être la dernière couche du lias à Bélemnites, plutôt par la composition de sa faune que par ses caractères minéralogiques.

Non-seulement la puissance de cette couche, mais encore sa faune est microscopique; les fossiles qu'elle renferme, quoique tous fort remarquables, atteignent à peine une taille de quelques millimètres, mais ce sont des formes étranges et dont l'ensemble n'est pareil à celui d'aucun autre niveau; ce sont: la *Terebratula globulina*, petite espèce tout-à-fait sphérique avec un foramen à peine visible; la *Terebratula Deslongchampsii*, forme très-remarquable qui n'a de rapport qu'avec les *Terebratula lima*, *Hebertiana*, etc., de la craie; la *Rhynchonella pygmœa*; puis des fossiles qui, par leur forme, rappellent le trias, par exemple la *Leptœna liasiana*, qui ressemble tant d'aspect extérieur au *Koninckina Leonhardi*; d'autres, au contraire, qui n'ont d'analogues que dans la série silurienne, tels que les *Leptœna Moorei* et *Bouchardi*.

Lorsque nous l'examinons sur le récif de May, nous voyons à l'encontre de tous les autres niveaux, et comme si tout devait être bizarre dans cette petite assise, qu'elle y devient plus puissante et mieux caractérisée que dans son état normal: l'explication d'un pareil phénomène (c'est le mot) est impossible; mais, en tous cas, le fait existe.

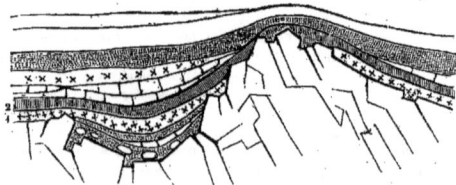

Lorsque les anfractuosités de la roche silurienne sont assezgrandes, elles font l'office de poches où les sédiments des diverses assises du lias à Bélemnites ont nivelé à peu près le terrain, et se présentent sous forme de sable ou de calcaires avec une immense quantité de fossiles gastéropodes, acéphales et brachiopodes; mais où les céphalopodes font presque entièrement défaut; au-dessus paraît la couche à *Leptœna*, dont la partie inférieure est entièrement formée d'une multitude de débris de Crinoïdes, Pentacrinites, Eugeniacrinites et autres, consistant en portions de tiges et en débris de bassins et de bras, formant une espèce de sable, quelquefois agglutiné par un suc calcaire variant d'épaisseur suivant les points, mais plus épais au milieu des poches que sur leurs bords, et qui contribuent par conséquent à les combler. La partie supérieure 2 est formée d'une argile jaunâtre très-tenace, d'une épaisseur plus uniforme, renfermant encore à sa base des débris de Crinoïdes peu nombreux et quelquefois une grande quantité de Bélemnites, plus ou moins usées et dont la partie supérieure est très-pure. Ces deux petites couches réunies acquièrent quelquefois une épaisseur de près de 1 mètre et renferment une multitude de petits fossiles dont les principaux sont : la *Leptœna Davidsoni,* magnifique espèce de 2 centimètres de largeur, ainsi que les *Lept. liasiana* et *Bouchardi*, déjà rencontrées à Évrecy et à Curcy, la *Terebratula Deslongchampsii*, la *Rhynchonella egretta,* et surtout une immense quantité de thécidées qu'on ne rencontre jamais ailleurs : *Thecidea mayalis, submayalis, sinuata, rustica*, etc., etc., des becs de céphalopodes d'une forme tout-à-fait singulière, les *Peltarion bilobatum* et *P. unilobatum*, des baguettes et débris d'oursins de différents genres et espèces, puis des crinoïdes aux formes bizarres des genres *Eugeniacrinus, Plicatocrinus*, et surtout des bassins de *Cotylederma*, crinoïde fort curieux dépourvu de tige et qui adhérait directement par son bassin aux corps sous-marins, enfin des spongiaires du genre *Neurofungia*.

Nous reviendrons sur cette faune si intéressante, lorsque nous traiterons des stations paléontologiques remarquables du lias de la Normandie.

Telles sont les diverses assises, souvent très-tranchées, qui constituent le lias à bélemnites. Nous étudierons maintenant leur succession et leurs caractères dans les diverses régions des trois départements qui font l'objet de ce travail.

§ 24. *Cotentin.* — Le lias à bélemnites existe au nord-ouest de Ste-Marie-du-Mont dans un certain nombre d'abreuvoirs, creusés dans les prairies qui avoisinent le bourg ; les uns sont ouverts dans le lias à bélemnites, les autres dans les marnes infrà-oolithiques très-riches en *Ammonites radians, serpentinus, bifrons*, etc. On y voit avec surprise que, d'un côté à l'autre de la route de Ste-Marie à Bouteville, et sur un terrain parfaitement horizontal, on trouve des bancs tout-à-fait différents. Cette absence de correspondance est due à une faille qui abaisse de 5 à 6 mètres le niveau des assises jurassiques au nord de la route, tandis que le lias à bélemnites est resté en place du côté sud. Si on ne tenait compte de cette donnée, on éprouverait une certaine difficulté dans l'étude de ces niveaux ; mais la signaler est par cela même la résoudre ; et comme nous reviendrons, d'ailleurs, sur ce sujet en traitant des accidents qu'ont subis nos assises jurassiques postérieurement à leur dépôt, il est inutile de nous occuper dès maintenant de cet accident.

Auprès d'Étaville, je citerai principalement l'abreuvoir de la ferme Haridel, qui est creusé à environ 5 mètres de profondeur et nous permet de voir les couches supérieures du lias à bélemnites qui sont formées d'une alternance de gros bancs gris de calcaires et d'argile, avec nombreuses *Belemnites, Harpax Parkinsoni, Pecten æquivalvis,* etc., tout-à-fait analogues à celles de la coupe de la chaussée du Grand-Chemin que nous donnons ci-après. Ces couches sont recouvertes, presque au niveau du sol, par un lit d'argile d'un roux-brun appartenant à l'étage suivant des marnes infrà-oolithiques, dont on peut suivre la succession de l'autre côté de la route.

A la chaussée du Grand-Chemin, nous pouvons observer la série suivante, de bas en haut :

1° Bancs alternatifs de calcaires et d'argiles grises avec gryphées arquées modifiées, offrant à la partie supérieure des calcaires plus foncés avec quelques *Belemnites brevis, Rhynchonella tetraedra* et *Thalia,* 3^m, 50 ;

2° Argile bleue avec les mêmes fossiles, 1 mètre. Ces deux assises appartiennent à la partie supérieure du lias à gryphées ;

3° Au-dessus commence à se développer le lias à bélemnites par un banc continu, avec *Rhynchonella rimosa;*

4° Quatre mètres en alternance d'argile et de calcaire, les derniers et les plus épais à la partie supérieure ; on y trouve quelques petites *Gryphæa cymbium*, les *Belemnites clavatus* et, de place en place, de petits cordons remplis de *Belemnites umbilicatus*. Quoique je n'y aie pas trouvé de *Terebratula numismalis*, c'est le niveau de cette espèce, et il est à peu près certain qu'elle y existe ;

5° Banc, de 0ᵐ, 50, d'un calcaire bleu compacte à cassure conchoïde, avec des Ammonites, entre autres l'*Amm. fimbriatus*, de petite taille.

La série de ces couches 4 et 5 correspond, sans doute, au niveau de Vieux-Pont à *Amm. Davœi*. Au-dessus, on trouve la partie inférieure des couches à *Amm. margaritatus* : elle est très-puissante, formée encore de calcaires en gros bancs, séparés par des assises argileuses plus ou moins épaisses ; on y rencontre principalement l'*Ammonites margaritatus*, var. *Stockesi*, les *Belemnites clavatus* et *paxillosus*. Voici le détail de cette série, qui n'a pas moins de 14 mètres de puissance :

Argile bleue, 1ᵐ, 50 ; banc calcaire bleu avec *Amm. margaritatus*, var. *Stockesi*, 0ᵐ, 30 ; argile bleue, 1ᵐ ; calcaire gris foncé sans fossiles, 0ᵐ, 20 ; alternance d'argiles bleues et de calcaires marneux gris, peu épais, 3ᵐ ; les argiles sont lardées de *Belemnites niger* et *paxillosus;* alternance semblable, mais où les bancs calcaires sont plus épais, les ammonites moins nombreuses, 2ᵐ ; 3 mètres d'argiles noires et peu de calcaire ; banc de calcaire très-dur, 0ᵐ, 30, avec *Ammonites margaritatus* de petite taille ; puis enfin 3ᵐ de marne bleue couronnée par un petit banc calcaire, avec *Ammonites paxillosus* et *clavatus* et quelques *Pecten priscus.*

Au-dessus paraissent les couches supérieures du niveau à *Ammonites margaritatus :* elles sont bien plus fossilifères que les autres et ainsi formées :

3 mètres d'argiles avec *Pecten æquivalvis*, *Belemnites niger*, *Harpax Parkinsoni*, *Terebratula cornuta;* 2 mètres d'argile et de calcaire en alternance, avec nombreuses *Terebratula quadrifida* et *Rhynchonella acuta*, terminent la série.

8

On voit donc que le caractère général du lias à Bélemnites dans le Cotentin est d'être essentiellement marneux et argileux ; les bancs y sont plus développés que dans le département du Calvados, mais les niveaux sont moins tranchés et surtout, les fossiles, moins abondants d'ailleurs, paraissent distribués d'une manière moins constante.

§ 25. *Bessin.* — Le lias à Bélemnites, dans tous les environs de Bayeux, se rapproche beaucoup de celui du Cotentin par le caractère de la prédominance des marnes et argiles. Il repose tantôt sur le lias inférieur à Gryphées modifiées (partie occidentale, type Subles), tantôt sur les terrains anciens (partie orientale, type Vieux-Pont). Il y est recouvert constamment par les marnes infrà-oolithiques à *Ammonites bifrons, serpentinus, Hollandræi,* etc.

Voici la coupe de Vieux-Pont :

1° Alternance de calcaires et d'argiles grises renfermant à la base des Gryphées cymbiennes , de petite taille, et dans toute la série, un grand nombre de *Rhynchonella Thalia* et de *Terebratula numismalis* bien caractérisées, accompagnées des *Ter. subovoides* et *florella,* des *Spiriferina pinguis* et *verrucosa,* 7 à 8 mètres ;

2° Banc argileux, d'aspect schisteux, jaunâtre à la partie supérieure, bleu foncé à l'inférieure, avec nombreux fossiles pénétrés de fer sulfuré. Cette assise est bien caractérisée par les *Ammonites Davœi* et *fimbriatus* (cette dernière de petite taille), 1 mètre ;

3° Calcaires jaunâtres, séparés par des assises de marne, avec *Belemnites niger, Pecten æquivalvis, Ammonites margaritatus,* var. *Stockesi,* 1 mètre 20;

4° Un gros banc calcaire (le roc), gris en-dessus, bleuâtre en-dessous, de 1 mètre d'épaisseur. La partie supérieure renferme de nombreux Gastéropodes de petite taille ; la partie inférieure, une énorme quantité de fossiles très-caractéristiques : *Belemnites paxillosus* et *niger, Ammonites spinatus, margaritatus, Pecten æquivalvis, Terebratula quadrifida, Rhynchonella acuta* (1) ;

(1) Bien que la couche à *Leptæna* ne soit pas apparente dans cette carrière, elle doit y exister, puisque M. Tesson y a recueilli l'une des espèces les plus caractéristiques, la *Terebratula Deslongchampsii* (Dav.).

5° Environ 3 mètres appartenant aux marnes infrà-oolithiques. Le lias à Bélemnites offre, comme on le voit, les mêmes niveaux dans le Cotentin et le Bessin ; mais, dans cette dernière région, les couches y sont déjà moins marneuses, les niveaux moins épais, mais beaucoup mieux caractérisés.

§ 26. *Environs de Caen.* — Les divers niveaux du lias à Bélemnites offrent dans les environs de Caen une netteté et une constance des plus remarquables, des caractères minéralogiques et paléontologiques parfaitement tranchés. On peut les étudier dans une quantité de carrières, et toutes y montrent la même succession. Les niveaux argileux diminuent, les calcaires y dominent, les fossiles y sont cantonnés dans des limites précises. Nous prendrons pour type la coupe d'Évrecy, derrière l'église du bourg, en montant une route qui conduit à Ste-Honorine-du-Fay (1).

On y trouve successivement :

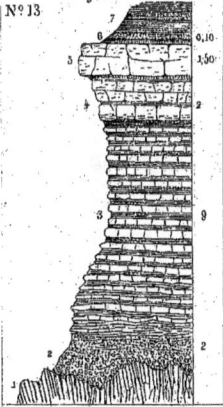

1° Schistes argileux, feuilletés, appartenant à la partie moyenne du terrain silurien, visibles dans les excavations, vers le pont ;

2° Poudingue formé de sable et de galets roulés quartzeux, variant de 1 à 2 mètres d'épaisseur et comblant les inégalités du schiste, entièrement formé à sa partie supérieure de sable quartzeux incohérent ;

3° Alternance de petits bancs de calcaires marneux un peu fendillés et d'argiles pénétrées de parties calcaires et quelquefois siliceuses, avec *Belemnites niger* et *umbilicatus*, petite *Gryphæa cymbium*, *Terebratula numismalis*, *Ter. subovoides*, *Rhynchonella Thalia*, *Spiriferina pinguis* et *verrucosa*, 9 mètres ;

4° Calcaires plus épais, séparés par de minces couches argilo-calcaires, avec *Ammonites Bechei* et *fimbriatus*, Belem-

(1) Voir ma première Note pour servir à la géologie du Calvados, insérée dans le Ier volume du *Bulletin de la Société Linnéenne*, année 1855, p. 17.

nites clavatus, *Gryphœa cymbium*, *Terebratula subovoides* et *punctata*, *Rhynchonella tetraedra* et *rimosa*, *Spiriferina rostrata*, et quelquefois *Sp. Hartmanni*; environ 2 mètres;

5° Banc continu de calcaire grésiforme (roc), avec des portions un peu sableuses, et souvent pénétré de très-petites oolithes, avec *Belemnites niger* et *acuarius*, *Ammonites spinatus*, *Amm. margaritatus*, *Pleurotomaria suturalis*, *Pecten œquivalvis*, *P. disciformis*, *Gryphœa cymbium*, var. *gigantea*, *Terebratula quadrifida*, *Ter. cornuta* (souvent très-grosse), *Ter. punctata*, *T. Edwardsii*, *Rhynchonella tetraedra*, *Spiriferina rostrata*; 1ᵐ, 50;

6° Couche à *Leptœna*, formée d'une marne calcaire rougeâtre, incohérente avec *Leptœna Moorei*, *L. liasiana*, *L. Bouchardi*, *Terebratula globulina*, *Rhynchonella pygmœa*, 0ᵐ, 10;

7° 12 mètres appartenant aux argiles et calcaires des marnes infraoolithiques, couronnées par les premiers dépôts de l'oolithe inférieure.

§ 27. *Environs de Falaise.* — Le lias à bélemnites s'offre dans cette région avec des caractères tout autres. Les calcaires y sont beaucoup plus sableux, et on ne peut y reconnaître les divisions si tranchées des environs d'Évrecy; il est aussi considérablement réduit et repose tantôt sur le trias, tantôt sur les anciens terrains (grès quartzeux ou schistes feuilletés du silurien moyen).

On peut voir déjà, dans la vallée de la Laize, que le lias à bélemnites change d'aspect; que ses couches, quoique encore bien tranchées, deviennent beaucoup moins épaisses et surtout plus sableuses. Au-delà de Bretteville-sur-Laize, il ne forme plus que des assises fort minces qu'on observe de loin en loin, par exemple à Olendon, à Rouvres, etc., au fond des vallées ouvertes aux dépens des diverses assises du système oolithique inférieur.

Les vallées de l'Ante et de la Traîne mettent au jour ces assises du lias à Bélemnites qu'on peut observer en divers points, mais surtout auprès de Villy-la-Croix et de Fresnay-la-Mère. Les tranchées du chemin de fer ont également donné lieu, entre ce point et Vignats, à de très-belles coupes. Voici la succession qu'on observe dans une carrière, tout près de la gare:

N° 14

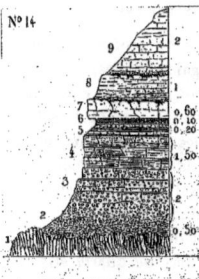

1° Schistes anciens, fortement redressés ;

2° Argile jaunâtre, de 0ᵐ, 50, renfermant à sa partie supérieure quelques galets quartzeux arrondis, de petite dimension. Cette couche a été formée de toute évidence aux dépens des argiles triasiques du voisinage, que les flots ont dû délayer ;

3° Poudingue à pâte plus ou moins sablonneuse, agglutiné par un suc calcaire et renfermant de gros galets quartzeux arrondis, et des fossiles du lias, particulièrement des Bélemnites, plus abondants à la partie supérieure ; il forme trois gros bancs dont l'ensemble peut être évalué à 2 mètres ;

4° Calcaire jaunâtre, un peu sableux, de 1ᵐ, 50, divisé en trois bancs et renfermant à profusion *Belemnites niger*, *Pecten æquivalvis* et quelques *Rhynchonella tetraedra*, *Terebratula indentata* et *punctata* ;

5° Calcaire très-marneux, de 0ᵐ, 20, avec fossiles qui ont conservé leur test : *Cardinia*, *Pecten æquivalvis* et *Chemnitzia Lafresnayi* (d'Orb.) qui, lorsquelle est dénuée de son test noduleux, est probablement la *Chemnitzia nuda* du même auteur ;

6° Petite couche d'argile d'un brun-jaunâtre, 0ᵐ, 10.

Au-dessus, et grâce à une lacune évidente, paraissent directement un banc appartenant à l'assise la plus élevée des marnes infra-oolithiques, puis les couches de l'oolithe inférieure à *Ammonites interruptus*, et enfin le *fuller's-earth*.

D'après sa composition beaucoup plus quartzeuse et son peu d'épaisseur, on voit que le lias à Bélemnites de Fresnay-la-Mère ne ressemble nullement à celui des autres régions que nous venons d'examiner. On ne peut non plus y tracer de divisions : la plupart des espèces paraissant devoir se rapporter au niveau supérieur à *Ammonites margaritatus* ; mais d'autres, comme les *Terebratula indentata*, appartiennent d'habitude aux couches inférieures. Quant aux poudingues fossilifères de la base, nous ne voyons, dans le Calvados, que les poudingues d'Évrecy qui puissent s'y rapporter ; mais il ne faut pas oublier que, dans ces derniers, il n'y a jamais de fossiles : nous conjecturons, toutefois, que les sables inférieurs de Fresnay-la-Mère sont un peu moins anciens que ceux d'Évrecy.

Lorsque les excavations des anciens terrains sont profondes, elles sont invariablement comblées par ces dépôts de galets roulés, qui prennent un développement considérable : à Villy-la-Croix, par exemple, distant d'un kilomètre à peine de Fresnay-la-Mère, ce dépôt de galets acquiert jusqu'à 6 mètres d'épaisseur; on peut les voir dans une coupe très-curieuse qui forme la pente de la vallée de la Traîne, au lieu dit Pont-de-Villy. On y trouve tout d'abord 25 mètres d'argiles très-tenaces, de couleur blanche, rose ou violâtre, et qui dépendent du trias ;

2° Au-dessus, 3 mètres de poudingue à pâte de grains quartzeux, cimentés par un suc calcaire, avec gros galets roulés de quartz gris ou rose employés pour les routes ;

3° Deux mètres d'une sorte d'argile sableuse, colorée en rouge par l'oxyde de fer ;

4° Un mètre environ de poudingue semblable au n° 2 ;

5° Banc de calcaire gréseux en plaquettes, avec *Rhynchonella tetraedra* assez nombreuses.

Au haut de la butte, les bancs supérieurs de ce poudingue à galets quartzeux offrent un aspect tout-à-fait particulier : on voit qu'il a été

N° 15

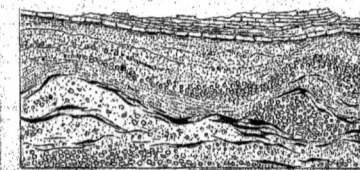

déposé sous l'action de forts courants ; en effet, les couches n'en sont pas horizontales, mais fortement onduleuses, les unes ne renfermant que de gros galets, les autres du sable presque impalpable ; de place en place, on voit des traînées noires qui sont dues à des portions d'arbres ou à des feuilles changées en matière charbonneuse ; ce poudingue est ensuite recouvert par un sable fortement coloré en roux par l'oxyde de fer ; enfin paraissent quelques bancs calcaires en plaquettes, dont le premier participe encore légèrement à l'ondulation des sables ; le plus inférieur de ces bancs forme un cordon un peu disloqué qui renferme une grande quantité de *Belemnites paxillosus*, puis, au-dessus, deux petits bancs de calcaire en plaquettes très-minces, avec nombreuses *Ter. indentata* et quelques *Ter. subovoides*.

§ 28. *Lias des environs d'Argentan et de Domfront.* — Ainsi que nous l'avons dit, le lias à bélemnites, après avoir contourné vers l'ouest de Falaise le grand récif de Montabard, pénètre dans le département de l'Orne en formant une étroite lisière dont il est difficile de suivre exactement la trace, recouverte et débordée par les dépôts plus ou moins récents du système oolithique inférieur.

C'est ainsi qu'on le retrouve à Bazoches : il y est recouvert par une mince assise d'un calcaire à oolithes ferrugineuses appartenant aux couches à *Ammonites bifrons* des marnes infrà-oolithiques. Le lias à Bélemnites y est tout-à-fait semblable à celui de Fresnay-la-Mère et aussi formé de calcaires sableux avec *Pecten æquivalvis* ; sa base consiste également en un poudingue à gros galets quartzeux, avec *Belemnites niger* et *paxillosus.*

A Fresnay-le-Buffard, au hameau du Bissei, à Habloville, etc., le lias à bélemnites, recouvert directement par l'oolithe inférieure ou même par le fuller's-earth, y est formé uniquement de sables quartzeux faiblement agglutinés, où s'intercalent de petits bancs de calcaire gréseux avec *Belemnites niger* et surtout une quantité innombrable de brachiopodes appartenant aux *Terebratula indentata* et *subovoides* et à la *Rhynchonella tetraedra.* Ces mêmes calcaires sableux se retrouvent également de l'autre côté de la rivière d'Orne, principalement à la tranchée de la rue de Mancé, sur le chemin de fer d'Argentan à Granville, et s'y présentent avec des caractères tout-à-fait semblables à ceux des environs de Falaise, c'est-à-dire à la base (1) un poudingue à gros galets quartzeux, puis, au-dessus des bancs de calcaire gréseux assez épais, environ 2 mètres avec *Belemnites niger, Pecten æquivalvis, Harpax Parkinsoni* et *Rhynchonella tetraedra* ; au-dessus se remarquent encore quelques lits calcaires, qui sont eux-mêmes surmontés d'une couche de marne bleuâtre ou d'argile noire.

A la tranchée du Poirier, commune de Sevray, on trouve, d'après M. Morière, la succession suivante du haut en bas :

« Grès feuilleté fossilifère, de 0^m,30 à 0^m,40 ; argiles et sables de

---

(1) Nous empruntons les détails suivants à une note fort intéressante, de M. Morière, sur les grès de Ste-Opportune et sur la formation liasique dans le département de l'Orne (*Bulletin de la Société Linnéenne de Normandie,* t. VIII, p. 131).

« couleurs variées, 0^m,60 à 0^m80 ; grès fossilifère alternant avec du mi-
« nerai de fer limonite, en fragments irréguliers, allant jusqu'au fond
« de la tranchée, qui ne donne pas sa limite inférieure. Le grès de cette
« tranchée, très-friable à la partie supérieure, augmente un peu de cohé-
« sion avec la profondeur ; sa couleur est souvent d'un jaune ocreux,
« quelques couches passent à l'état de grès ferrugineux. Ce grès nous a
« offert à peu près les mêmes fossiles que celui de Ste-Opportune, et en
« outre plusieurs spécimens de *Pecten æquivalvis*, coquille caractéristique
« du lias ; il renferme également un grand nombre de *Harpax Parkin-
« soni*, var. *Eurabdota* (E. Desl.), dans les couches supérieures. Les
« couches de minerai de fer offrent aussi fréquemment les empreintes
« des mêmes coquilles, et surtout des moules de *Pecten æquivalvis*. »

Enfin, à Ste-Opportune et dans les environs de Briouze (arrondissement de Domfront), les caractères du lias à Bélemnites sont tout-à-fait
particuliers. Ce ne sont plus des calcaires plus ou moins gréseux ; c'est
un véritable grès quartzeux, semblable d'aspect au grès silurien de May.
J'extrais également les lignes suivantes du travail cité de M. Morière :

« Ce grès est déposé par couches horizontales ; la plus voisine du sol
« est tendre et friable ; les autres possèdent une dureté et une cohésion
« qui augmentent ordinairement avec la profondeur et qui deviennent
« parfois tellement grandes, qu'on ne peut que très-difficilement les en-
« tamer avec le marteau. L'épaisseur de cette formation est en moyenne
« de 1 mètre à 1 mètre 50 ; mais elle varie beaucoup et va presque
« toujours en diminuant du milieu de la bande à ses bords, comme si
« le grès avait nivelé des cavités appartenant à la roche sous-jacente
« (le granit), dont il est séparé en plusieurs endroits par un sable fin
« provenant de la désagrégation de cette roche et contenant souvent du
« kaolin..... La roche de Ste-Opportune est un grès quartzeux, à grains
« fins et assez homogènes, de couleurs très-variées ; la couche inférieure
« offre souvent, empâtés dans la roche, des fragments disséminés de
« granit à feldspath décomposé, des fragments arrondis de quartz hyalin
« gras et des galets de quartzite. Les fossiles sont très-nombreux, mais
« seulement à l'état de moules intérieurs et extérieurs. »

Ces fossiles sont surtout des Brachiopodes, très-caractéristiques de divers niveaux du lias à Bélemnites : *Terebratula subovoides*, de grande

taille, dont certaines parties du grès sont lardées ; *Tereb. indentata*, *Tereb. numismalis* (un seul échantillon. — M. Morière) ; *Rhynchonella tetraedra* , *Spiriferina oxygona* , et en outre *Belemnites niger?* *B. paxillosus?* *Pecten æquivalvis* , *Pect. disciformis* , *Cardinia* , *Harpax Parkinsoni*, etc. ; enfin un grand nombre d'autres espèces difficiles à déterminer , à cause de leur mauvaise conservation.

Ce lias se présente, comme on le voit, avec des caractères tout-à-fait anormaux et nécessite une étude plus approfondie pour qu'on puisse classer ses couches et rattacher leurs caractères , si spéciaux, à ceux du lias normal du reste de la Normandie.

§ 29. *Résumé sur le lias à Bélemnites.*

Cet étage a été, en Normandie, l'objet d'études assez nombreuses. M. de Gerville l'avait déjà fort bien séparé , dans le Cotentin (1), du *lias inférieur à Gryphées arquées*, sous le nom de lias à *Bélemnites*, que M. de Caumont a adopté (2) pour les assises supérieures du lias dans les départements de la Manche et du Calvados. Le même auteur a très-bien reconnu, d'un autre côté , la correspondance de ce niveau avec celui des couches de calcaire sableux des environs de Falaise. M. Hérault, au contraire (3), avait fait rentrer dans son oolithe inférieure le *banc de roc* et jusqu'aux assises inférieures à *Terebratula numismalis*, auxquelles il donne le nom de pierre mâlière (4).

(1) Lettre à M. Defrance (*Journal de physique et de chimie*, vol. LXXIX).

(2) Voir la Topographie géognostique et les divers mémoires déjà cités dans les premiers volumes des *Mémoires de la Société Linnéenne de Normandie.*

(3) *Tableau des terrains du département du Calvados*, p. 104.

(4) M. Hérault, ne tenant presque point compte des fossiles pour la détermination des niveaux, est arrivé à faire une confusion telle qu'on a beaucoup de peine à reconnaître les couches qu'il veut désigner. Nous avons vu déjà que, dans certaines régions de la Normandie, la série du lias à Bélemnites est marneuse, tandis que dans d'autres elle est plus calcaire, ou même gréseuse. Or, telle couche du Bessin, qui est marneuse à Subles, à Vieux-Pont, etc., porte pour M. Hérault le nom de lias, tandis que cette même couche, dans les environs de Caen, et entre autres celle qu'il appelle ici pierre mâlière, appartient pour lui à son oolithe inférieure. Cette confusion tient à ce que M. Hérault a considéré comme une seule et même chose ce qu'on appelle généralement mâlière, c'est-à-dire, d'une part, une assise marneuse renfermant souvent des silex et des *Terebratula perovalis*, en un mot la couche à *Ammonites Murchisona*; de l'autre, l'assise inférieure du lias à Bélemnites, c'est-à-dire la couche à *Terebratula numismalis*. Comme les divers bancs de ce qu'on appelle généralement le lias supérieur sont presque toujours tout-à-fait réduits en Normandie, M. Hérault, ne se rendant pas bien compte de la distance qui séparait les deux couches, a réuni par une

MM. Dufrénoy et Élie de Beaumont (1) ont bien mieux compris les véritables relations de ces divers niveaux, et ont nettement caractérisé les limites du lias et du système oolithique inférieur en commençant, ce dernier, par les marnes à Bélemnites (correspondant à peu près à l'étage Toarcien de M. d'Orbigny) ; mais les illustres auteurs de la Carte géologique n'ont pas insisté sur les divisions de la partie supérieure de notre système liasique.

M. Harlé (2), en réunissant sous le nom de marnes du lias les couches à Gryphées cymbiennes et les diverses assises de l'étage Toarcien (argiles de Curcy, marnes à *Amm. bifrons* et marnes et calcaires à *Amm. Murchisonæ*), n'a pas bien compris, suivant nous, les divisions de MM. Dufrénoy et Élie de Beaumont, et a fait une division tout-à-fait artificielle, ne reposant sur aucun fait ni stratigraphique ni paléontologique.

M. d'Archiac (3), au contraire, établit parfaitement les rapports et la composition de cet étage qu'il divise, sous le nom de 2ᵉ étage du lias, en couches à *Terebratula numismalis* et en couches à *Pecten æquivalvis*.

J'ai depuis (4) fait connaître les divers niveaux de notre lias à Bélemnites ; mais j'avais eu le tort de réunir aux marnes infrà-oolithiques (lias supérieur) (5) la couche à *Leptæna* que j'ai dû, d'après des études nouvelles, regarder comme formant la partie supérieure du système

accolade les deux niveaux de la pierre mâlière des ouvriers. De là, cette grande confusion par suite de laquelle ce géologue en est venu à penser que NOUS NE POSSÉDIONS EN NORMANDIE QUE L'ÉTAGE MOYEN DU LIAS, à l'exclusion des étages inférieur et supérieur. Pour prémunir contre cette fâcheuse interprétation de notre lias, nous répétons ici qu'il existe *deux niveaux* de ce que les ouvriers appellent pierre mâlière. La mâlière *supérieure* est l'assise très-bien caractérisée par l'*Amm. Murchisonæ* ; elle appartient par conséquent à la base de l'oolithe inférieure de la plupart des géologues (calcaire à Entroques en Bourgogne, minerai de fer de la Moselle, calcaire à Fucoïdes des environs de Lyon, etc.) et, pour nous, à la partie supérieure des marnes infrà-oolithiques. La mâlière *inférieure* est le niveau inférieur du lias à *Bélemnites*, par conséquent du lias moyen de la plupart des géologues, du *liasien* de M. d'Orbigny.

(1) *Explication de la Carte géologique de France*, IIᵉ vol., p. 474.

(2) *Aperçu sur la constitution géologique du département du Calvados*.

(3) *Progrès de la géologie*, t. VI, p. 259.

(4) *Mémoires de la Société Linnéenne de Normandie*, Xᵉ vol., Résumé des travaux. — Géologie, p. L, coupes de Vieux-Pont et d'Amayé-sur-Orne. — 1ᵉʳ volume du *Bulletin* de la même Société, p. 17, Notes pour servir à la géologie du Calvados, premier article.

(5) Mémoire sur la couche à *Leptæna* du lias, en collaboration avec mon père, IIIᵉ vol. du *Bulletin de la Société Linnéenne de Normandie*, 1858.

liasique normand. Enfin, en faisant connaître la composition du lias des environs de Falaise (1), j'ai définitivement séparé le lias à Bélemnites des marnes infrà-oolithiques, dans lesquelles j'ai fait rentrer tout l'étage Toarcien de M. d'Orbigny.

On trouve également d'excellents détails sur le lias des environs d'Argentan, p. 205 de l'Explication de la Carte géologique de France; lias que M. Blavier n'accepte qu'avec doute, comme appartenant à ce niveau (2), et qu'il n'a pas marqué d'une teinte particulière sur la Carte géologique du département de l'Orne.

Quant à l'extension inattendue de cet étage dans les arrondissements d'Argentan et de Domfront, elle n'a été reconnue que tout récemment par M. Morière, qui a pu y rattacher le lambeau si curieux des grès quartzeux de Ste-Opportune (3) qu'il avait fait connaître en 1853 (4), mais qu'on n'avait pu rattacher jusqu'ici avec certitude à aucune des formations secondaires.

Le lias à Bélemnites (étage liasien d'Orb.) occupe une grande étendue, principalement dans le département du Calvados. Il repose en stratification concordante sur les dépôts du lias inférieur, auquel il succède normalement et sans trace de discordance; mais il ne se borne pas au bassin très-restreint du lias à Gryphées arquées, et il empiète vers l'est un espace considérable; il y a donc entre ces deux étages une discordance réelle par transgression.

Il est recouvert habituellement par les marnes infrà-oolithiques, qui lui succèdent chronologiquement; mais ce ne sont pas les mêmes couches qui sont partout en rapport. Lorsqu'il est au grand complet, c'est-à-dire lorsqu'il est terminé par la petite couche à *Leptœna* (environs de Caen et d'Évrecy), il est recouvert par les épaisses argiles de Curcy, correspondant aux schistes à Possidonomyes : il ne paraît alors exister aucune espèce de lacune dans la série; mais il n'en est pas

(1) *Bulletin de la Société Linnéenne de Normandie*, VIIe vol., p. 323, Notes pour servir à la géologie du Calvados, 2e article.

(2) *Etudes géologiques sur le département de l'Orne*, p. 51. Mars 1840.

(3) Note sur le grès de Ste-Opportune et sur la formation liasique dans le département de l'Orne (*Bulletin de la Société Linnéenne de Normandie*, t. VIII, 1863.

(4) Note sur un dépôt de grès situé dans la commune de Ste-Opportune (*Mémoires de la Société Linnéenne de Norm.*, t. IX, 1853.

toujours ainsi : à Ste-Marie-du-Mont , à Subles, et de l'autre côté du bassin, à Bazoches, il est en rapport avec les assises plus élevées à *Ammonites bifrons*, et on ne voit alors aucune trace de la couche à *Leptæna*. Il y a donc suppression d'une couche et empiètement d'une autre , et finalement destruction, par nivellement sans doute, de la couche à *Leptæna*. A Fresnay-la-Mère , c'est la couche à *Ammonites bifrons* qui disparaît , et elle est recouverte directement par la couche à *Ammonites Murchisonæ* ; enfin , dans l'arrondissement d'Argentan , cette dernière assise des marnes infrà-oolithiques disparaît elle-même, et c'est l'oolithe inférieure à *Ammonites Parkinsoni* qui la recouvre ; plus loin même, le *fuller's* repose directement sur le lias à *Bélemnites*.

Il y a donc, comme on le voit, DISCORDANCE DES PLUS COMPLÈTES ENTRE LE LIAS À BÉLEMNITES ET LES MARNES INFRA-OOLITHIQUES. Si on consulte les caractères paléontologiques, les deux faunes offrent un tel contraste qu'on ne peut méconnaître une scission profonde entre les deux niveaux. Une faune tout entière et des plus riches est frappée de mort, et celle qui va lui succéder est toute différente et annonce un ordre de choses nouveau. Nous ne pouvons entrer en ce moment dans de grands détails ; nous nous bornons à signaler le fait que nous espérons appuyer, à la fin de ce travail, par les preuves les plus positives.

Sur les divers points qu'il occupe en Normandie, le lias à Bélemnites se présente avec des caractères bien différents. Dans le Cotentin et la partie occidentale du Bessin, il est généralement marneux ; ses couches sont épaisses : on voit que les eaux au sein desquelles il s'est produit étaient profondes, les plages, qui l'entouraient , vaseuses. En se rapprochant de Caen, la masse devient de plus en plus calcaire ; les marnes disparaissent, les parties quartzeuses augmentent , les couches sont moins épaisses et s'appuient çà et là sur des récifs quartzeux ou schisteux , autour desquels l'action vitale se manifeste avec une luxuriante activité. Vers Falaise, les niveaux ne sont plus bien accusés : toute la série devient très-sableuse ; enfin, dans l'Orne, les petits bassins, ou plutôt les étroites échancrures des roches siluriennes , ne renferment plus que des grès quartzeux.

La série normale et complète est composée des couches suivantes :

1° Couches à *Terebratula numismalis*, formée généralement de calcaires et d'argiles en alternance avec *Gryphœa cymbium* ; de petite taille ; c'est le niveau des *Ammonites planicosta*, des *Terebratula numismalis*, *Ter. florella*, *Ter. subovoides* type, des *Spiriferina pinguis* et *verrucosa*, de la *Rhynchonella Thalia* ;

2° Couche à *Ammonites Davœi*, qui ne se voit bien déterminée que dans le Bessin et est formée d'une argile schisteuse avec *Ammonites Davœi* et *Amm. fimbriatus*, de petite taille, *Belemnites umbilicatus* ;

3° Couches inférieures à *Ammonites margaritatus*, formées d'une alternance peu épaisse de gros bancs calcaires, séparés par de minces cordons argileux ; c'est le niveau des grandes *Ammonites fimbriatus*, des *Amm. Valdani*, *Bechei* et *Henleyi* ; des *Amm. margaritatus*, var. *Stockesi* et *Enghelhardi* ; des *Terebratula subovoides* à sillon ventral ; de la *Rhynchonella rimosa* ; des *Spiriferina Harthmanni* ;

4° Couches supérieures à *Ammonites margaritatus* (roc), gros banc calcaire avec *Ammonites margaritatus* type, et *Amm. spinatus*, *Pecten æquivalvis*, *Gryphœa cymbium*, var. *gigantea*, *Terebratula quadrifida*, *cornuta*, *punctata*, *Spiriferina rostrata* ;

5° Couche à *Leptœna*, mince assise marno-calcaire, de 0^m,10, avec très-petits fossiles : *Leptœna Moorei*, *L. liasiana*, *Terebratula globulina*, *Rhynchonella pygmœa*.

CHAPITRE III.

SYSTÈME OOLITHIQUE INFÉRIEUR.

———

I. SON ÉTENDUE EN NORMANDIE, SES DIVISIONS EN QUATRE ÉTAGES. — II. DES MARNES INFRA-OOLITHIQUES. — III. DE L'OOLITHE INFÉRIEURE. — IV. DU FULLER'S-EARTH. — V. DE LA GRANDE OOLITHE.

§ 30. — Le système oolithique inférieur est formé, en Normandie, d'une série très-puissante de couches d'abord argileuses et argilo-calcaires, puis de dépôts calcaires renfermant souvent des oolithes ferrugineuses, surtout à la base ; enfin, de calcaires blancs ou d'argiles très-puissantes, surmontées d'une masse énorme de calcaires blancs. Ces dernières forment le sous-sol de cette grande et riche région étendue depuis la mer jusqu'aux environs de Séez, et à laquelle on donne le nom de Plaine de Caen.

Cette série repose généralement sur le lias ; mais quelquefois, comme aux environs de Séez, elle est en relation directe avec les anciens terrains. Le système oolithique inférieur offre un petit lambeau dans le Cotentin, auprès de Ste-Marie-du-Mont ; puis, à partir de la pointe nord-ouest du département du Calvados, ses limites inférieures tracent une ligne oblique en retrait sur les divers dépôts du lias, et il occupe ainsi une grande partie de l'arrondissement de Bayeux et presque tout l'arrondissement de Caen ; il se resserre dans l'arrondissement de Falaise pour s'étaler de nouveau dans celui d'Argentan, en contournant le grand récif de Montabard qui, de cap avancé de la terre ferme, devient une île ; puis il s'étrangle encore en se rapprochant de Séez, et alors on voit le système oolithique moyen, formé par les argiles de l'oxford-clay inférieur, le recouvrir presque entièrement et même le dépasser vers l'ouest en quelques points. Cet étranglement du système oolithique inférieur sert, comme nous l'avons déjà dit, de limite méridionale à la région que nous nous sommes proposé d'étudier. La grande oolithe, formant la partie supérieure de ces assises, plonge ensuite régulièrement sous les épais dépôts du système oolithique moyen, formé par les petites buttes du Pays-d'Auge : la limite des deux régions étant à peu près tracée par le cours de la Dive suivant une ligne nord-sud.

Nous comprenons dans le système oolithique inférieur quatre grandes divisions, assez distinctes les unes des autres par des compositions minéralogiques différentes, par des faunes assez bien caractérisées, enfin par des modifications des mêmes assises dépendant de la différence dans la profondeur et les limites relatives des mers, ce qui donne lieu à des différences très-grandes de puissance pour un même point. Ces quatre divisions, que nous allons étudier successivement, formeront les étages suivants :

1° Les marnes infrà-oolithiques ;

2° L'oolithe inférieure ;

3° Le fuller's-earth ;

4° La grande oolithe.

Durant le dépôt du premier de ces étages, les mers sont très-basses, très-peu étendues ; elles forment une mince nappe d'eau sur les diverses assises du lias ; c'est surtout au commencement de cette période que le golfe occupe un espace tout-à-fait réduit. Le niveau des mers éprouve alors, et peu à peu, de légers changements, tantôt en plus, tantôt en moins ; et, sur ces grands espaces aplanis et déjà nivelés par le dépôt du lias, il suffit de la moindre oscillation pour que la nouvelle mer gagne subitement de grandes étendues, tout en restant très-peu profonde. Peu à peu les bassins se creusent, la mer forme des sédiments plus épais, mieux caractérisés ; enfin, les deux dernières assises du système oolithique inférieur, avec leurs épais dépôts argileux ou calcaires, nous annoncent une mer largement ouverte, des bassins profonds et dès lors bien circonscrits.

II. Des marnes infrà-oolithiques.

Synon. Oolithe inférieure (Hérault, *Tab. des terrains du Calvados*). — Groupe intermédiaire entre le lias et l'oolithe (Eudes-Deslongchamps). — Partie supérieure des marnes du lias et oolithe inférieure (Dufrénoy et Elie de Beaumont, *Explicat. de la Carte géol.*).— Etage Toarcien (d'Orbigny, *Géolog. strat.*). — Premier étage du lias et partie inférieure de l'oolithe inférieure (d'Archiac, *Progrès de la géologie*). — Lias supérieur (Hébert).

Puissance : environ 15 mètres.

§ 31. *Distribution géographique.* — Les marnes infrà-oolithiques occupent un espace assez étendu en Normandie ; mais elles y sont généralement fort minces, et les divers niveaux distribués très-irrégulièrement. On les observe sur un espace très-circonscrit dans le Cotentin, autour de Ste-Marie-du-Mont. Dans le Calvados, elles ont en général une très-faible puissance et y sont constamment en rapport avec le lias à bélemnites, dont elles suivent à peu près les limites ; elles sont au complet dans les environs d'Évrecy ; mais déjà, en se rapprochant de Caen, elles sont considérablement amincies, leur partie supérieure seule,

réduite à 1 mètre à peine d'épaisseur, se voit vers Falaise au nord du
récif de Montabard ; puis elles se perdent entièrement vers ce point et
ne sont plus visibles de l'autre côté du récif. Toutefois, leur assise
moyenne forme une petite pointe qui pénètre dans la partie nord-ouest de
l'arrondissement d'Argentan, à Bazoches, vers la limite des départements
de l'Orne et du Calvados. On ne les a point observées au-delà de ce point.

§ 32. *Relations géologiques et stratigraphiques.* — Les dépôts des marnes infra-oolithiques ayant été très-faibles en Normandie, on ne les voit
que fort rarement dans leur complet: aussi est-il probable que les eaux
au sein desquelles ils ont été sédimentés ont changé plusieurs fois de
lit pendant cette période, occupant tantôt un point, tantôt un autre.

Au début, l'espace occupé est très-faible : il se réduit à une sorte
de petit bassin peu profond, formant une rade de quelques lieues
seulement d'étendue, principalement sur les points occupés par les
communes de Croisilles, Curcy, Évrecy, Landes, Amayé-sur-Orne, etc.
La petite arête quartzeuse qui a formé, pendant la période précédente,
le récif de May et de Fontaine-Étoupefour, ne leur ayant pas permis de
s'étendre du côté de Caen, les eaux ont dû former, en se rapprochant
de Bayeux, une sorte de passe probablement resserrée, mais, dans tous
les cas, fort peu profonde, par laquelle les eaux de cette rade communiquaient sans doute avec la haute mer ; il est même arrivé probablement un instant où cette communication a été fermée, et c'est peut-être
à ce moment que se sont formés les nodules calcaires remarquables où
l'on recueille aujourd'hui de si précieux restes de vertébrés (1).

A la fin de cette première période, les eaux ont commencé à revenir
et ont effectué un nouveau dépôt qui a tout-à-fait nivelé ce petit bassin,
comblé en partie par les argiles précédentes ; mais, tout en restant très-
faible d'épaisseur, il déborde de beaucoup les limites du petit bassin primitif. Ce n'est plus une rade resserrée, c'est un golfe largement ouvert du
côté de la mer, mais offrant partout des eaux tout-à-fait basses où se
sont déposés des calcaires argileux où fourmillent les *Ammonites bifrons,
radians, serpentinus, Hollandræi*, etc., etc.

(1) Voir VII* vol. du *Bulletin de la Société Linnéenne de Normandie*, année 1862, p. 321, Lettres sur
les nodules calcaires renfermant des restes de vertébrés, par MM. Eudes-Deslongchamps père et fils.

A partir de ce moment, les eaux paraissent baisser encore, et, tout en restant en communication avec la haute mer, les dépôts ne s'effectuent plus que dans les points les plus déclives : aussi les calcaires marneux à *Ammonites* et *Lima Toarcensis* (1) ne se voient-ils que vers le centre de la dépression, sur une ligne qui, partant d'Amayé-sur-Orne, se dirige vers Bayeux.

Les eaux reviennent ensuite occuper à peu près leurs limites antérieures. Le bassin s'approfondit de plus en plus vers la haute mer ; on voit qu'il n'est plus soumis à ces oscillations qui, dans une mer à peine creusée, changeaient si souvent les limites des rivages. En un mot, à une période transitoire où les limites n'étaient pas encore tracées, succède une nouvelle période de stabilité où les parties profondes sont de nouveau bien circonscrites, les rivages en retraits successifs. En même temps, il se produit dans l'activité vitale une nouvelle phase : la faune devient de plus en plus riche ; mais elle prend un caractère spécial : beaucoup de genres liasiques sont disparus ; d'autres les remplacent, et à la fin de cette première période, au moment du dépôt des couches à *Ammonites Murchisonæ*, on peut apprécier le caractère de cette faune nouvelle, dès lors essentiellement oolithique et qui ne subira plus que des transformations lentes, mais continues ; des additions partielles jusqu'à la fin des dépôts jurassiques.

Les diverses couches sédimentées pendant cette période toute transitoire sont, comme on doit bien le penser, tout-à-fait dissemblables au commencement et à la fin ; nous les classerons en trois groupes : 1° les argiles inférieures à poissons et autres vertébrés ; 2° les calcaires et argiles moyennes ; 3° les assises supérieures à *Ammonites Murchisonæ* ; la deuxième et la troisième peuvent elles-mêmes se subdiviser chacune en deux horizons. Nous aurons donc :

(1) Cette *Lima Toarcensis* est celle que d'Orbigny désigne, par erreur, dans son *Prodrome* sous le nom de *Lima gigantea*. La véritable *L. gigantea* appartient au lias inférieur et est bien différente de celle des marnes infra-oolithiques. Cette dernière est beaucoup plus allongée, tandis que la *L. gigantea* est plus large que longue ; de plus, la *L. Toarcensis* est tout-à-fait lisse et présente constamment une surface très-brillante, au lieu que la *L. gigantea* montre toujours des lignes rayonnantes, principalement sur les côtés. Je lui ai donné ce nom de *Lima Toarcensis* dans le *Bulletin de la Société Linnéenne de Normandie*, 1er vol., p. 79, et un extrait de ce volume a paru dans le mois de mai 1856. M. Oppel lui donne, dans son *Die Jura formation*, le nom de *Lima gallica* (septembre et octobre de la même année).

10

1° Argiles à poissons.

2° Marnes moyennes. { 1° Couches à *Ammonites bifrons* et *serpentinus* ;

2° Id. à *Ammonites* et *Lima Toarcensis.*

3° Calcaires supérieurs à *Am-monites Murchisonæ.* { 1° Couches à *Ammonites primor-dialis* ;

2° Id. à *Terebratula perovalis.*

On peut constater cette succession complète entre Bougy et Amayé-sur-Orne ; mais, comme l'ensemble ne peut être observé que dans des séries de carrières non exploitées d'une manière permanente et qu'elles sont loin de montrer la netteté qu'on observe à Évrecy, nous prendrons, comme type normand de cet étage, et bien que les couches à *Ammonites* et *Lima Toarcensis* n'existent pas en ce point, la même coupe dont nous avons déjà étudié la partie inférieure, p. 59. Elle est ouverte, derrière l'église de ce bourg, sur les deux talus de la route qui monte vers Sᵗᵉ-Honorine-du-Fay.

Nous y observons successivement, au-dessus des couches à *Ammonites margaritatus* (1) et de la couche à *Leptæna* (2) :

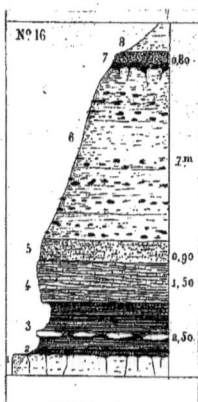

4° Argile brun-jaunâtre, de 2 mè-tres 50 de puissance, sans fossiles, mais offrant deux niveaux bien déterminés : le premier (A), de gros nodules calcaires d'un blanc-jaunâtre, aplatis, fissiles dans le sens de la stratification, renfermant quelquefois des poissons entiers, des Géotheuthis et autres Céphalopodes mous, avec l'empreinte des parties char-nues et la poche à encre ; le deuxième (B) de calcaire, de même nuance, mais en fragments moins arrondis, avec *Am-monites Jurensis.*

5° Alternance de petits bancs de calcaire marneux, jaunâtre ou grisâtre,

1 mètre 50, avec un grand nombre de Céphalopodes : *Belemnites tripartitus*, *Ammonites bifrons*, *serpentinus*, *Hollandræi*, etc, etc.

6° Banc de calcaire très-peu résistant, comme rouillé, renfermant de petites oolithes ferrugineuses et quelquefois une énorme quantité de petites *Ammonites primordialis* à test mal conservé, quelquefois pulvérulent et rouillé, 0^m,90.

7° 7 mètres environ de calcaire marneux grisâtre, avec marne onctueuse interposée et quelques silex grisâtres mal déterminés. On y rencontre de nombreuses *Terebratula perovalis* et *Eudesi* ; c'est également le niveau des *Ammonites Murchisonæ* et de la *Lima heteromorpha*. La partie supérieure de cette assise est comme corrodée et offre des tubulures remplies de sable ou de marne appartenant à la même couche, et qui ont été sans doute ainsi comblées après coup par le remaniement de la roche même aux dépens de laquelle elles sont creusées. Ces tubulures sont d'ailleurs assez mal définies : il faut une certaine attention pour les reconnaître dans la coupe d'Évrecy. Avec cette assise se terminent les marnes infrà-oolithiques.

8° Au-dessus, on trouve 0^m,80 environ d'une oolithe très-ferrugineuse, avec les fossiles les plus caractéristiques de Bayeux ; et, comme partout ailleurs, la base est marquée par un conglomérat, ici très-réduit, mais beaucoup mieux prononcé à St-Vigor, à Bayeux, Sully, etc., et qui est formé de très-grosses oolithes ferrugineuses à contours irréguliers.

9° Enfin le haut de la butte est formé par les bancs les plus inférieurs de l'oolithe blanche, recouverte elle-même, à une demi-lieue environ de ce point, par les assises les plus profondes du calcaire de Caen, représentant le *fuller's-earth* dans cette partie du département.

ARGILES A POISSONS

(Couche K du grand diagramme).

§ 33. — Cette assise, qui forme la partie inférieure des marnes infrà-oolithiques, occupe en Normandie, ainsi que nous l'avons dit p. 72, un espace très-peu étendu ; elle a été déposée dans une sorte de petit bassin qui comprend les communes de Landes-sur-Drôme, Vacognes, Préaux, Trois-Monts, La Caine, Curcy, Évrecy, Maisey, Amayé-sur-

Orne, La Morinière , Vieux , Feuguerolles , etc. ; elle y repose sur les
couches supérieures du lias à Bélemnites, caractérisées par les *Ammonites spinatus* et *margaritatus,* qui sont d'ailleurs surmontées, dans tous
ces points, par la petite couche à *Leptœna.* Ainsi, la succession y est
complète.

D'après le peu d'étendue et l'irrégularité d'épaisseur des argiles à
poissons, on voit qu'elles ont dû niveler le fond d'une dépression resserrée d'un côté entre les escarpements produits par les schistes siluriens,
qui avaient déjà servi de limite au lias à Bélemnites, et de l'autre par
les crêtes siluriennes de Mouen, Baron, Fontaine-Étoupefour, Feuguerolles et May, que nous avons vues former un récif au milieu des mers de
la période précédente. On ne retrouve plus ces argiles à poissons sur
le versant oriental du récif ; elles ne se sont donc pas étendues vers
Caen comme le lias à Bélemnites , dont les sédiments étaient par conséquent, de ce côté , devenus terre ferme pour un instant.

Si, d'un autre côté , en quittant Évrecy, nous nous avançons vers
Bougy, ces argiles deviennent de moins en moins épaisses. A Missy , à
Noyers, elles sont encore sensibles, et on voit qu'elles continuent à paraître, quoique très-réduites, à Hottot-les-Bagues et jusque vers Bayeux.
Nous pouvons donc en conclure que les eaux communiquaient alors
avec la haute mer par une passe très-peu profonde , qui devait s'étendre
depuis Bayeux jusqu'à un point indéterminé vers Caen , cette limite
nous étant masquée par les épaisses couches de l'oolithe inférieure et
de la grande oolithe. Au-delà de Bayeux, et dans toute la région qui
s'étend depuis cette ville jusqu'à Sᵗᵉ-Marie-du-Mont, on n'en voit plus
aucune trace, et les couches marno-calcaires à *Ammonites bifrons* et
Hollandræi y reposent directement sur le lias à Bélemnites : le golfe ou
plutôt la rade de Curcy ne s'est donc pas étendue de ce côté.

On peut étudier ces argiles à poissons dans la plupart des localités
que nous avons citées plus haut ; leur épaisseur y est très-variable ;
mais le point où elles sont surtout remarquables, et par leur beau développement et par les fossiles qu'elles renferment , est Curcy ou plutôt
La Caine (1).

(1) Je dois rappeler ici, pour prévenir toute erreur, que le nom de Curcy ne s'applique pas au Curcy
communal, mais que j'entends le Curcy géologique et paléontologique des Normands. Pendant long-temps

Voici la série qu'on observe dans les carrières actuellement en exploitation :

1° Lias à Bélemnites, de 5 mètres de puissance, terminé à sa partie supérieure par le roc, c'est-à-dire les couches à *Ammonites spinatus* et *margaritatus*;

2° Couches à *Leptæna*, 0,05 ;

3° Couches d'argiles grises, très-tenaces (*terre blanche* des ouvriers), avec quelques Inocérames et Possidonomyes écrasées. Cette assise n'a pas la même épaisseur dans toute l'étendue de la carrière ; en effet, mesurant 2 mètres vers le sud-est, on les voit diminuer graduellement vers le nord-ouest, où elles se réduisent à 1m,50 à peine. Elles offrent, vers leur

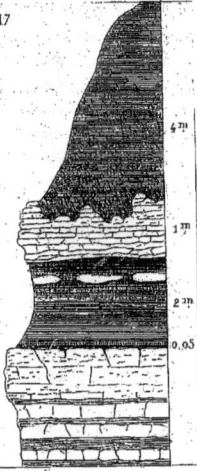

partie supérieure, un niveau bien constant de grands nodules aplatis, d'un calcaire blanc-jaunâtre, qui se divisent par feuillets et renferment souvent des poissons et autres vertébrés parfaitement conservés. Ce sont les *miches* des ouvriers, dont quelques-unes atteignent plus d'un mètre de large. Nous ne nous étendrons pas ici sur ces nodules très-curieux, parce que nous devons leur consacrer un article spécial en décrivant nos stations géologiques remarquables ; nous nous bornerons donc à constater qu'elles renferment toujours des écailles de poissons, et souvent des céphalopodes mous ou des vertébrés entiers dans un magnifique état de conservation. Nous citerons, entr'autres, le *Teleosaurus temporalis*, l'*Ichthyosaurus tenuirostris*, des dents de divers poissons cartilagineux, le *Tetragonolepis Magnevillei*, les *Lepidotus Elvensis* et *rugosus, Pachycormus curtus, Sauropsis longimanus, Leptolepis Bronni*, etc., les *Teudopsis Bunelli* et *Geotheuthis Agassizii*, des

les carrières qui fournissaient les poissons étaient ouvertes dans ce village; depuis, elles ont été abandonnées ; mais, tout près de là, on a pratiqué de grandes excavations sur le territoire de la commune de La Caine, que par habitude on continue d'appeler Curcy ; les miches de Curcy, les poissons de Curcy s'appliquent donc à un village voisin, mais non à Curcy même.

Ammonites serpentinus avec leur *aptychus* dans la dernière chambre.
Les argiles elles-mêmes renferment aussi, mais rarement, des poissons
qu'on ne peut enlever qu'en portions fort incomplètes, des débris de bois,
et des empreintes assez vagues que l'on considère comme ayant été produites par des plantes marines : *Fucoides Bollensis* et *Algacites granulatus* ;

4° Au-dessus, on trouve une série de bancs calcaires d'un gris-jaunâtre
avec un grand nombre d'*Ammonites bifrons, radians* et surtout *Hollandrœi*, formant la partie inférieure de nos marnes moyennes. Ces bancs,
que les ouvriers appellent *les cochons* et dont l'épaisseur peut être évaluée
à 1m,50 environ, ont été fortement corrodés et rongés à leur partie
supérieure à l'époque du diluvium qui remplit les érosions d'une glaise
rougeâtre dont la couleur fait paraître très-nettement cette séparation.

Le tout est surmonté par un épais dépôt de diluvium, formé d'une
argile ferrugineuse rougeâtre, avec un grand nombre de silex et de fossiles
des calcaires supérieurs à *Ammonites Murchisonœ*, remaniés sur place.

Dans les anciennes carrières de Curcy, les argiles à poissons étaient
beaucoup plus épaisses et atteignaient jusqu'à 5 mètres de puissance.
On trouvait tout d'abord à la base, et au-dessus de la couche à *Leptœna*,
1m,50 d'argiles grises ou bleuâtres, légèrement schisteuses, avec un
grand nombre de débris de poissons, principalement des écailles; puis,
au-dessus, paraissait le banc de miches, c'est-à-dire des nodules à poissons, surmonté d'une assise argileuse d'un brun foncé de 2m,50 environ,
offrant à la partie supérieure un second niveau de nodules plus espacés
et moins épais que les premiers, d'un calcaire blanc-jaunâtre, paraissant, dans le principe, avoir formé une couche continue qui se serait
disloquée plus tard. Ce cordon calcaire ne renferme plus de poissons,
mais des ammonites et principalement l'*Amm. Jurensis;* le tout surmonté, comme dans la carrière de la Caine, par les marnes moyennes
à *Ammonites bifrons* et *Hollandrœi.*

Enfin, dans les plus anciennes excavations du val de Curcy, les argiles
étaient beaucoup plus réduites, comme le prouve la coupe suivante que
nous empruntons à M. Hérault :

1° Calcaire jaunâtre, avec *Gryphœa cymbium* (roc) ;

2° Argile avec *Belemnites*, 0m, 04, qui de toute évidence doit se rapporter à la couche à *Leptœna ;*

3° Calcaire marneux, à cassure conchoïde, dans lequel on trouve quelquefois des poissons;

4° Argile jaune-foncé dite *Cordon*, 0^m,06 ;

5° Marne qui s'enlève par grandes plaques et qui contient quelquefois des poissons (c'est, sans doute, le niveau des miches), 0^m, 22 ;

6° Argile jaunâtre, assez dure, avec des veines de marne compacte blanchâtre, 0^m, 20 ; argiles par veines jaunes, grises, bleuâtres et noirâtres : une de ces dernières est très-ferrugineuse. On trouve dans cette argile des vertèbres d'*Ichthyosaure*, 0^m, 63 ;

7° Le tout recouvert par une argile jaunâtre, avec silex appartenant de toute évidence au *diluvium*.

Ces trois coupes sont, comme on le voit, assez différentes ; l'épaisseur des argiles varie beaucoup, mais constamment on retrouve le niveau des nodules calcaires à poissons, tantôt plus haut, tantôt plus bas dans la série. Cette inégalité d'épaisseur prouve évidemment que les argiles ont été déposées sur un sol assez inégal, dont elles ont comblé les ondulations, les plus grandes épaisseurs d'argile coïncidant avec les points les plus profonds.

On peut donc dire, en général, que les couches inférieures des marnes infrà-oolithiques sont d'une épaisseur très-irrégulière et principalement caractérisées par le niveau si remarquable des poissons, qui se présente habituellement sous forme de grands rognons calcaires, alignés suivant une ligne parfaitement horizontale. Les fossiles, rares dans les argiles, ne sont guère représentés que par de magnifiques restes de vertébrés : toutefois, on y voit encore quelques rares *Ammonites*, quelques *Aptychus*, quelques *Inocérames* et *Possidonomyes* ; mais ces fossiles sont loin d'être aussi nombreux que dans les autres parties de la France, et cette pénurie de Céphalopodes contraste d'une manière frappante avec la richesse du niveau que nous allons maintenant décrire et où les Ammonites sont en nombre prodigieux.

Les argiles à poissons se voient constamment recouvertes par les marnes moyennes, qui leur succèdent normalement et sans aucune espèce de trace de discordance.

MARNES MOYENNES.

§ 34. — Les marnes moyennes se distinguent de l'assise précédente par l'énorme quantité de fossiles, principalement d'Ammonites dont elles sont criblées. Elles sont formées de calcaires très-marneux, séparés par des argiles marneuses généralement grises ou bleuâtres, rarement jaunâtres. Leur épaisseur, toujours très-mince (2 mètres au plus, et souvent quelques centimètres seulement), est plus uniforme toutefois que celle des argiles à poissons. Mais si leur épaisseur est faible, leur étendue en surface est au contraire assez grande : elles dépassent de beaucoup les limites des argiles à poissons.

Ainsi, on les retrouve dans nos trois départements. Dans la Manche, auprès de Ste-Marie-du-Mont, elles occupent une petite région en retrait du lias à Bélemnites. Dans le département du Calvados, elles suivent à peu près les limites de cet étage, dépassent les récifs de Fontaine-Étoupefour et de May, que nous avons vus servir de limite aux argiles à poissons, et viennent se terminer en biseau très-aminci vers Bretteville-sur-Laize ; mais elles ne se sont pas étendues plus loin ; et, en effet, nous voyons dans les environs de Falaise, de Villy-la-Croix, etc., les couches à *Ammonites Murchisonæ* reposer directement sur les couches du lias à Bélemnites. Enfin, en suivant le lambeau de calcaire sableux et de grès qui représente ce dernier étage dans l'arrondissement d'Argentan, nous en retrouvons une couche très-mince reposant, à Bazoches, sur les calcaires à *Pecten æquivalvis* ; il est à croire même que les marnes moyennes se sont un peu plus étendues de ce côté, et il se pourrait que, dans ces points où le lias n'est pas recouvert par d'autres sédiments plus récents, il ait été dans le principe surmonté de minces assises qui auront disparu par suite de dénudations postérieures.

Si maintenant nous quittons les bords de ce dépôt, en nous avançant vers le nord, nous le voyons se continuer, mais en augmentant très-peu d'épaisseur, ce qui indique que les eaux ont été constamment très-peu profondes : les sédiments sont d'ailleurs très-faciles à reconnaître, à cause de l'immense quantité d'Ammonites qui lardent la roche, et parmi lesquelles dominent les *Ammonites serpentinus*, *bifrons*, *Hollandræi*, *communis*, etc., etc. En s'éloignant toujours des bords, nous voyons peu à peu quelques espèces, comme l'*Ammonites radians*, devenir plus abondantes; puis d'autres que nous n'avions pas aperçues commencent à se montrer; ce sont les *Ammonites insignis*, *Toarcensis*, le *Belemnites irregularis*, la *Lima Toarcensis*. L'apparition de ces nouvelles espèces indique un niveau un peu plus élevé; par conséquent, il est hors de doute qu'à ce moment, les eaux ont baissé graduellement, puisque les couches supérieures sont ainsi en retrait. Ces dernières occupent, d'ailleurs, un espace beaucoup moins étendu que les deux autres. Le sol a donc éprouvé encore à cet instant une nouvelle oscillation, très-faible, il est vrai, mais qui n'en est pas moins importante à constater. Cela nous force à subdiviser en deux cette assise, déjà si mince, des marnes moyennes : le premier de ces niveaux est caractérisé par les *Ammonites bifrons* et *serpentinus ;* le second, par les *Belemnites irregularis*, les *Ammonites* et *Lima Toarcensis*.

NIVEAU DES AMMONITES BIFRONS ET SERPENTINUS

(Couche L du grand diagramme).

§ 35. — Les couches qui constituent ce niveau sont les plus étendues en surface des marnes infrà-oolithiques; elles sont constamment formées de calcaires plus ou moins gris ou jaunâtres, quelquefois un peu oolithiques, où fourmillent principalement deux espèces : les *Ammonites bifrons* et *Hollandræi*. Ces calcaires alternent avec de petites couches d'argile de même couleur, et l'ensemble atteint rarement plus d'un mètre ou 1^m,50; il est d'ailleurs à noter que l'épaisseur relative de l'argile et du calcaire est on ne peut plus variable, et que, suivant les points observés, ces marnes à *Ammonites bifrons* sont tantôt presque entièrement argileuses, d'autres fois presque entièrement composées de gros bancs calcaires.

Dans le petit lambeau de Ste-Marie-du-Mont, on peut observer cette assise dans les abreuvoirs ouverts principalement au lieu dit Étaville, sur le côté nord de la route conduisant de Ste-Marie à Bouteville. Nous avons déjà dit, p. 56, que les marnes infrà-oolithiques viennent butter contre le lias à Bélemnites, par suite d'une faille qui avait élevé de

2 mètres environ les sédiments du côté nord de cette route. On y voit
à la base, et en contact avec le lias à Bélemnites :

1° Une couche d'argile d'un brun-roux très-tenace, et dont la puissance est d'environ 1 mètre. Cette argile est imperméable et donne lieu
à un niveau d'eau que viennent chercher tous les abreuvoirs (1). Bien
qu'elle soit complètement dépourvue de fossiles, elle ressemble assez
d'aspect aux argiles de Curcy. C'est donc peut-être le représentant rudimentaire de la première assise des marnes infrà-oolithiques.

Au-dessus, on observe 1^m,50 environ de calcaire gris, très-marneux,
avec quelques petites oolithes ferrugineuses, mal définies et pulvérulentes, et des traces de peroxyde de manganèse; ces calcaires renferment
de nombreuses *Ammonites bifrons* et quelques *Ammonites serpentinus* et
complanatus.

Enfin, 0^m,50 environ d'un calcaire marneux rougeâtre, à oolithes
nombreuses, se désagrégeant facilement et donnant à la roche un aspect
rouillé. Les fossiles, plus abondants encore, y ont conservé leur test ;
les *Ammonites bifrons* y sont de plus petite taille ; on y voit, en outre, un
grand nombre d'*Ammonites radians* et quelques *Ammonites insignis*,
variabilis, Hollandræi, acanthopsis, etc.; mais je n'ai pu y reconnaître
une seule *Ammonites primordialis*, dont le niveau est généralement un

---

(1) Cette disposition des sédiments a donné lieu à un incident assez singulier. On avait ouvert, sur le
côté sud de la route, un abreuvoir en dehors de la faille, et par conséquent dans le lias à Bélemnites.
Comme les argiles de ce dernier étage sont beaucoup plus perméables, on n'a pu obtenir d'eau, au moins
d'une manière permanente, à la grande stupéfaction des habitants qui ne pouvaient comprendre comment dans la même pièce, et à 100 mètres à peine de distance, un abreuvoir A retient l'eau, tandis que

l'autre A' ne l'a pas conservée. On
peut d'ailleurs reconnaître dans ce
pré la direction de la faille de la
manière la plus facile. Lors des
grandes pluies, il se forme une
sorte de mare longitudinale M, qui
suit exactement la ligne de cou-
pure, parce que l'intervalle a été
rempli par l'argile de la base des
marnes infrà-oolithiques : ce qui
constitue une sorte de cuvette, complètement enfermée par cette argile et d'où l'eau ne peut sortir par la
pente des vallées. Le croquis ci-joint fera mieux comprendre cette disposition.

l Lias à Bélemnites.

o Marnes infrà-oolithiques.

a Argile de la base de ces marnes.

peu plus élevé. M. Hébert (1) y a cependant cité cette esèpce : aussi
est-il à croire qu'elle existe dans d'autres excavations, en se rapprochant
du hameau d'Étaville. C'est d'autant plus probable qu'un peu plus loin,
vers Colombières, j'ai pu constater des traces de la zone à *Ammonites
Murchisonæ* ; il est donc à peu près certain que, dans l'intervalle qui sépare les divers abreuvoirs, la couche à *Ammonites primordialis* existe
également. Dans ce cas, et si la petite couche argileuse que nous avons
signalée à la base représente effectivement les argiles de Curcy, le lambeau de Sᵗᵉ-Marie-du-Mont offrirait la série complète des marnes infrà-
oolithiques, bien que chacune d'elles y fût à l'état rudimentaire.

On retrouve cette assise avec des caractères à peu près semblables
dans tout l'arrondissement de Bayeux et dans celui de Caen, dans
presque toutes les carrières ouvertes, à Évrecy, à Landes, à Curcy, à
Amayé-sur-Orne, à Baron, Fontaine-Étoupefour, etc. ; elles y sont généralement très-minces, mais très-fossilifères. Les Céphalopodes dominent toujours. Nous citerons les fossiles suivants, que nous avons
recueillis dans toutes ces localités :

Belemnites tripartitus (T. C.), *Nautilus Toarcensis* (C) et *inornatus*,
Ammonites serpentinus (C.), *bifrons* (T. C.), *radians* (A. C.), *annulatus
Hollandræi* (T. C), *communis, cornucopiæ, heterophyllus* (R.), *variabilis*
(R.), *complanatus, discoides* (R.), *acanthopsis* (C.), etc., et quelques Gas-
téropodes et Lamellibranches indéterminables.

A Landes-sur-Drôme, cette assise est formée de calcaires marneux
assez épais, dont la partie supérieure, formée d'un banc de 0ᵐ,50 de
calcaire rougeâtre, offre, avec quelques *Ammonites bifrons* et *serpentinus*,
une faune toute spéciale où dominent principalement des Gastéropodes
en très-bel état de conservation ; j'y ai recueilli les fossiles suivants :
*Chemnitzia Repeliniana, Natica Pelops, Trochus subduplicatas, Eucyclus
capitaneus, philiasus, papyraceus; Pleurotomaria decipiens, Studeri; Pl.,*
nov. spec., largement ombiliqué et à tours concaves ; *Cerithium arma-
tum, Leda rostralis, Astarte Voltzii, Nucula Hammeri, Arca elegans,*

(1) Note sur le terrain jurassique du bord occidental du bassin parisien ; *Bulletin de la Société géologique de France,* 2ᵉ série, t. XII, p. 79, et le travail du même auteur : *Les mers anciennes et leurs
rivages dans le bassin de Paris* (Terrain jurassique), p. 14. Paris, 1857.

Pecten pumilus, *Terebratula Lycetti*, *Rhynchonella Bouchardi* et *Moorei*, *Thecocyathus Mactra*, etc.

Le gisement de ces jolies petites espèces à la partie supérieure des marnes à *Ammonites bifrons*, dûment constaté à Landes, dans une localité normale, nous permet d'y rattacher une faune bien plus remarquable encore par le nombre des échantillons et la quantité des espèces. Nous voulons parler de celle que nous offrent certaines de ces poches si remarquables du récif silurien de Fontaine-Étoupefour. Comme nous aurons à revenir sur ce sujet dans un autre chapitre, nous nous bornons à constater ici que toutes les espèces de Landes se retrouvent à Fontaine-Étoupefour, accompagnées d'une quantité d'autres nouvelles, ou qui n'ont été rencontrées que dans l'est de la France, principalement à St-Quentin et à la Verpillière. Nous insistons sur ce fait, parce qu'il nous offre un intérêt tout particulier, comme exemple frappant de cette régularité incroyable qui a présidé au dépôt des diverses assises du lias et des marnes infra-oolithiques dans tout le bassin de Paris. Partout, en effet, où j'ai eu l'occasion d'étudier les assises à *Ammonites bifrons*, quelle que soit d'ailleurs la composition minéralogique de la roche, j'ai toujours retrouvé ce petit niveau à Gastéropodes dans les Deux-Sèvres, dans la Lorraine, la Bourgogne, la Franche-Comté, et jusque dans le Midi. Ce petit niveau, caractérisé spécialement par les *Trochus subduplicatus*, les *Nucula Hammeri*, les *Leda rostralis*, les *Pecten pumilus*, est donc d'une constance des plus remarquables et peut être considéré comme un des horizons les plus précieux, quand on vient à paralléliser les dépôts à de grandes distances.

Dans les environs de Falaise, au nord et à l'est du récif de Montabard, cette assise ne se rencontre plus, ainsi que nous l'avons déjà dit ; mais à l'ouest de ce même récif on la retrouve, quoique très-amincie ; on peut même constater sa présence jusque dans la partie nord-ouest de l'arrondissement d'Argentan, à Bazoches. Elle y est représentée par un calcaire tendre, très-marneux, fortement pénétré de grosses oolithes ferrugineuses, avec *Ammonites bifrons* et *serpentinus* ; elle n'a guère en ce point que 0ᵐ,50 d'épaisseur ; et, reposant directement sur le lias à Bélemnites, elle y est recouverte par un calcaire blanc, un peu grenu, renfermant une grande quantité de petites pinnes, et qui forme la partie inférieure du calcaire de Caen, ou *fuller's-earth*. On voit donc qu'en ce point les marnes moyennes se sont plus avancées que les autres dépôts des marnes infrà-oolithiques, puisque nous y constatons l'absence des calcaires supérieurs à *Ammonites Murchisonæ*, et même de l'oolithe inférieure proprement dite.

NIVEAU DES BÉLEMNITES IRREGULARIS ET LIMA TOARCENSIS

(Couche M du grand diagramme).

§ 36. — Les dépôts correspondant à ce niveau, beaucoup moins étendus en Normandie que ceux du précédent, ne paraissent guère que dans l'arrondissement de Caen et en quelques points de celui de Bayeux. On peut les étudier à Amayé-sur-Orne, à Baron, à Missy, etc., où ils se sont déposés, seulement dans les parties les plus déclives du bassin, suivant une ligne qui se dirige d'Évrecy vers Bayeux. Leur dépôt coïncide donc avec un retrait des eaux vers la haute mer. Il se présente avec une composition minéralogique très-semblable à celle du niveau précédent et constitué, comme lui, de calcaires gris ou blanchâtres très-marneux, alternant avec des marnes de même couleur. Leur peu d'épaisseur (1 mètre tout au plus) les rend assez difficiles à observer, parce qu'ils sont rarement mis au jour par des exploitations. Les fossiles, moins nombreux, sont encore des Céphalopodes. On y trouve encore les *Belemnites tripartitus*, quelques *Ammonites bifrons* un peu modifiées, à stries plus droites que dans le type ; mais les formes les plus répandues sont les *Ammonites radians*, *Toarcensis* et *variabilis*. A ces espèces, que nous avons déjà rencontrées dans le niveau précédent, nous devons ajouter les *Belemnites irregularis*, les *Ammonites insignis* ; d'énormes limes, la *Lima Toarcensis* ; quelques Lamellibranches des genres *Panopée*, *Pholadomya*, *Pecten* ; et enfin, on voit paraître l'*Ostrea pictaviensis* (1), plus grande que le type

(1) Cette espèce s'offre ici avec des circonstances assez remarquables. En effet, elle est près de trois fois plus grande que le type ; sa forme est plus élargie, et elle n'offre des stries caractéristiques que dans le jeune âge ; encore ces stries longitudinales sont-elles beaucoup moins accusées que dans le type. Nous devons encore signaler une autre anomalie assez étrange : c'est que cette espèce, qui accompagne généralement l'*Ammonites primordialis*, manque précisément en Normandie dans la couche où elle devrait être la plus abondante. J'ai pensé pendant long-temps que c'était une espèce différente de la véritable *Ostrea pictaviensis* ; mais une série très-curieuse d'échantillons recueillis, par M. Hébert, dans les environs de Mon-

et qui ne se rencontre habituellement qu'un peu plus haut, avec les *Ammonites primordialis.*

Une carrière ouverte à Baron, au haut du coteau entre cette commune et Fontaine-Étoupefour, m'a offert la succession suivante :

1° Au fond de la carrière, 1 mètre environ de calcaire gris-bleuâtre en petits lits, alternant avec des argiles de même couleur, avec *Ammonites Hollandræi, bifrons* et autres fossiles du niveau inférieur, moins nombreux toutefois que dans les autres localités du voisinage ;

2° Argile grise avec *Ammonites radians* et *Toarcensis* nombreux, 0,20 ;

3° Deux bancs calcaires d'un gris-bleuâtre très-durs, séparés par une mince couche d'argile, avec *Belemnites irregularis* et *tripartitus*, *Lima Toarcensis* et quelques Panopées, 0,40 ;

4° Bancs calcaires moins épais, moins durs, avec *Belemnites tripartitus*, *Ammonites Toarcensis* et *insignis*, *Lima Toarcensis*, *Pecten* et *Hinnites*, voisin du *H. velatus*, 0,50 ;

5° Banc de calcaire marneux, rouillé, tout pénétré d'oolithes ferrugineuses irrégulières et mal définies, offrant en grande quantité *Ammonites primordialis*, *Avicula tortuosa*, une grosse et courte *Myoconcha* et quelques autres fossiles en mauvais état de conservation.

Cette carrière offrait, comme on le voit, les relations de cette couche avec celles qui la précèdent ou la suivent dans la série. Malheureusement cette succession ne peut s'observer que rarement : on retrouve bien dans d'autres points cette couche à *Belemnites irregularis* et *Lima Toarcensis ;* mais, comme on n'y peut suivre la série soit en haut, soit en bas, il est difficile de savoir si elle augmente ou non en épaisseur dans d'autres localités.

Ces trois assises se succèdent d'ailleurs normalement et sans aucune espèce de trace de discordance ni d'usure de la roche. On peut donc être à peu près certain que nous avons ici la série régulière et complète, ce qui est d'ailleurs tout-à-fait semblable à ce qu'on observe dans d'autres

treuil-Belloy, montrent parfaitement que les deux formes ne doivent constituer qu'une seule et même espèce. Rappelons ici que l'*Ostrea pictaviensis* est cette petite espèce allongée et à stries longitudinales qu'on nomme presque toujours *Ostrea Knorri.* Comme M. Hébert l'a très-bien démontré dans sa Note sur le lias inférieur des Ardennes et sur les Gryphées du lias (t. XIII, *Bulletin Société géologique de France*, p. 207 et suivantes), la véritable *Ostrea Knorri* est une espèce différente qui ne se rencontre qu'à la base de l'étage Callovien, avec les *Ammonites macrocephalus* et *Herveyi.*

points où elle est beaucoup plus épaisse, comme à Thouars, par exemple, que M. d'Orbigny avait pris pour type de son étage Toarcien (1).

(1) La série de Thouars, prise comme type de l'étage Toarcien par M. d'Orbigny, est devenue par cette raison célèbre parmi les géologues : aussi la coupe de Verrines, que cet auteur donne dans son *Cours de paléontologie stratigraphique*, a-t-elle été souvent citée. Nous devons dire ici que l'exemple était très-mal choisi comme type de l'étage, puisque la partie inférieure, ou schistes à poissons, manque complète-ment à Thouars. La coupe donnée par M. d'Orbigny présente aussi des erreurs bien manifestes : ainsi, dans sa couche n° 1, il n'y a pas de *Belemnites tripartitus* ; mais, en revanche, on y trouve les *Ammonites primordialis* et autres fossiles de ce niveau. On doit donc changer la phrase en celle-ci : *Couche puissante de calcaire blanchâtre, argileux, contenant des silex avec Ammonites primordialis, Ostrea pictaviensis, Rhynchonella cynocephala.*

Les autres couches sont mieux indiquées ; toutefois il y a encore des interversions : ainsi, la couche F ne présente point d'*Ammonites serpentinus* ; c'est la couche D que M. d'Orbigny fait au contraire carac-tériser par l'*Ammonites bifrons*. On doit d'ailleurs, après la couche D, mettre la barre que M. d'Orbigny place entre les couches B et C, puisque cette couche C, caractérisée par le *Pecten æquivalvis* et bien d'autres fossiles de son étage liasien, appartient à ce dernier et ne peut en aucune façon être rapportée au Toarcien de cet auteur.

Dans une course que je fis à Montreuil-Bellay et à Thouars, au printemps de l'année 1856, et où M. Triger, avec sa complaisance si connue, voulut bien me servir de guide, nous relevâmes ensemble avec grand soin la coupe de Verrines , et , d'après nos observations réunies, on peut rectifier aisément la coupe donnée par M. d'Orbigny. Voici ce qu'on y observe :

1° A la base et en contact avec les anciens terrains, poudingue grossier, 1ᵐ, 50, avec *Chemnitzia nuda* (cette espèce n'est autre que la *Chemnitzia Lafresnayi*, c'est-à-dire une grande espèce avec de gros tubercules, quand elle a son test conservé. M. Triger a pu vérifier le fait sur un échantillon, d'une ma-gnifique conservation, recueilli dans la carrière de Verrines même, et qui est en tout semblable à l'espèce recueillie à Villy-la-Croix (Calvados) par feu M. de Bazoches, et qui a été décrite par d'Orbigny dans la *Paléontologie française*). J'y ai recueilli également un gros Pleurotomaire sans test et l'*Actæonina constricta*.

2° *Banc de grison* des ouvriers, formé de deux couches, 0ᵐ, 60 + 0ᵐ, 40 = 1 mètre de calcaire jau-nâtre, gréseux, sans fossiles.

3° *Banc de chasse*, 0ᵐ, 50, formé d'un calcaire gréseux tout pénétré de petits galets de quartz et autres roches anciennes, ressemblant beaucoup d'aspect à certains bancs qui se voient exactement à ce niveau dans la Sarthe, aux environs de Précigné, et , dans le Calvados, aux environs de Falaise. La surface de ce dernier banc est fortement usée et corrodée, ce qui établit une discordance bien tranchée entre ce banc et les suivants, dont la composition minéralogique est très-différente, discordance rendue plus marquée encore par l'absence des argiles ou schistes à poissons qui devraient lui succéder normalement, si la série était complète. On y trouve un assez grand nombre de fossiles, entre autres : la *Cardinia crassissima*, les *Pecten disciformis* et *æquivalvis*, la *Rhynchonella tetraedra*, la *Terebratula punctata*.

Ces trois bancs correspondent aux couches *a* , *b* , *c* de la coupe donnée par M. d'Orbigny, p. 469 de son *Cours de paléontologie stratigraphique*.

Les couches suivantes seules appartiennent à l'étage Toarcien , tel que l'a compris l'auteur de la *Paléontologie française*.

4° *Banc de crasse*, de 0ᵐ, 30, formé d'une argile ferrugineuse avec une innombrable quantité d'Ammonites écrasées , et d'une seule espèce , l'*Ammonites serpentinus* ; c'est probablement la couche *d* de M. d'Orbigny ; mais nous devons rappeler que l'*Ammonites bifrons* n'existe pas à ce niveau.

CALCAIRES SUPÉRIEURS A AMMONITES MURCHISONÆ.

§ 37. — Les couches qui composent cette assise occupent, en Normandie, un espace assez étendu et suivent généralement les limites des marnes à *Ammonites bifrons*. Elles coïncident donc avec un nouvel envahissement des eaux qui, à partir de ce moment, deviennent de plus en plus profondes. En effet, au commencement de cette période, quoique largement étendues, elles sont encore basses : ce que prouve le peu d'épaisseur des premiers dépôts, où domine l'*Ammonites primordialis*; mais ensuite elles deviennent plus puissantes, leurs caractères sont bien accusés. Dès lors, les limites de la mer ne varient presque plus : le bassin s'est approfondi, et par conséquent les légères oscillations du sol ne changent plus que très-faiblement les limites des rivages. En même temps la faune prend un caractère décidément oolithique : les ammonites dont les nombreuses espèces formaient naguère la presque totalité des êtres

5° *Banc lumineux*, nommé ainsi par les ouvriers parce qu'il renferme une grande quantité d'*Ammonites bifrons* qu'ils regardent comme des escargots pétrifiés, en patois LUMATS. C'est un calcaire un peu gréseux, exploité comme pierre de taille avec nombreuses *Ammonites bifrons* et quelques *Belemnites tripartitus*. C'est la couche e de M. d'Orbigny. Ce banc, divisé en trois assises d'égale épaisseur, a 1 mètre de puissance. Les deux bancs du haut, et principalement le plus élevé, renferment en outre une grande quantité de petits fossiles, gastéropodes et lamellibranches, qui ont conservé leur test : j'y ai reconnu le *Trochus subduplicatus*, l'*Eucyclus capitaneus*, une *Chemnitzia* lisse, la *Leda rostralis*. C'est donc, comme on le voit, l'analogue des marnes à *Trochus* de la Bourgogne, niveau que nous avons constaté également dans le Calvados, dans une position identique.

Ces deux assises 4 et 5 correspondent donc parfaitement à la partie inférieure de nos marnes moyennes de Normandie. Quant à la couche f de M. d'Orbigny, ce n'est peut-être que la couche d qui aura été intervertie.

6° Argile bleuâtre, alternant avec des calcaires de même couleur. On y trouve les *Ammonites Toarcensis*, *radians*, *insignis* et *cornucopiæ*, avec une grande quantité de *Lima Toarcensis*. Il n'y a que de gros fossiles b ce niveau, dont l'épaisseur est de 1 mètre 50.

7° 3 mètres de calcaire un peu ferrugineux, alternant avec des marnes grises et renfermant, outre les mêmes fossiles, de nombreuses *Belemnites irregularis*.

Ces deux assises, formant ensemble une épaisseur de près de 5 mètres, correspondent à la partie supérieure de nos marnes moyennes. Ce sont, de toute évidence, les n°s g, h, i, j, et peut-être h de la coupe de M. d'Orbigny.

8° 2 mètres de calcaires gris-blanchâtres, argileux, en bancs moins épais et alternant avec des argiles de même couleur. On y trouve les *Ammonites primordialis*, l'*Ostrea pictaviensis*, la *Rhynchonella cynocephala*; elles correspondent à la couche l de M. d'Orbigny et, en Normandie, à l'oolithe ferrugineuse avec *Ammonites primordialis*, dont nous allons maintenant nous occuper.

organisés deviennent moins nombreuses, mais conservent à peu près la
même forme caractéristique de cette période transitoire. En même temps,
les gastéropodes et les acéphales commencent à pulluler. Enfin, l'ordre
des brachiopodes, qui paraissait presque éteint, et représenté dans les
marnes moyennes par deux petites espèces chétives (1), offre de nouveau
de nombreuses formes ; mais deux familles, les Spiriféridées et les Strophoménidées, ont disparu entièrement ; les espèces si bien accusées que nous
avions vues peupler les mers du lias se sont éteintes, et les térébratules de
la section des *Biplicatæ* vont dès lors, en traversant tout le reste de la
série jurassique, donner un cachet tout-à-fait spécial aux espèces de ces
diverses périodes.

Ces calcaires supérieurs, dont la puissance maximum peut être évaluée à 7 ou 8 mètres, sont généralement caractérisés par l'*Ammonites
Murchisonæ*. On peut y constater deux niveaux peu distincts, mais très-
constants : le premier et le plus inférieur, où abonde l'*Ammonites primordialis* ; le second, principalement caractérisé par la *Belemnites compressus*, la *Lima heteromorpha*, la *Terebratula perovalis*.

§ 38. — La couche qui forme ce niveau, toujours d'une faible épaisseur (1 mètre au plus), occupe une assez large surface et suit presque
partout les limites des marnes à *Ammonites bifrons*, sans aucune trace
d'usure de la roche inférieure, qu'elle semble continuer normalement ;
nous avons vu toutefois qu'il y avait une petite lacune, puisqu'un peu
plus loin, on voyait s'intercaler une couche, peu épaisse en Normandie,
mais qui n'a pas moins dû employer un laps de temps assez considérable pour se produire, puisqu'elle constitue à elle seule plus de la moitié
de l'étage Toarcien dans la coupe de Thouars : nous voulons parler des
couches à *Belemnites irregularis*, à *Ammonites* et *Lima Toarcensis*. Dans
ce cas, la couche à *Ammonites primordialis* est en contact avec ce

(1) Les *Terebratula Lycetti* et *Rhynchonella Bouchardi*. Ce que nous disons ici ne s'applique qu'aux
brachiopodes articulés ; en effet, les Lingules et les Discines, depuis la période silurienne jusqu'à l'époque
actuelle, sont à peu près en même nombre dans chaque formation et n'éprouvent, durant cet immense
intervalle de temps, que des modifications à peine sensibles.

deuxième niveau des marnes moyennes, et la limite n'est pas plus distincte entre ces deux couches qu'entre cette dernière et le premier niveau à *Ammonites bifrons* (1).

Du reste, qu'elle soit en rapport direct avec l'un ou avec l'autre de ces niveaux, la couche à *Ammonites primordialis* vient étendre une nappe parfaitement horizontale au-dessus des couches déjà déposées ; elle comble les plus légères inégalités : aussi forme-t-elle un fond de mer parfaitement uni, s'abaissant en pente régulière et très-douce vers la haute mer.

Cette couche se montre généralement sous forme d'un calcaire marneux rougeâtre, contenant souvent de très-petites oolithes ferrugineuses, avec des parties plus ou moins rouillées, quelquefois souillées de péroxyde de manganèse en forme d'arborisations. Les fossiles y sont toujours très-nombreux et offrent généralement leur test mal conservé, à l'état rouillé, ou bien spathique en gros cristaux si fragiles, que la plupart du temps il tombe en poussière dès qu'on veut dégager les coquilles de la roche qui les enferme. C'est ainsi qu'elle se présente aux environs de Caen, à Verson, à Baron, à Amayé-sur-Orne, à Évrecy, etc., presque toujours criblée d'une seule espèce, l'*Ammonites primordialis*, avec quelques rares *Belemnites tripartitus*, l'*Eucyclus capitaneus*, et quelques Lamellibranches très-mal conservés.

Mais dans certaines circonstances, rares malheureusement, le calcaire devient plus consistant, les tests acquièrent de la solidité, les coquilles y sont nombreuses et variées. Nous pouvons citer, sous ce rapport, les en-

(1) Bien que ces couches semblent se succéder si normalement et être liées entr'elles d'une façon intime, nous pensons qu'il y a là entre les marnes moyennes et les calcaires supérieurs de nos marnes infrà-oolithiques une lacune assez considérable, et que nous n'avons en Normandie que la partie la plus supérieure des couches à *Ammonites primordialis* : en effet, si nous jetons les yeux sur les dépôts de l'est de la France, nous voyons dans la Moselle, par exemple, que la couche ferrugineuse à *Ammonites Murchisoni*, qui renferme également des *Ammonites primordialis* tout-à-fait semblables à nos types normand, repose elle-même sur une assise marneuse, bleuâtre, où les *Ammonites primordialis* sont beaucoup plus abondantes ; cette assise est mieux caractérisée encore à Gundershoffen par la *Trigonia navis* ; enfin, dans ce même pays, cette dernière est séparée des marnes moyennes par une couche à *Ammonites torn'osus*, à *Gervillia Hartmanni*, etc. Nous n'avons, en Normandie, aucune trace de ces divers dépôts ; par conséquent il y aurait une lacune assez considérable, un *manque*, comme dit M. d'Orbigny: la tranquillité excessive des eaux pouvant seule expliquer cette absence de ligne d'usure de la roche inférieure, après une lacune aussi importante dans les dépôts.

virons de Clinchamps, de Vieux, de Fontaine-Étoupefour, et particulièrement une petite carrière ouverte dans ce dernier village, auprès
d'une ferme isolée : j'y ai recueilli, parfaitement conservés, les fossiles
suivants : *Belemnites tripartitus, nautilus,* sp. ind. ; *Ammonites Tessonianus, Amm. primordialis* (surtout à la base), *Amm. subinsignis,
Amm. Murchisonæ* (variété à grosses côtes), *Amm. Sowerbyi, Amm.
pictaviensis, Eucyclus capitaneus, Euc. ornatus, Pleurotomaria Baugieri* ;
trois autres espèces nouvelles, dont une très-remarquable, voisine du
Pleurotomaria granulata, mais à bourrelet extérieur très-prononcé, séparé du reste par un sillon très-profond, *Pholadomya fidicula, Astarte
excavata, Opis lunulata,* var. ; *Trigonia,* deux espèces ind. ; *Cucullæa fer-
ruginea, Myoconcha,* nov. spec., grosse espèce courte, à test fort épais ;
*Modiola plicata, Lima proboscidea, Gervillia tortuosa, Terebratula con-
globata, Rhynchonella cynocephala, Cidaris maximus* (baguettes),
etc., etc.

Enfin cette couche se présente à Feuguerolles (1), mais dans des
conditions toutes particulières, c'est-à-dire sur le prolongement du récif
de May et de Fontaine-Étoupefour, dont nous avons déjà eu souvent
l'occasion de parler. La roche y est presque méconnaissable ; elle est
formée d'un calcaire sans oolithes, dur, rougeâtre, très-homogène et
très-compacte, à cassure conchoïde, passant même quelquefois à un
calcaire lithographique ; les fossiles y sont par milliers ; seulement, et
comme on devait s'y attendre puisque c'est un dépôt de récif, les Céphalopodes ont presque entièrement disparu. J'y ai reconnu cependant
quelques *Ammonites subinsignis* et des *Amm. primordialis* à côtes un
peu plus fortes que dans le type ; mais les Gastéropodes, et surtout les
Acéphales, y sont en nombre prodigieux ; leur *facies,* tout-à-fait oolithique, se rapproche à ce point des espèces de Bayeux, qu'il y a souvent
impossibilité pour séparer un grand nombre de formes des deux niveaux (2). Notre objet n'est pas ici de décrire cette localité, que nous

(1) Malheureusement la carrière où cette faune si riche existait est comblée, ou plutôt sert de lavoir,
et ces couches si remarquables sont maintenant sous l'eau.

(2) Comme la plupart de ces espèces sont nouvelles, nous ne pensons pas qu'il soit nécessaire de les
rappeler ici, puisque nous ne pourrions citer que les genres auxquels elles appartiennent. Nous nous proposons, d'ailleurs, de les faire connaître prochainement dans un grand travail que nous avons entrepris,

avons déjà d'ailleurs signalée dans un travail précédent (1) et sur laquelle nous reviendrons dans un autre chapitre, en traitant des stations paléontologiques remarquables.

NIVEAU DES LIMA HETEROMORPHA ET TERERRATULA PEROVALIS

(Couche O du grand diagramme).

Synon. Mâlière des géologues normands.

§ 39. —Cette couche forme la partie supérieure et généralement la plus épaisse des marnes infrà-oolithiques ; elle est un peu plus étendue que la précédente et se montre partout avec des caractères bien tranchés. On voit que, dès|lors, le bassin en s'approfondissant ne permet plus, comme précédemment, aux moindres oscillations du sol de changer les bords des rivages ; les eaux recommencent à former des sédiments de plus en plus épais. Les couches de la mâlière terminent donc nettement cette série d'assises que nous venons d'examiner et qui se sont déposées durant la période transitoire à laquelle nous donnons le nom d'étage des marnes infrà-oolithiques.

La mâlière est formée d'une série de bancs plus ou moins marneux, souvent pénétrés de chlorite, quelquefois sableux et siliceux, dont la puissance varie de 3 à 8 mètres. Elle renferme fréquemment beaucoup de rognons siliceux noirâtres, avec un enduit gris. Ces rognons, mal délimités, sont presque toujours irrégulièrement disposés dans la masse ; mais ils finissent quelquefois par former des bancs réguliers (environs d'Étreham, falaises de Ste-Honorine-des-Perthes). Dans quelques cas, les rognons renferment des fossiles de cette couche. A Curcy, par exemple, j'ai trouvé dans leur intérieur *Ammonites Murchisonæ*, *Pecten barbatus*, etc. Elle se voit bien plus souvent au jour que la couche à *Amm primordialis*; j'ai pu cependant observer plusieurs fois leur su-

en collaboration avec M. Schlumberger, ingénieur de la marine à Nancy, qui a retrouvé une faune plus riche encore peut-être dans les environs de cette ville et à la forêt de Haye. Ce travail, qui fera le second fascicule de la PHOTOGRA GALLICA, comprendra la description des espèces de la Normandie et de la Meurthe, où nous connaissons dès maintenant, et dans ce seul niveau, près de cent cinquante espèces, la plupart nouvelles.

(1) Description des couches du système oolithique inférieur du Calvados (IIe volume du *Bulletin de la Société Linnéenne de Normandie*, séance du 6 juillet 1857, p. 316 et suivantes.

perposition à Fontaine-Étoupefour, à Verson, à Évrecy, à Clinchamps,
à Amayé-sur-Orne, etc. , et on peut s'assurer qu'elles se continuent si
régulièrement qu'il est très-difficile de reconnaître où finit l'une et où
commence l'autre. En un mot, il ne paraît exister aucune espèce de
limites entre ces deux couches ; elles ont, d'ailleurs, beaucoup de fossiles
communs, tels que l'*Ammonites Murchisonæ*, les *Modiola plicata*,
Gervillia tortuosa.

Parmi les fossiles de la mâlière, il faut distinguer ceux qui ont un
test fibreux de ceux qui l'ont porcelainé. Ces derniers sont rarement
bien conservés et ont perdu constamment leur test spathique : aussi est-il
très-difficile de reconnaître certaines espèces, et on ne peut tirer presque
aucun parti des Gastéropodes et de beaucoup de Lamellibranches. Nous
citerons cependant les *Eucyclus capitaneus* et *pinguis*, les *Pleurotomaria actinomphala* et *Baugieri*, dont on peut, jusqu'à un certain
point, reconnaître les moules ; de grosses panopées ; les *Pholadomya
fidicula* et *allica*, la *Ceromya concentrica*. Au contraire, les espèces à
test fibreux ou feuilleté y sont admirablement conservées et caractérisent
très-bien ce niveau. Ce sont, entre autres, les *Modiola ventricosa* et *plicata*, la *Lima heteromorpha* (1) (très-caractéristique) ; *Lima proboscidea*,
Pecten barbatus, *Pecten paradoxus* (très-caractéristiques) ; *Plicatula
catinus*, *Pl. polyptica*; *Placunopsis* (grande espèce nouvelle à fines
stries rayonnantes); *Ostrea Buckmanni*, *Terebratula perovalis* et
Eudesi (très-caractéristiques) ; *Rhynchonella ringens* et *quadriplicata*.
Parmi les Céphalopodes, nous pouvons citer les *Belemnites sulcatus* et
compressus, les *Nautilus lineatus* et *sinuatus*. Les *Ammonites Murchisonæ* y abondent, principalement les grandes variétés aplaties et sans
ornements (2). On y voit également l'*Ammonites Aalensis* ou *concavus*
qui, en Normandie, ne s'observe qu'à ce niveau, et jamais ni au-dessus
ni au-dessous.

Ces fossiles indiquent, comme on le voit, un horizon bien déterminé

(1) La *Lima heteromorpha* est une grande espèce transverse, ressemblant un peu à la *Lima gigantea*
du lias inférieur, mais beaucoup plus large, à côtes rayonnantes plus rapprochées et également ponctuées,
à laquelle M. d'Orbigny donne, dans son *Prodrome*, le nom de *Lima Hersilia*.

(2) On peut facilement reconnaître les diverses variétés de cette espèce par leurs cloisons très-simples
et peu dentelées.

et très-facile à reconnaître, mais dont les espèces ont une analogie marquée avec celles de l'étage suivant. La mâlière forme donc une transition des plus remarquables entre les marnes infrà-oolithiques et l'oolithe inférieure proprement dite : aussi les fossiles de ce niveau sont-ils cités par M. d'Orbigny tantôt dans son étage Toarcien, tantôt dans son étage Bajocien, suivant la localité observée. Cette confusion n'existe point dans la nature, il n'y a aucun mélange. C'est, nous le répétons, un des horizons les plus nets et les plus constants en Normandie et, nous osons le dire, dans toute la France, aussi bien dans le bassin de Paris que dans le bassin méditerranéen (1).

La partie supérieure de la *mâlière*, en rapport avec l'oolithe inférieure proprement dite, montre des traces d'érosions bien manifestes ; la surface de contact a été corrodée irrégulièrement, et souvent la roche est percée de tubulures profondes, remplies de sable marneux, grisâtre, produit du remaniement sur place de la couche dénudée. Dans ces tubulures, on trouve un mélange des espèces de la *mâlière* et du niveau supérieur : ainsi, avec des *Belemnites compressus*, des *Pecten barbatus*, des *Terebratula Eudesi*, j'ai recueilli des *Rhynchonella (Hemithyris), costata* et *spinosa* : il est donc à croire qu'il y a eu un léger remaniement de fossiles. La partie inférieure de l'étage suivant s'an-

---

(1) L'assise à *Ammonites Murchisonæ* existe sur tout le pourtour du bassin de Paris. Dans la Sarthe, elle est représentée par des calcaires très-sableux, avec *Gervillia tortuosa*, *Ceromya concentrica*, *Modiola plicata*, *Ostrea sublobata*, *Terebratula perovalis*, en rapport, d'une part, avec les couches à *Ammonites Parkinsoni* ; de l'autre, avec des sables à *Rhynchonella cynocephala* et *Ammonites primordialis*. Ces rapports sont donc exactement les mêmes qu'en Normandie. La même succession de roches et de fossiles s'observe dans le Maine-et-Loire, les Deux-Sèvres, la Vendée, etc. Si nous passons de l'autre côté du bassin, en Bourgogne, nous la retrouvons avec les mêmes fossiles, formant la partie inférieure du calcaire à entroques. Aux environs de Besançon, la succession est identique : la mâlière y est également représentée par la partie inférieure du calcaire à entroques, avec *Pecten paradoxus* ; et dans toute cette région orientale on la voit reposer sur les argiles à fucoïdes qui représentent, dans cette partie de la France, nos couches à *Ammonites primordialis*. Tout-à-fait à l'extrémité de la France, dans l'îlot du Var, on trouve au-dessous des couches à *Ammonites Parkinsoni* et *Terebratula perovalis*, c'est-à-dire dans les mêmes relations stratigraphiques, un calcaire un peu gréseux avec tous nos fossiles de Normandie, avec la *Terebratula perovalis*, la *Lima heteromorpha*, la *Pholadomya fiducia* et jusqu'au *Pecten barbatus*. Cette parfaite analogie de couches sur des points aussi éloignés prouve donc que cet horizon est des plus constants et qu'il ne peut rester aucune incertitude ni sur sa position ni sur sa faune, qui ne se mêle en aucune façon avec celle des couches qui la précèdent ou la suivent dans la série géologique.

nonce, d'ailleurs, par un dépôt de conglomérat à grosses oolithes ferrugineuses, auquel succède l'oolithe proprement dite de Bayeux ; il y a donc ici, entre les deux étages, discordance par usure profonde de la roche inférieure, coïncidant avec un changement de faune. Si maintenant nous recherchons la séparation de ces couches dans les environs de Falaise et dans le département de l'Orne, nous verrons que l'oolithe ferrugineuse a disparu, la surface de contact est bien corrodée et usée, comme on peut s'en assurer dans la coupe de Fresnay-la-Mère ; mais elle est en relation directe avec l'oolithe inférieure à *Ammonites Parkinsoni*, représentée ici par des calcaires sableux. D'un autre côté, en suivant, entre Port-en-Bessin et Ste-Honorine-des-Perthes, la magnifique coupe formée par la falaise des Hachettes, on voit qu'après le relèvement de l'oolithe ferrugineuse ; ce dernier banc diminue peu à peu d'épaisseur, et qu'enfin vers Ste-Honorine, il n'est plus indiqué que par une ligne un peu ferrugineuse, réduite au conglomérat inférieur. A partir de ce point, la *matière* se voit directement en contact avec l'oolithe blanche. L'oolithe ferrugineuse est donc déposée en forme d'une espèce de lentille, dont Bayeux serait le centre, et que le diagramme suivant fera aisément comprendre.

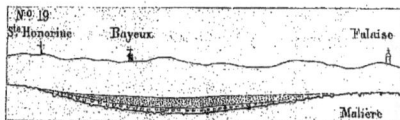

Dans les environs de Bayeux, la couche qui nous occupe est formée de calcaire gris-blanchâtre, siliceux, avec nombreux silex. On peut étudier facilement les couches supérieures à la falaise des Hachettes, à St-Virgor, et dans la plupart des carrières des environs de Bayeux : on y trouve le *Belemnites compressus* et la variété de *Terebratula perovalis* à plis bien prononcés, dont Lamarck avait fait une espèce particulière, sous le nom de *Ter. Kleinii.*

Dans les environs de Caen, principalement à Fontaine-Étoupefour, à Maltot, à Feuguerolles ; elle est généralement plus marneuse, les silex moins bien délimités ; mais les fossiles abondent, principalement les *Ammonites Murchisonæ*, les *Lima hete. omorpha*, les *Pecten barbatus* et *paradoxus*; les *Terebratula Eudesi* et *perovalis* y sont en nombre prodigieux ;

mais cette dernière y est d'une taille relativement petite ; les deux plis sont arrondis et ne forment pas un lobe comme dans la variété de Bayeux.

Le point le plus remarquable où j'ai vu la mâlière au jour est la carrière des Moutiers-en-Cinglais, au lieu dit les Forges-à-Cambro ; il est bien fâcheux que l'exploitation ait quitté la déclivité du vallon, où l'on avait une coupe magnifique depuis la base du lias à bélemnites jusqu'à l'oolithe blanche. Cette dernière se voit seule au jour dans les exploitations actuelles. Voici, du reste, la coupe que l'on observait à droite de la route de Harcourt et dans les carrières maintenant comblées :

1° Schistes siluriens ;

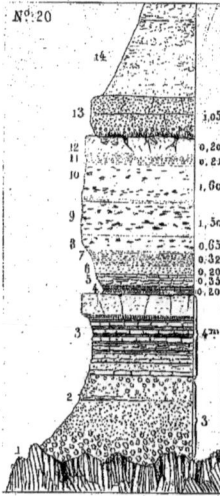

2° Poudingue à gros galets quartzeux, entremêlé de niveaux un peu argileux, 3 mètres ;

3° Lias à bélemnites, avec poudingue à la base, 4 mètres;

4° Petit lit d'argile représentant probablement les argiles à poissons, 0,20 ;

5° Calcaires grisâtres avec *Ammonites bifrons* et *Hollandræi*, 0,35 ;

6° Banc de calcaire rouillé, légèrement oolithique, avec *Ammonites primordialis*, 0,20 ;

7° Banc tendre de calcaire grisâtre, 0,32 ;

8° Banc très-coquillier, formé de calcaire grisâtre, pénétré de sable très-siliceux, avec *Ammonites Murchisonæ, Lima heteromorpha* et *proboscidea*, et surtout des *Terebratula perovalis* atteignant une énorme dimension (*banc de coquilles* des ouvriers), 0,65 ;

9° Bancs de sable siliceux, pénétré de chlorite, avec une énorme quantité de silex noirs en rognons tuberculeux, rangés suivant des lignes plus ou moins régulières. Les fossiles sont rares à ce niveau ; on y trouve cependant quelques *Terebratula Eudesi* et le *Pecten paradoxus* (*banc de galets* des ouvriers), 1^m,50 ;

10° Bancs semblables aux précédents, mais à pâte calcaire plus argileuse, les silex moins nombreux, branchus et tuberculeux (*banc bleu* des ouvriers), 1^m,60 ;

11° Calcaire blanchâtre, très-chlorité, se divisant en sable lorsqu'on l'expose à l'air, où il exhale une odeur fétide (*four de cochon* des ouvriers). Ce petit banc renferme des fossiles fort remarquables, des *Hinnites*, des *Rhynchonelles épineuses*, de magnifiques échantillons de *Pecten barbatus* avec les pointes barbues conservées, enfin ces beaux exemplaires de *Rhynchonella ringens* qu'on n'a jamais retrouvés depuis, 0,21 ;

12° Calcaire un peu brunâtre, évidemment durci, corrodé à sa surface et percé de trous en forme de tubulures et de poches irrégulières, remplies d'un calcaire grisâtre formé de sable peu aggluliné et qui se décompose à l'air, avec *Belemnites compressus*, 0,20.

Ce dernier banc terminait la mâlière d'une façon identique à ce qu'on observe à Bayeux et surtout dans la falaise des Hachettes.

Au-dessus paraissent :

13° Conglomérat de grosses oolithes, 0,05, et l'oolithe ferrugineuse, proprement dite, en deux bancs, 0,40 + 0,60, total : 1^m,05 ;

14° Enfin l'oolithe blanche, dont l'épaisseur va continuellement en augmentant à mesure que l'exploitation avance vers les terres.

Pour terminer ce qui a rapport à la zone des *Amm. Murchisonæ*, nous devons dire un mot de ses couches dans les environs de Falaise. Elle y succède immédiatement au lias à bélemnites, ainsi que nous l'avons déjà montré dans la coupe de Fresnay-la-Mère, et y est formée

d'un calcaire fendillé, quelquefois sablonneux, jaunâtre, à noyaux durs et irréguliers, avec *Ter. perovalis*, var. *Kleinii*, *Pholadomya fidicula*, *Gervillia contorta* ; elle renferme, en outre, en abondance, une magnifique espèce de térébratule que j'ai décrite l'année dernière sous le nom de *Tereb. Brebissoni*. Bien que je n'aie pu rencontrer dans cette assise, qui n'a que 0,60 d'épaisseur, aucun échantillon de l'*Ammonites Murchisonæ*, la présence des *Gervillia contorta* et des *Terebratula perovalis* ne peut laisser aucun doute sur son iden-

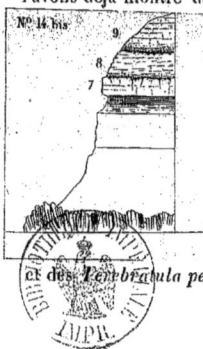

13

tité avec la matière. La surface supérieure de la roche est également usée et corrodée, et au-dessus on voit la couche à *Ammonites Parkinsoni*, représentée par une assise très-réduite (1 mètre seulement), d'un calcaire blanc, dur, siliceux, avec les fossiles caractéristiques de ce niveau.

§ 40. *Résumé sur les marnes infrà-oolithiques.* — Cet étage a été assez mal compris par M. Hérault qui le rapporte à l'oolithe inférieure, mais qui confond souvent certaines couches avec d'autres, et à peine signalé par M. de Caumont dans sa *Topographie géognostique*. Dans l'Explication de la Carte géologique de France, MM. Dufrénoy et Élie de Beaumont le considèrent comme formant la base du système oolithique inférieur ; mais ses limites et ses divisions n'y sont pas nettement tracées ; aussi est-il resté long-temps une grande incertitude sur la valeur de cet étage en Normandie. Cela tient, sans doute, à ce que ses couches ont une épaisseur bien plus faible que dans les autres parties de la France, où il a été généralement considéré, surtout à cause de sa composition marneuse et des Ammonites qu'il renferme, comme terminant en haut la série liasique. Il paraissait difficile, en effet, de concilier le peu d'épaisseur et la variété de ses couches, la dissemblance apparente de leurs diverses faunes, avec l'idée d'un étage spécial unique, formant une division de même valeur que celle du lias à Bélemnites d'une part, de l'oolithe inférieure, de l'autre.

Toutefois, mon père avait déjà, en 1849, émis l'idée d'une FORMATION INTERMÉDIAIRE ENTRE LE LIAS SUPÉRIEUR (c'est-à-dire le lias à Bélemnites ou lias moyen de la plupart des géologues qui, pour mon père, formait le lias supérieur) et l'OOLITHE INFÉRIEURE, représentée par les couches de Bayeux. Il dit, en effet (1), que ses observations « tendent à prouver « que l'oolithe inférieure et le lias supérieur sont séparés par une série « de bancs assez nombreux, qui ne se rapportent précisément ni à « l'oolithe inférieure ni au lias supérieur ; mais que cette série s'annonce « comme une sous-formation intermédiaire bien distincte, renfermant « des fossiles qui lui sont propres..... Cet ordre de choses s'est ce-

_____

(1) Voir VIIIᵉ volume des *Mémoires de la Société Linnéenne de Normandie*, p. XXXIII, du résumé des travaux de la Société, année 1849.

« pendant établi, sans modifications profondes et radicales et a cessé « de même, puisque quelques animaux de l'époque du lias supérieur « ont vécu pendant sa période, et que c'est également pendant son « existence qu'ont commencé d'apparaître plusieurs animaux qui ont « continué de vivre à l'époque du dépôt de l'oolithe inférieure..... De « là, peut-être, la nécessité d'admettre dans la science un plus grand « nombre de sous-formations dans la période jurassique, et en particulier « d'en former au moins une intermédiaire entre le lias supérieur et « l'oolithe inférieure. »

M. d'Orbigny, dans ses premiers travaux (1), avait formé de ces couches son lias supérieur; et, plus tard, abandonnant l'idée de la division des terrains jurassiques en lias et en système oolithique, il en avait fait l'un de ses dix étages, sous le nom de Toarcien (2). Mais, par suite de l'incertitude qui régnait en Normandie sur l'étage dont nous nous occupons, il en est arrivé à citer soit dans le Liasien, soit dans le Bajocien, un grand nombre de fossiles appartenant évidemment à son étage Toarcien; il restait par cela même, pour notre contrée, une grande obscurité, une confusion extrême que je me suis appliqué à faire disparaître (3) en reconnaissant bien exactement les limites de cet étage en Normandie, et le niveau de chacun des fossiles cités dans le *Prodrome* et dans le *Cours de géologie stratigraphique*.

En même temps, M. Hébert (4), dans un premier travail sur le terrain jurassique du bord occidental du bassin parisien, fixait parfaitement les limites de l'oolithe inférieure en montrant, à la base de cette dernière, un conglomérat de grossières oolithes ferrugineuses. Il reste un seul point obscur dans cette discussion, si propre à faire cesser toutes les incertitudes: M. Hébert n'a pas bien compris la signification du mot

(1) *Paléontologie française*, Terr. jurassiques, Ier et IIe volume.

(2) *Cours élémentaire de paléontologie et de géologie stratigraphiques*, 1849, p. 463, et *Prodrome de paléontologie universelle*, 1850, Ier volume, p. 243.

(3) C'est surtout dans ce but que j'avais publié en 1856, dans le Ier volume du *Bulletin de la Société Linnéenne de Normandie*, une note sur la coupe d'Évrecy, donnant de la manière la plus parfaite la succession des couches qui nous occupent. Frappé déjà de l'analogie existant entre le système oolithique inférieur et les couches à *Amm. Murchisonæ* et *primordialis*, je les avais fait rentrer dans la série oolithique où des études plus récentes m'ont fait placer tout ce que je regardais alors comme lias supérieur.

(4) *Bulletin de la Soc. géol. de France*, 2e série, t. XII, p. 79.

matière des géologues normands. Ce mot ne s'applique pas au conglomérat de l'oolithe ferrugineuse, mais aux couches marneuses à silex qui, à la coupe des Hachettes, auprès de Ste-Honorine-des-Perthes, existent au-dessous du conglomérat.

Dans un second travail (1), M. Hébert revient encore sur ce sujet, et en même temps il décrit le lias supérieur de Ste-Marie-du-Mont; il y arrive à des conclusions semblables à celles que je vais présenter : la seule différence, c'est que mon savant maître considère la série qui nous occupe comme formant la partie supérieure du lias, tandis que j'ai été amené à la retrancher du système liasique, pour la reporter tout entière dans le système oolithique inférieur (2).

J'ai été forcé de décrire ces couches un peu plus longuement que les autres, afin de ne laisser aucune incertitude sur la question que je résumerai en quelques mots.

Les marnes infrà-oolithiques (3) ont été déposées en Normandie, durant une PÉRIODE qu'on peut dire TRANSITOIRE, où des eaux très-basses permettaient aux moindres oscillations du sol de changer les limites des rivages; par conséquent, suivant que l'on considère ces couches à un instant ou à un autre, les limites des dépôts sont tout-à-fait dissemblables. Au début de la période, les eaux sont très-basses et cantonnées dans les points les plus déclives, première phase qui correspond au dépôt des argiles à poissons. Les eaux reviennent ensuite s'étendre en une large nappe, mais peu profonde lors de la sédimentation des marnes moyennes.

<hr/>

(1) *Les mers anciennes et leurs rivages dans le bassin de Paris*, p. 14 et suivantes, ligne de démarcation dans le lias et l'oolithe.

(2) *Notes pour servir à la géologie du Calvados*, 2e article, t. VII du *Bulletin* de la Société Linnéenne de Normandie, p. 323. Conclusions à propos de la coupe de Lion-sur-Mer à Séez, et principalement sur le lias des environs de Falaise.

(3) Les marnes infrà-oolithiques représentent exactement l'étage Toarcien de M. d'Orbigny, mais la série de Thouars est loin d'être complète : aussi cette localité a-t-elle été très-malheureusement choisie comme type d'un étage géologique. Il y manque, en effet, la série inférieure à poissons, qui commence cet étage partout où il est complet; il y manque encore les couches à *Trigonia navis* et à *Ammonites torulosus*; enfin, la partie supérieure des calcaires à *Ammonites Murchisonæ* n'est pas visible dans la carrière de Verrines. En Normandie, la série offre moins de lacunes; mais le peu d'épaisseur de ses couches et leur irrégularité prouvent que l'on ne peut la regarder comme un type normal; au contraire, dans l'est de la France, la série est beaucoup plus régulière et peut-être un peu moins fossilifère. Il manque encore, dans une grande partie de la Bourgogne, les couches à *Ammonites torulosus* et à *Trigonia navis*; mais, dans la Moselle, la série est au grand complet. Pour mieux faire ressortir ces rapports, nous

Peu à peu, les eaux baissant encore , s'éloignent des bords du bassin

avons indiqué, dans le tableau suivant, le parallélisme de ces couches dans les diverses régions.

Left margin labels (top to bottom): OOLITHE INFR. INDUL. — CALCAIRE ET MARNES SUPÉRIEURS. — MARNES INFRA-OOLITHIQUES. — MARNES MOYENNES. — ARGILES ET SCHISTES À POISSONS. — LIAS À BÉLEMNITES. — A BÉLEMNITES.

NORMANDIE.	THOUARS (carrière de Verrines.)	BOURGOGNE. VASSY.	BOURGOGNE. LANGRES.	MOSELLE.
Manque.	Manque.	Calcaire à Polypiers.		Calcaire à Polypiers.
Oolithe ferrugineuse de Bayeux.	Manque.	Calcaire à Entroques, partie supérieure.		Partie du minerai de Longwy.
Mûlière des géologues normands. Calcaire marneux avec chlorite et silex branchus. *Ter. perovalis.*	Manque.	Calcaire à Entroques, partie inférieure.		Mineral de fer de Longwy et des environs de Nancy; avec *Am. Murchisonæ.*
Oolithe ferrugineuse à *Ammonites primordialis* et *Astarte excavata.*	Calcaire marneux blanchâtre avec silex et *Rhynchonella cynocephala.*	Marnes à Fu-coïdes.	Calcaires bleus à *Rhynch. cynocephala.* Fer oolithique avec Bélemnites et *A. primordialis*	Marnes micacées. Mineral de fer avec *Ammonites primordialis,*
Manque.	Manque.	Manque.	Manque.	Marnes supérieures de Gundershoffen, à *Am. primordialis* et *Trigonia navis.*
Manque.	Manque.	Manque.	Manque.	Marnes inférieures de Gundershoffen, avec *Amm. torulosus.*
Calcaire et argiles bleues avec *Belemnites irregularis, Amm.* et *Lima Toarcensis.*	Calcaires et argiles grises avec *Belemnites irregularis, Amm.* et *Lima Toarcensis.*	Argiles sans fossiles.	Argiles à *Septaria.*	Marnes avec *Ammonites radians* et *bifrons.*
Niveau des Gastéropodes *Trochus subduplicatus.*	Niveau des Gastéropodes.	Argile avec nombreux Gastéropodes : *Trochus subduplicatus, Nucula Hammeri, Leda rostralis.*		
Marnes et argiles avec *Ammonites bifrons* et *serpentinus.*	Calcaire à *Ammonites bifrons* (banc lumateux). Argile feuilletée avec *Ammonites serpentinus.*	Argile à *Am. radians.* Argiles à *Am. bifrons.*	Argiles avec *Ammon. bifrons* et *Raquinianus.*	
Argile. Calcaire à *Am. Jarensis.* Argile. Calcaire en nodules aplatis, avec poissons et autres vertébrés. Argile.	Manque.	Ciment de Vassy avec nombreuses Ammonites écrasés : *serpentinus, complanatus* et *Raquinianus.* *Aptychus, Fucoïdes,* Ichthyosaures et poissons.	Marnes schisteuses à *Possidonomya Brunni.* Marnes fissiles avec poissons. Calcaires fissiles avec avicules. Marnes bitumineuses sans fossiles.	Marnes. — Calcaires gréseux à poissons et *Teleosaurus temporalis.* Calcaire noduleux à poissons. Marnes bitumineuses.
Couche à *Leptæna.*	Manque.	Manque.	Calcaire blanc avec nombreux débris de Pentacrinites.	Grès médioliasique ? (Terquem.)
Couche à *Ammonites margaritatus* et *spinatus.*	Calcaire et poudingue à *Pecten æquivalvis.*	Calcaire à *Gryphæa cymbium* var. *gigantea.*	Calcaire noduleux à *Pecten æqui-valvis.*	Lias à Bélemnites avec ovoïdes ferrugineux.

La partie de cette coupe qui a trait aux environs de Langres nous a été communiquée par M. Babeau, et nous avons pu en vérifier l'exactitude scrupuleuse aux environs de Chalindrey.

et ne se déposent plus qu'au centre de la dépression. Les eaux ont dû
ensuite se retirer de plus en plus, ce que nous constatons par l'absence
des couches à *Ammonites torulosus* et à *Trigonia navis*; puis, à la fin de
cette période, caractérisée par l'*Ammonites primordialis,* on voit que les
mers reviennent de nouveau recouvrir le bassin, qu'elles avaient abandonné : aussi constatons-nous, à la base du dépôt, des calcaires à *Ammonites Murchisonæ,* une petite couche toute remplie d'*Ammonites
primordialis :* cela prouve que les eaux sont revenues graduellement. Il
est donc à croire qu'en s'éloignant plus ou moins des bords, on retrouverait, mais au-delà sans doute des limites actuelles de la mer de la
Manche, les couches à *Trigonia navis;* puis le niveau de *Ammonites
torulosus,* qui manquent en Normandie.

Les couches à *Ammonites Murchisonæ* terminent en haut notre étage
des marnes infra-oolithiques et sont recouvertes par l'oolithe inférieure
proprement dite, qui repose en stratification discordante sur les dernières assises durcies, usées et marquées de tubulures, remplies après
coup par des sédiments remaniés.

Ainsi, cette période peut ainsi se caractériser :

1er état. Mers très-basses, dépôt de l'argile à poissons, absence complète de Brachiopodes.

2e état. Les mers sont encore très-basses, mais assez étendues ; les
Céphalopodes existent en nombre immense, principalement les *Ammonites serpentinus* et *bifrons ;* les Brachiopodes commencent à revenir et
sont représentés par deux petites espèces : la *Terebratula Lycetti* et le
Rhynchonella Bouchardi.

3e état. Les mers, après s'être retirées loin des bords du bassin normand, reviennent peu à peu et s'étendent de plus en plus ; les Céphalopodes sont de nouveau nombreux ; mais ce sont de nouvelles espèces
qui dominent, et parmi elles l'*Ammonites primordialis ;* les Brachiopodes augmentent en nombre ; enfin le bassin s'approfondit de plus en
plus : une faune très-riche, à facies oolithique, peuple les mers ; les Brachiopodes, dès lors nombreux, continueront, avec des formes bien déterminées, à pulluler dans ces mers, de plus en plus profondes, jusqu'à
la fin de la grande période jurassique.

III. De l'Oolithe inférieure.

SYNON. Oolithe ferrugineuse et oolithe blanche des géologues normands et de MM. Dufrénoy et Élie de Beaumont. — Partie inférieure de l'étage Bajocien (d'Orbigny, *Géologie stratigraphique*). — Premier sous-étage de l'oolithe inférieure (d'Archiac, *Progrès de la géologie*). — Oolithe inférieure (Hébert).

Puissance : 15 à 16 mètres.

§ 41. *Distribution géographique*. — L'oolithe inférieure n'existe, en Normandie, que dans les départements du Calvados et de l'Orne. Elle y occupe une bande étroite, qui se dirige dans l'arrondissement de Bayeux, ouest-nord-ouest—est-sud-est, depuis l'embouchure des Veys jusqu'à Bayeux, resserrée d'une part entre le lias et les marnes infrà-oolithiques, de l'autre entre les puissants dépôts du fuller's-earth et de la grande oolithe. On la voit au jour, de place en place, vers le milieu des collines du Bessin, principalement entre la route de Paris et la mer; mais elle ne paraît qu'en un seul point, aux Hachettes, dans la magnifique série de falaises qui borde la partie littorale de cet arrondissement (Voir la coupe générale, pl. I). Au-delà de Bayeux, elle s'étend sur une ligne ouest-nord-ouest, qui suit à peu près la vallée de la Seulles; c'est ainsi qu'on la retrouve sur un grand nombre de points de l'arrondissement de Caen, où elle acquiert une assez grande épaisseur et où elle est partout bien caractérisée. La vallée de l'Orne lui sert à peu près de limite orientale, et on la voit ensuite plonger sous le calcaire de Caen (fuller's-earth) et les épaisses couches de la grande oolithe.

Dans l'arrondissement de Falaise, elle est très-réduite et change considérablement d'aspect. Toutefois, on peut encore l'observer avec une épaisseur d'environ 1 mètre tout autour du récif de Montabard. Elle n'est plus guère visible que par places dans les arrondissements d'Argentan et de Séez, où elle est souvent débordée par le fuller's-earth et la grande oolithe; puis elle reparaît dans l'arrondissement d'Alençon. où elle occupe de nouveau un assez large espace; mais avec des caractères minéralogiques différents de ceux du Calvados, et très-semblables à ceux que revêt cet étage dans le département de la Sarthe.

§ 42. *Relations géologiques et stratigraphiques.* — Le dépôt de l'oolithe inférieure s'est effectué, en Normandie, dans des circonstances tout-à-fait différentes de celles qui ont présidé à celui des marnes infrà-oolithiques ; en effet, au lieu de montrer des sédiments peu épais, très-variables et déposés d'une façon irrégulière, on voit une série de couches qui occupent un bassin bien circonscrit et se succèdent avec une extrême régularité. C'est à peine si les limites respectives des terres et des eaux présentent quelques petits changements insignifiants au commencement et à la fin de cette période. Les mers, largement ouvertes, sont peuplées d'une multitude de Céphalopodes cloisonnés, aux formes nettement caractérisées. Les rivages offrent également une faune des plus riches, où les Gastéropodes et les Lamellibranches sont en grand nombre ; enfin, de nombreux Brachiopodes prouvent que les mers s'approfondissaient de plus en plus ; les grands récifs de May, de Fontaine-Étoupefour s'abaissent sous les eaux, et autour d'eux s'effectue un dépôt normal de sédiments, où nous constatons une faune identique à celle des autres régions.

Au commencement de cette période, on voit que le rivage avait abandonné, surtout vers l'ouest, plusieurs points occupés par les marnes infrà-oolithiques ; les eaux regagnent ensuite une partie du terrain qu'elles avaient quitté, et ce retour est marqué par des érosions assez profondes, que nous remarquons à la partie supérieure des marnes infrà-oolithiques. A ce moment, les eaux sont fortement chargées de fer, et le dépôt qu'elles effectuent est tout pénétré d'oolithes ferrugineuses qui, d'abord très-grosses, donnent à la roche l'aspect d'un conglomérat. Ces oolithes ferrugineuses continuent, pendant quelque temps, à se produire avec une grande intensité ; mais elles diminuent beaucoup de taille et finissent par disparaître entièrement.

La roche est formée, dès lors, d'un calcaire blanc un peu marneux où dominent les Spongiaires, les Brachiopodes et les Oursins ; les eaux envahissent alors, de nouveau, certains points abandonnés précédemment ; en même temps le fond s'abaisse : aussi voyons-nous les lignes de rivage, où dominaient surtout les Céphalopodes et les Gastéropodes, être envahies et même dépassées par des sédiments nouveaux.

Il résulte de ce fait que l'oolithe ferrugineuse forme une sorte de

grande lentille entre les marnes infrà-oolithiques et l'oolithe blanche
qui se rejoignent aux deux extrémités, comme nous l'avons déjà dit du
reste, en traitant des marnes infrà-oolithiques.

Ces couches sont ensuite recouvertes elles-mêmes par celles de l'étage
suivant, ou fuller's-earth, qui s'annonce par un état de plus en plus marneux, par l'apparition de nouvelles espèces, et souvent enfin par une
ligne d'usure de la roche inférieure, perforée par des coquilles lithophages.
Cette discordance est, du reste, assez peu marquée : aussi a-t-on fait quelquefois rentrer le fuller's-earth dans l'oolithe inférieure. Nous pensons
qu'il vaut mieux le regarder comme un étage particulier, d'après des
considérations que nous ferons valoir prochainement, en traitant de cet
étage.

La grande différence que nous voyons dans le dépôt de l'oolithe inférieure, au commencement et à la fin de cette période, nous amène
forcément à y considérer deux divisions :

1° L'oolithe ferrugineuse ;

2° L'oolithe blanche,

que nous allons étudier séparément.

OOLITHE FERRUGINEUSE

(Couche P du grand diagramme).

§ 43. — Cette assise, toujours peu épaisse (2 mètres au plus),
forme la base de l'oolithe inférieure dans la plus grande partie du département du Calvados, et ses caractères sont d'une constance remarquable. Elle est formée d'un calcaire de couleur jaunâtre ou grisâtre, quelquefois plus ou moins siliceux, et renferme une multitude
d'oolithes ferrugineuses qui lui donnent un aspect tout particulier.
Elle est, en outre, remarquable par l'immense quantité de fossiles céphalopodes, gastéropodes et acéphales qu'elle contient. On peut, le plus
souvent y distinguer trois couches.

La plus profonde est formée d'une sorte de conglomérat à base
calcaire, renfermant un grand nombre de très-grosses oolithes ferrugineuses, irrégulières et disposées sans ordre. Ces sont même
plutôt de véritables nodules ferrugineux, formés de couches concen-

14

triques, variant de la grosseur d'une noisette à celle du poing. Les
plus grosses ont une forme très-irrégulière ; les plus petites sont généralement ovoïdes, et comme elles renferment souvent à leur centre
un corps étranger, une petite coquille ou un fragment de calcaire remanié des couches supérieures, la forme en est subordonnée à celle du
noyau sur lequel se sont moulés les feuillets concentriques d'argile ferrugineuse.

Cette couche noduleuse est très-constante à la base de l'oolithe ferrugineuse. Elle a dû par conséquent être formée au commencement de la
période de ce dépôt, et lorsque les eaux sont revenues ravinant d'une
manière plus ou moins profonde la partie supérieure, déjà consolidée, des
marnes infra-oolithiques. En effet, cette couche de conglomérat renferme
constamment des fossiles particuliers, c'est-à-dire les *Belemnites gigan-
teus*, les *Ammonites Sowerbyi, Cycloides*, et même de véritables *Ammonites Murchisonæ ;* ce qui ferait supposer que quelques-uns de ces
fossiles sont remaniés de la couche inférieure sous-jacente, ou d'un dépôt
particulier dont nous ne voyons plus que la trace constatée par ces fossiles ; mais ce qui prouve qu'elle appartient bien au dépôt de la période
qui nous occupe, c'est qu'on y rencontre également les Ammonites
du niveau de Bayeux, telles que les *Ammonites Humphriesianus*,
Gervillei, Brongniarti, et une foule de Gastéropodes, entr'autres les
grands Pleurotomaires, si caractéristiques de l'oolithe ferrugineuse proprement dite.

Ce conglomérat comble constamment les petites inégalités de la
couche inférieure : aussi son épaisseur varie-t-elle suivant la disposition
de la surface de cette dernière.

La seconde couche, et la plus épaisse, est l'oolithe ferrugineuse
proprement dite, dont la dureté est en général assez grande et qui est
criblée de petites oolithes ferrugineuses, ovoïdes, très-nettement circonscrites. Cette assise, la plus riche de toutes en fossiles, paraît caractérisée
par l'*Ammonites Humphriesianus*, qui y acquiert une très-grande taille.
Enfin une troisième couche où les oolithes ferrugineuses sont de plus en
plus rares, moins bien circonscrites, où le calcaire est moins siliceux, est
caractérisée par l'abondance des *Ammonites Niortensis* et *Parkinsoni* ou
interruptus ; par les grandes variétés du *Pleurotomaria mutabilis*, les

Pleur. Bessina et *scalaris ;* le *Turbo duplicatus*, etc. Les *Terebratula sphæroidalis* y sont plus abondantes que dans la seconde couche ; enfin on commence à y recueillir la *Tereb. Phillipsii.*

Dans beaucoup de localités, ces deux dernières couches se confondent en une seule, dont la puissance diminue jusqu'à n'avoir plus que quelques centimètres. Dans ces circonstances, elles n'en sont pas moins très-riches en fossiles ; c'est donc un excellent horizon qui pourra toujours servir de guide pour reconnaître les plus petits affleurements de notre oolithe inférieure, et fournira toujours de beaux matériaux aux amateurs de fossiles.

Quant à la couche inférieure à grosses oolithes, elle est bien plus constante, surtout dans les environs de Bayeux. Ainsi, on voit même les deux dernières disparaître dans la falaise de Ste-Honorine-des-Perthes, et on suit encore quelque temps la trace de l'oolithe inférieure par une ligne de ces grosses oolithes qui se voient entre les marnes infra-oolithiques et l'oolithe blanche, et dont on peut même distinguer quelque temps la séparation, par une ligne ferrugineuse.

Nous ne citerons pas les fossiles si nombreux qu'on rencontre dans cette couche et que tout le monde connaît. On en trouvera la liste dans tous les ouvrages de géologie qui ont traité de cette couche, particulièrement dans le *Prodrome de paléontologie stratigraphique* de M. d'Orbigny et dans l'ouvrage de M. Oppel, intitulé : *Die Jura formation.*

OOLITHE BLANCHE

(Couche Q du grand diagramme.)

§ 44. — L'oolithe blanche, un peu plus étendue que l'oolithe ferrugineuse, est formée d'un calcaire blanc-grisâtre, dont les joints de stratification sont peu marqués et qui renferme, surtout dans les environs de Bayeux, des parties plus ou moins marneuses et même des oolithes d'argile grise, mal délimitées. On peut dire que c'est le dépôt normal de l'oolithe inférieure : l'oolithe ferrugineuse est, en effet, plutôt un accident ayant marqué le commencement de la période et qui ne s'est pas produit dans les départements de l'Orne et de la Sarthe, où la couche correspondant

au banc ferrugineux du Calvados est représentée par des calcaires assez
semblables d'aspect à l'oolithe blanche.

Cette assise atteint généralement une assez grande puissance, variant
de 9 jusqu'à 15 mètres. Les fossiles, quoique fort abondants encore,
sont loin d'égaler en nombre ceux de la couche ferrugineuse. Ce sont
d'ailleurs les mêmes Ammonites, gastéropodes et acéphales, quoique
bien moins nombreux en espèces et en individus; mais ici les tests spathiques ont disparu, et on ne peut guère recueillir en bon état que les
coquilles à test lamelleux et fibreux, les Ostracées, les Pectinidées, les
Malléacées, avec les Brachiopodes, les Oursins et les Polypiers.

Les représentants de ces trois derniers ordres y abondent et présentent
des formes remarquables.

Parmi ces espèces, nous citerons :

Belemnites unicanaliculatus (d'Orb.), bec de *Nautilus; Ammonites
Parkinsoni* (Sow.), *Amm. dimorphus* (d'Orb.), *Amm. subradiatus*
(d'Orb.), *Amm. Martinsi* (d'Orb.), *Natica Bajocensis* (d'Orb.),
Trochus duplicatus (Sow.), *Pleurotomaria mutabilis* (Desl.), *Trigonia
costata* (Park.), *Pinna ampla* (Sow.), *Lima proboscidea* (Sow.), *Lima
gibbosa* (Sow.), *Pecten articulatus* (Goldf.), *Pecten silenus* (d'Orb.),
Hinnites tuberculosus (Goldf.), *Plicatula Bajocensis* (d'Orb.), *Plic.
nidulus* (Desl.), *Spondylus oolithicus* (Desl.), *Ostrea sulcifera*
(Morris).

Terebratula carinata (Lamk.), *Ter. Walttoni* (Dav.), *Ter. Morieri*
(Dav.), *Ter. hybrida* (E. Desl.), *Ter. Bessina* (E. Desl.), *Ter.
Phillipsi* (Dav.), *Ter. globata* (Sow.), *Ter. sphæroidalis* (Sow.),
Rhynchonella plicatella (Sow.).

Cidaris Sæmanni (Cott.), *Rhabdocidaris copeoides* (Desor.), baguettes et test, *Rhabdocidaris maximus* (Desor.), *Pseudodiadema
depressum* (Desor.). *Holectypus hemisphæricus* (Desor.), *Holec.
subdepressus* (d'Orb.), *Collyrites ovalis* (Desm.), *Coll. ringens*
(Desm.) (1); débris de tiges et de bras de *Pentacrinites* indéterminables.

Stomatopora Bajocensis (d'Orb.), *St. dichotomoides* (d'Orb.), *Pro-*

(1) Peu confiant dans mes lumières sur les *Oursins*, j'ai prié M. Cotteau de vouloir bien les déterminer
cette liste offre donc toute garantie de certitude.

bscina elegantula (d'Orb.), Prob. complanata (d'Orb.), Berenicea subflabellum (d'Orb.), Diastopora Wrighti (J. Haime), D. scobinula? (Mich.), Spiropora Bessina (J. Haime), Heteropora Lorieri (d'Orb.), Chrysaora Normaniana (d'Orb.).

Discocyathus Eudesi (Ed. et Haime), Turbinolia Magnevilliana (Mich.), Axosmilia extinctorium (Edw. et Haime), Montlivaltia orbitolites (Mich.), Ceriopora Lorieri (d'Orb.), Scyphia costata (Mich.), Eudea attenuata (d'Orb.), Hippalimus latecostatus (d'Orb.), Cupulospongia compressa (d'Orb.), Amorphospongia gracilis (d'Orb.).

La plupart de ces fossiles ont été recueillis dans la falaise des Hachettes, entre Port-en-Bessin et St⁾-Honorine-des-Perthes. La roche y est formée d'un calcaire blanc grenu, plus ou moins spongieux, avec oolithes marneuses, dont l'aspect rappelle celui de la grande oolithe. Toute cette série de Bryozoaires, de Polypiers, d'Échinides et de Brachiopodes paraissent y être morts sur place, et sous ce rapport, on peut comparer la falaise de S⁾-Honorine-des-Perthes à celle de St-Aubin de Langrune, où les mêmes conditions amènent, dans un étage différent, la même composition minéralogique et une faune d'apparence semblable, quoique d'espèces réellement différentes. Quelques-unes cependant sont identiques; ainsi, le *Spondylus oolithicus* se trouve également à St-Aubin de Langrune et à Ranville, la *Terebratula hybrida* dans l'oolithe miliaire des environs de Caen. Citons encore la *Terebratula Morieri*, parallèle de la *Ter. coarctata*, la *Ter. Bessina*, parallèle de la *Ter. flabellum*. La même observation se rapporte aux Échinides et aux Polypiers, et chose remarquable, l'oolithe blanche est séparée de la grande oolithe par toute la masse du fuller's-earth, où les fossiles ont beaucoup moins d'analogie avec ceux de la grande oolithe.

Nous avons déjà dit que l'oolithe blanche succédait à l'oolithe ferrugineuse d'une manière presque insensible et sans ligne de démarcation; en effet, bien que la composition minéralogique de ces deux assises soit très-différente et même contrastante, on peut s'assurer que les premières couches de l'oolithe blanche renferment également quelques oolithes ferrugineuses; c'est le niveau où l'on rencontre surtout les *Terebratula sphæroidalis*. Tout le reste de la masse y est formé d'une seule assise, et les mêmes fossiles se rencontrent dans toute la série.

À Bayeux même, l'oolithe blanche offre absolument les mêmes caractères qu'à la falaise des Hachettes : seulement les fossiles y paraissent beaucoup plus rares, ils y sont toutefois assez abondants ; mais la gangue les empâte tellement et se confond si bien avec les coquilles, qu'on ne peut que très-difficilement les apercevoir, tandis que dans la falaise des Hachettes, la roche, exposée aux influences atmosphériques et lavée par des eaux chargées de sel marin, finit par se désagréger peu à peu, et on voit alors, avec la plus grande facilité, saillir de la roche même les plus petits fossiles. Mais cet avantage est compensé par un inconvénient assez grave : il est fort difficile de conserver le test de ces fossiles, qui se détruisent très-facilement par efflorescence ; il faut donc les faire bouillir dans l'eau douce, et souvent plusieurs fois, pour ne pas les voir se décomposer entièrement.

La limite entre l'oolithe blanche et le fuller's-earth est assez bien accusée dans les environs de Bayeux où la composition minéralogique change subitement. La première assise du fuller's-earth est, en effet, un calcaire bleu-noirâtre, compacte, surmonté d'une assise énorme d'argiles et de calcaires marneux d'un gris très-foncé. Ce contraste est tellement grand, qu'à une lieue en mer, on distingue encore très-nettement la ligne de démarcation entre les deux étages.

Il n'en est plus de même dans l'arrondissement de Caen : le fuller's-earth y change d'aspect ; il y est composé d'un calcaire blanc presque de même nature que l'oolithe blanche, et malheureusement les fossiles sont, dans cette région, beaucoup plus rares que dans la falaise de Port-en-Bessin. Toutefois, on y reconnaît encore la différence même minéralogique des deux étages ; car le calcaire de Caen, comme s'il ne devait pas perdre entièrement son caractère de fuller's-earth (*terre à foulon*), montre à sa base deux ou trois petites couches de marnes bleuâtres, alternant avec de minces couches calcaires. Cette partie inférieure est appelée *banc bleu* par les ouvriers, et il est très-utile de reconnaître sa présence ; car les couches supérieure et inférieure à ce banc ne renferment, ni l'une ni l'autre, de fossiles qui pourraient éclairer sur la nature des deux roches.

Si maintenant nous examinons attentivement la ligne de jonction des deux étages dans la falaise de Ste-Honorine, nous voyons que la surface su-

périeure de l'oolithe blanche y est durcie et usée, couverte d'huîtres, de
thécidées , de serpules ; il y a donc entre les deux étages une ligne
d'usure, en un mot une discordance ; mais nous devons dire aussi qu'elle
est beaucoup moins prononcée que celles que nous avons déjà étudiées
dans d'autres étages ; et, d'ailleurs, malgré toute l'attention que j'ai mise
à l'observer dans les environs de Caen, je n'ai pu y voir de traces d'usure
à la partie supérieure du terrain qui nous occupe. Le fuller's-earth semble
donc, en ce point, succéder normalement à l'oolithe blanche et sans
ligne de démarcation entre les deux étages.

Pour terminer ce qui a trait à l'oolithe inférieure de la Normandie ,
nous devons dire un mot de cet étage dans les environs de Falaise et le
nord du département de l'Orne.

OOLITHE INFÉRIEURE DES ENVIRONS DE FALAISE ET D'ARGENTAN.

§ 45. — Nous avons déjà dit qu'on retrouvait l'oolithe inférieure dans
les environs de Falaise, tout autour du récif de Montabard. Cet étage est
tout-à-fait rudimentaire dans cet arrondissement ; il y est représenté par
une simple petite couche de $0^m,50$ environ d'un calcaire blanc, un peu
gréseux , tout pétri de coquilles ayant perdu leur test, et surtout d'une
grande quantité de *Pecten silenus* qui forme quelquefois une ligne spéciale à la partie supérieure. La présence des *Ammonites Humphriesianus,
Parkinsoni, Niortensis ;* de l'*Ancyloceras annulatus,* des *Tereb. sphæroidalis* et *Phillipsii,* ne peut laisser aucun doute à ce sujet, et, malgré la
différence dans l'état minéralogique, elle représente de toute évidence
l'oolithe inférieure. Mais doit-on y voir un représentant de toute la série
de Bayeux, qui serait alors très-réduite, ou simplement une faible partie
de ces couches ? Il est fort difficile de juger cette question ; toutefois, je
pencherais vers la première opinion. En effet, si on suit la ligne du chemin
de fer entre Fresnay-la-Mère et Montabard, on ne tarde pas à voir une
magnifique tranchée, celle de Vignats, qui reproduit, sur près d'un demi-
kilomètre, la coupe si intéressante de Fresnay-la-Mère. L'oolithe inférieure
y offre une quantité énorme de fossiles, et presque tous ceux de Bayeux ;
par conséquent, si l'on devait voir dans cette couche une partie seulement
de notre oolithe inférieure , cette couche de calcaire sableux , malgré la

différence dans la composition minéralogique, représenterait plutôt l'oolithe ferrugineuse. Elle y repose d'ailleurs sur une mince couche, formée également de calcaire gréseux à *Ter. Brebissoni*, que nous avons déjà dit représenter l'assise à *Ammonites Murchisonæ*: par conséquent, il n'y aurait ici que l'hiatus qu'on remarque partout entre ces deux couches, c'est-à-dire une forte usure de la roche inférieure qui se montre aussi bien à Fresnay-la-Mère qu'à Bayeux.

D'un autre côté, si nous examinons la partie supérieure de cette oolithe inférieure à *Ammonites Parkinsoni* et *Humphresianus*, nous voyons qu'elle est bien décidément usée et perforée par les lithophages ; il y a donc interruption, en ce point, entre l'oolithe inférieure et le fuller's-earth. Tous ces motifs nous engageaient donc à supposer que nous n'avons ici que les couches ferrugineuses de Bayeux et peut-être une partie de l'oolithe blanche.

Dans le département de l'Orne, auprès d'Argentan, l'oolithe inférieure est masquée par un énorme développement du fuller's-earth et surtout de la grande oolithe. Le premier dépasse même les limites de l'oolithe inférieure et vient recouvrir directement, en beaucoup de points, le lias à bélemnites. Toutefois, on peut encore apercevoir quelques lambeaux d'oolithe inférieure, par exemple à Joué-du-Plain, dans les environs d'Écouché. Cette oolithe inférieure ne repose plus sur les couches à *Ammonites Murchisonæ*, et elle y est encore plus réduite peut-être qu'à Fresnay-la-Mère. Dans les environs d'Alençon et dans la Sarthe, l'oolithe inférieure prend de nouveau une grande extension et se présente, mais bien plus puissante, avec l'aspect que nous lui avons vu à la tranchée de Vignats. On peut donc suivre avec assez de facilité, depuis Caen jusqu'à Falaise, le changement minéralogique des couches et par conséquent arriver, par leur intermédiaire, à un parallélisme rigoureux avec les couches du département de la Sarthe. Mais ce n'est pas ici notre objet, puisque nous avons pris Séez pour limite méridionale des régions que nous avons à considérer.

§ 46. *Résumé sur l'oolithe inférieure.* — L'oolithe inférieure est celui de nos étages qui a le plus attiré l'attention des étrangers, à cause des magnifiques fossiles que la partie ferrugineuse renferme. Tout ce qu'en ont dit MM. Hérault, de Caumont, Dufrénoy, Élie de Beaumont d'Archiac, etc., est parfaitement conforme à nos propres observations, et nous n'avons rien à y ajouter; toutefois, nous devons prémunir les étrangers contre une erreur qui a pendant long-temps paru prévaloir, c'est-à-dire que notre oolithe inférieure était entièrement ferrugineuse : MM. Triger et Hébert ont déjà fait justice de cette prétention (1). Nous répéterons donc que cette oolithe ferrugineuse n'est qu'un accident, et que le dépôt normal est l'oolithe blanche, beaucoup moins connue, et qui pourtant est aussi intéressante à exploiter par les paléontologistes, à cause de la grande quantité d'échinides et de spongiaires qu'elle renferme.

M. d'Orbigny, en prenant notre série comme type de son étage Bajocien, lui a donné une importance plus grande encore et qui ne cesse, à notre grand plaisir, de lui attirer de nombreux visiteurs; mais le savant paléontologiste y a réuni les marnes de Port-en-Bessin, c'est-à-dire le fuller's-earth, que nous considérons comme un étage distinct. D'un autre côté, M. d'Orbigny s'est mépris en considérant le calcaire de Caen comme faisant partie de son étage Bathonien. Pour être conséquent avec lui-même, il aurait dû comprendre aussi dans le Bajocien ce dernier calcaire qui n'est qu'une modification latérale du calcaire marneux, le représentant du fuller's-earth, avec une composition minéralogique insolite (2).

Cet étage a également été, au point de vue paléontologique, l'objet d'un grand nombre de travaux : aussi ses fossiles, qu'on trouve dans toutes les collections, sont-ils beaucoup mieux connus que ceux des autres étages de la Normandie.

En résumé, nous pouvons dire que le dépôt de l'oolithe inférieure correspond, dans nos départements, à une période où les eaux étaient relativement assez profondes : aussi les couches qui le composent sont-elles d'une constance remarquable et n'offrent plus ces alternances d'étendue

---

(1) Voir *Bulletin de la Société géologique de France*, t. XII, 2ᵉ série, la note de M. Triger sur l'oolithe inférieure de la Sarthe, comparée à celle de la Normandie, et les observations de M. Hébert sur le même sujet.

(2) On sait pourtant que ce n'était pas pour M. d'Orbigny une raison capable d'influencer son jugement, puisqu'il se complaît, dans tout le cours de son ouvrage, à montrer combien la composition minéralogique d'un étage change et souvent à des distances très-faibles.

et de rétrécissement, et ces différences marquées de faunes successives que nous avons vues dans l'étage précédent.

La séparation des étages des marnes infrà-oolithiques et de l'oolithe inférieure est bien établie par un retrait des eaux, qui, lors de leur retour, sont fortement chargées de fer et donnent lieu à ce dépôt facile à reconnaître, et si bien connu par ses magnifiques fossiles, en un mot à l'oolithe ferrugineuse.

Peu à peu, les matières ferrugineuses deviennent moins abondantes, les eaux plus vaseuses, et les oolithes sont, ou tout-à-fait absentes ou formées par une marne grisâtre. La mer s'approfondit de plus en plus, et nous voyons paraître ces couches, si remarquables par leurs Spongiaires, leurs Brachiopodes et leurs Oursins, que nous considérons comme le dépôt normal de cet étage, c'est-à-dire l'oolithe blanche.

Le tout est surmonté par les puissantes assises du *fuller's-earth*, soit marneuses, soit calcaires, qui semblent succéder normalement à cet étage, sans laisser trace, en Normandie du moins, de discordance bien manifeste.

IV. Du Fuller's-earth.

(Couche R du grand diagramme).

SYNON. Calcaire de Caen et calcaire marneux des géologues normands, synchronisés par M. de Caumont (*Mémoires sur la Norm. occidentale et Topog. géogn.*), séparés par M. Hérault (*Tableau des terrains du Calvados*), et par MM. Dufrénoy et Élie de Beaumont (*Explicat. de la Carte géolog.*), partie inférieure de la grande oolithe (Blavier, *Études géologiques sur le département de l'Orne*). — Fuller's-earth (calcaire marneux) et grande oolithe, part. infér. (calcaire de Caen) (d'Archiac, *Progrès de la géologie*); — partie de l'étage Bajocien ou partie de l'étage Bathonien (d'Orb), suivant sa composition minéralogique.—Fuller's-earth (Eug. Desl.) (*Description des couches du système oolith. inf. du Calvados*).

Puissance totale : 30 à 35 mètres.

§ 46. *Distribution géographique.* — Le *fuller's-earth* ne se voit plus dans le département de la Manche, mais ce dépôt offre une grande puissance dans les départements du Calvados et de l'Orne. Il suit partout, en Normandie, l'oolithe inférieure sur laquelle il repose constamment et dont il ne dépasse les limites que dans les environs d'Argentan. Il est alors en relation, tantôt avec le lias à Bélemnites, tantôt directement adossé aux anciens terrains. On peut l'observer tout le long de la falaise étendue depuis Grandcamp jusqu'à Arromanches, et sur le flanc des vallées du Bessin, où il donne lieu à de nombreuses nappes d'eau. Dans les environs de Caen, on le voit au jour dans un grand nombre de points, et on peut facilement l'étudier dans les exploitations ouvertes auprès de Caen, à Allemagne, à la Maladrerie, à Quilly, aux Ocreis, etc...

§ 47. *Relations géologiques et stratigraphiques.* — Le dépôt du *fuller's-earth* paraît s'être fait en Normandie, dans une mer largement ouverte et probablement profonde où les Céphalopodes cloisonnés ont acquis une taille énorme, mais où les espèces et les individus étaient très-peu nombreux ; il contraste donc, sous ce rapport, avec l'étage précédent dont la faune est très-riche et annonçait des eaux plus basses où les mollusques ont pullulé d'une manière étonnante. Ces mers étaient peuplées de gigantesques reptiles qui, dans certains points, ont dû être en nombre immense, comme le prouvent les nombreux restes de Sauriens découverts dans les environs de Caen, gisements sur lesquels nous aurons à revenir dans notre deuxième partie, en traitant des stations paléontologiques remarquables.

Suivant qu'on étudie cet étage dans un point ou dans un autre du département du Calvados, il se présente avec une composition minéralogique différente. Ainsi, à Ste-Honorine-des-Perthes et dans toute la série de falaises étendues depuis Grandcamp jusqu'à Arromanches, il forme une puissante masse argilo-marneuse, bleuâtre, avec des couches subordonnées de calcaire marneux jaunâtre, bleuâtre ou même presque noir. C'est alors le calcaire marneux qui, avec une puissance de 35 mètres environ, forme dans la falaise (Voir la coupe, Pl. 1), une longue bande se détachant en gris-noirâtre, sur le blanc des deux autres assises qui le comprennent, c'est-à-dire, d'une part, de l'oolithe blanche ; de l'autre, de la partie inférieure de la grande oolithe. Cette distinction est tellement frappante qu'à plus d'une lieue en mer les trois teintes superposées se voient avec la plus grande facilité.

Au contraire, si on l'examine dans les environs de Caen, de Falaise ou d'Argentan, on voit que l'oolithe inférieure y est surmontée d'une assise très-homogène de gros bancs calcaires blancs qui fournissent la belle pierre de taille si connue sous le nom de *pierre de Caen*. La distinction entre l'oolithe inférieure et le fuller's-earth, formés également tous les deux d'un calcaire blanc, un peu marneux et à peu près sans fossiles, y offre même une certaine difficulté, ainsi que nous l'avons déjà vu précédemment.

Cette difficulté est moins grande dans les arrondissements de Falaise et d'Argentan. L'oolithe inférieure y est représentée par un calcaire un peu sableux, avec une quantité énorme de fossiles, et la partie supérieure montre un horizon assez constant, c'est-à-dire une petite couche toute pétrie de valves du *Pecten silenus*, petite espèce entièrement lisse et facile à reconnaître. Au-dessus commence le fuller's-earth sous forme d'un calcaire beaucoup moins gréseux quelquefois très-tendre et semblable à de la craie un peu dure, avec un grand nombre de *Rhynchonella spinosa*, ayant conservé plus ou moins la couleur rouge-vermillon vif, qu'elles avaient pendant la vie. Ici donc la distinction est facile à faire, grâce aux fossiles et à une discordance d'usure de la roche de contact, bien marquée surtout dans la carrière de la gare, à Fresnay-la-Mère.

Quoi qu'il en soit, il reste bien établi :

Que, dans les environs de Bayeux, l'oolithe blanche est surmontée d'une trentaine de mètres d'argile ou de marnes noirâtres, distinguées par les géologues normands sous le nom de CALCAIRES MARNEUX DE PORT-EN-BESSIN, et que ce calcaire marneux est lui-même recouvert par d'autres calcaires blancs très-durs, avec silex (1)

---

(1) Comme le calcaire de Caen renferme généralement des silex à sa partie supérieure, tandis que l'oolithe miliaire des arrondissements de Caen et de Falaise en est dépourvue, on a voulu arguer de ce fait pour dire que les calcaires de la falaise de Ste-Honorine représentent le calcaire de Caen; mais les caractères les plus positifs de la stratigraphie montrent le contraire, ainsi que nous aurons occasion de le prouver dans le chapitre suivant, en traitant de la grande oolithe. D'ailleurs, la partie inférieure de notre grande oolithe change beaucoup d'aspect, suivant les points considérés; et en parcourant même l'arrondissement de Caen, on trouve souvent des parties de l'oolithe miliaire qui renferment aussi des silex blanchâtres, grisâtres, ou même tirant un peu sur le noir, exactement comme ceux de la falaise de Ste-Honorine-des-Perthes.

formant la partie inférieure de la grande oolithe ou oolithe miliaire.

Dans les environs de Caen , l'oolithe blanche est surmontée d'une
trentaine de mètres, également d'un calcaire en gros bancs blancs nommés par les Normands CALCAIRE DE CAEN, et qui est lui-même recouvert
par des calcaires blancs plus ou moins grossiers (pierre à bâtir de Ranville) , qui forment la partie inférieure de la grande oolithe ou oolithe
miliaire.

Enfin, dans les environs de Falaise , l'oolithe inférieure est surmontée
d'un calcaire blanc qui atteint 10 mètres environ de puissance , et qui
est lui-même recouvert par des calcaires blancs, avec un grand nombre
d'oolithes calcaires (oolithe miliaire bien caractérisée) ou de sable incohérent, uniquement formé d'oolithes semblables à une foule de grains de
millet, c'est-à-dire encore la partie inférieure de la grande oolithe proprement dite.

Ainsi, que cet étage qui surmonte notre oolithe inférieure soit
marneux ou calcaire , il n'en est pas moins constamment compris entre
des couches identiques; et ce qu'il est surtout important de noter,
constamment recouvert par l'oolithe miliaire. Ces relations stratigraphiques sont donc le mieux établies et conviennent, en tout point, à
l'étage auquel on a donné le nom de fuller's-earth.

Nous ne comprenons donc pas comment beaucoup de géologues se
sont mépris sur l'âge véritable du calcaire de Caen et ont voulu en
faire une partie de la grande oolithe, tandis que le nom de fuller's-earth
aurait été réservé au calcaire marneux de Port-en-Bessin. Et d'ailleurs,
comment expliquerait-on que 30 ou 40 mètres d'un étage , développés
d'une manière aussi normale que le calcaire marneux , disparussent
subitement sans laisser aucune trace , tandis que, du côté de Caen,
la grande oolithe s'augmenterait subitement aussi d'une trentaine de
mètres de puissance de plus qu'elle n'en a dans les environs de
Bayeux ?

Il est facile de se convaincre directement de cette vérité , que
le calcaire de Caen et le calcaire marneux sont une seule et même chose.
On n'a qu'à suivre leurs couches depuis Bayeux jusqu'à Caen, et on voit
que peu à peu, en s'éloignant de Bayeux, le fuller's-earth change de na-

ture: c'est encore une alternance d'argiles et de bancs calcaires; mais ceux-ci deviennent de plus en plus épais, tandis que les argiles diminuent, en même temps que toute la masse devient grise, puis blanchâtre. Vers Ste-Croix, les argiles sont moins épaisses que les calcaires, et en se rapprochant de Caen, la masse entière est formée de pierre de taille, l'argile a tout-à-fait disparu. Il ne peut donc exister sur ce point aucune espèce d'incertitude, et nous pouvons affirmer que le calcaire de Caen et le calcaire marneux sont une seule et même chose: du fuller's-earth.

CALCAIRE MARNEUX DE PORT-EN-BESSIN
(Couche R du grand diagramme).

§ 48. — Le calcaire marneux, représentant du fuller's-earth dans l'arrondissement de Bayeux, offre une puissance considérable, de 30 à 35 mètres (1). Je ne puis mieux faire que de citer textuellement les lignes suivantes, extraites de la *Topographie géognostique du Calvados*. M. de Caumont, qui a parfaitement étudié cet étage, lui a également assigné sa position précise et a démontré qu'il était synchronique du calcaire de Caen. Voici ce que dit, à ce sujet, notre savant géologue normand.

« Le calcaire marneux supérieur à l'oolithe blanche consiste en cou-
« ches alternatives de marne, d'argile et de calcaires qui passent de
« l'une à l'autre. Les couches d'argile ou de marne sont, en général,
« les plus épaisses, tantôt bleues, tantôt grises ou jaunes, tantôt très-
« tendres, quelquefois schisteuses ou présentant une cassure con-
« choïde ; leur couleur et leur consistance sont également variables ; le
« contact de l'air, à la longue, les durcit et les décolore. Les couches
« calcaires présentent les mêmes variétés que la marne qui les renferme :
« elles sont tendres ou dures, le plus souvent bleues et grises. Elles ren-

(1) M. de Caumont, dans son excellent Mémoire sur la géologie de l'arrondissement de Bayeux, 1er vol. des *Mémoires de la Soc. Linn. de Normandie*, p. 489, lui attribue plus de 50 mètres d'épaisseur. Je ne l'ai jamais vu atteindre cette puissance. Bien qu'en réalité il soit fort épais, par exemple entre Arromanches et Port-en-Bessin, il y acquiert tout au plus 40 mètres d'épaisseur. Du reste, il se pourrait que ce chiffre, qui me semble exagéré, fût le résultat d'une faute d'impression.

« ferment des oolithes dans plusieurs localités. Dans d'autres, elles se
« rapprochent beaucoup du calcaire à gryphées arquées. En général,
« les lits calcaires sont plus fréquents aux deux extrémités de la for-
« mation que dans le centre, qui est très-argileux (1) ; mais souvent cet
« ordre est interverti : tantôt on ne voit qu'un énorme banc de marne
« et presque aucune couche de pierre ; tantôt c'est le contraire. Enfin,
« ces deux substances semblent quelquefois se réunir pour former une
« masse homogène, plus ou moins dure et divisée par des fissures qui se
« prolongent avec une grande régularité. Dans d'autres lieux, la for-
« mation est de deux couleurs : jaunâtre à la partie supérieure ; bleue
« ou grise à la partie inférieure ; quelquefois alors un lit calcaire un peu
« plus considérable que les autres sert de ligne de démarcation entre
« les deux nuances. »

L'auteur ajoute dans sa *Topographie géognostique*, p. 220: « Les mêmes
« couches qui, dans les arrondissements de Caen et de Falaise, four-
« nissent ces belles pierres de taille que nous appelons calcaire de Caen,
« se transforment en calcaire marneux et en marne bleue, entre la Seulles
« et la Vire, au nord-ouest du département et constituent l'argile de
« Port-en-Bessin. »

On peut très-bien étudier le calcaire marneux dans la haute falaise
étendue depuis Grandcamp jusqu'à Arromanches, où il présente son
plus beau développement ; il y offre à la base une première couche de
calcaire-bleuâtre, très-dur et très-compacte, renfermant une grande
quantité de fossiles. Au-dessus, on observe une série de couches calcaires
bleuâtres, séparées par des lits argileux peu épais, où se montrent les
mêmes fossiles, et, en outre, des débris de troncs d'arbres à l'état de
lignites atteignant quelquefois plusieurs mètres de long. Ces deux assises, dont la puissance peut être évaluée à 5 mètres, sont caractérisées
par les *Ammonites Parkinsoni*, *Humphriesianus*, *polymorphus*, *Zigzag*,
et surtout le *Belemnites Bessinus*, et d'énormes échantillons de la *Ter.*

(1) Cet état n'a rien qui doive nous surprendre. En effet, le centre de la formation se rapproche du
fond de la mer, où les dépôts ont dû s'effectuer d'une manière plus tranquille que sur les bords ; c'est aussi
sans doute à cette cause qu'il faut attribuer la grande rareté des fossiles dans les points où notre *fuller's-earth*
est le plus épais.

sphæroidalis (1). Enfin on y trouve, par places, des portions en forme de petites lentilles, de 1 ou 2 mètres de large, formant une sorte de lumachelle d'*Ostrea acuminata*, et quelquefois de *Rhynchonella varians*. Ces deux couches sont surmontées d'une masse argileuse, qui acquiert jusqu'à 25 mètres de puissance et renferme de minces couches calcaires presque sans fossiles.

Malgré sa puissance, le calcaire marneux est le moins fossilifère de tous les étages que nous avons étudiés jusqu'ici. Le mauvais état de conservation et le petit nombre des espèces ont peut-être trop fait négliger l'étude de ses fossiles ; il serait bon cependant de les rechercher avec plus d'attention, et nul doute qu'on n'arrivât ainsi à une liste d'espèces assez nombreuses.

Les limites inférieures et supérieures du calcaire marneux sont très-bien accusées, par suite de la différence de composition minéralogique. La limite inférieure est en outre marquée, ainsi que nous l'avons dit, par une ligne d'usure de l'oolithe blanche avec huîtres et thécidées adhérentes. Quant à la limite supérieure, comme les bancs d'en haut sont formés d'une argile très-peu solide, on conçoit que, s'il y a eu dénudation, les traces n'en soient plus visibles ; mais la succession subite de marnes à un calcaire blanc, dur et cristallisé, annonce surabondamment que l'oolithe miliaire commence ici un ordre de choses différent, puisque à une station vaseuse a succédé une station sableuse. C'est donc, mais en sens inverse, une discordance analogue à celle que nous avons signalée entre l'infra-lias et le lias inférieur.

---

(1) La *Terebratula sphæroidalis* se présente ici presque constamment avec une forme toute particulière, constituant une variété assez distincte. Très-grosse et très-renflée dans le jeune âge et semblable alors au type, elle s'amincit ensuite brusquement en grandissant et en formant vers son bord frontal une sorte de limbe aigu autour de la coquille. A ce limbe s'ajoutent quelquefois un lobe médian, ou deux plis peu accusés ; mais on y rencontre d'ailleurs d'autres échantillons, qui sont restés tout-à-fait semblables au type : ce ne peut donc être une espèce particulière.

CALCAIRE DE CAEN.

(Couche R¹⁰ du grand diagramme).

§ 49. — Le calcaire de Caen est le second état du fuller's-earth en Normandie. Il y occupe, dans les arrondissements de Caen, de Falaise et d'Argentan , exactement la position stratigraphique du calcaire marneux, dont il n'est qu'une modification minéralogique.

Il est formé d'une succession de calcaires très-purs qui ressemblent beaucoup d'aspect au calcaire grossier des environs de Paris, et présente toutes les modifications qu'on peut observer dans ce dernier.

Tachant comme la craie et très-tendre au sortir des carrières, il durcit beaucoup par l'exposition à l'air et forme une magnifique pierre de taille fort employée dans les constructions du département du Calvados. On en exporte aussi pour l'étranger, et il a été employé en Angleterre pour la construction d'un grand nombre d'édifices, entr'autres l'abbaye de la Bataille, la Tour de Londres et la cathédrale de Cantorbéry (1).

Quelques autres de ces bancs fournissent, à Quilly par exemple , une pierre très-blanche, d'un grain fin, et qu'on emploie pour faire des statues, des bas-reliefs, des colonnes et autres ornements.

Sa puissance, qui acquiert de 30 à 35 mètres, est assez uniforme ; ses assises ont de $0^m, 25$ à 1 mètre et plus d'épaisseur, ordinairement séparées par des lits de silex grisâtres, quelquefois blanchâtres ou noirs ; souvent ils se présentent sous forme de rognons plus ou moins allongés, cornés à leur centre, et dont l'extérieur est à l'état nectique.

Cette épaisse assise calcaire présente à sa base une couche d'argile bleue reposant directement sur l'oolithe blanche et donnant lieu à une nappe d'eau que viennent atteindre la plupart des puits ouverts à Caen dans les parties hautes de la ville, par exemple au faubourg Vaucelles, au château de Caen , au faubourg St-Julien et au Bourg-l'Abbé. Au-

---

(1) Il s'est passé, à ce sujet, un incident assez curieux. Comme on devait faire des réparations à cette église, on a allé chercher de la pierre à Caen ; mais, plus tard, on a tenté de la remplacer par une pierre semblable, nécessitant des frais moins considérables de transport ; on a fini par trouver une pierre remplissant toutes les conditions voulues et si semblable au calcaire de Caen, qu'on n'a pu y voir aucune espèce de différence. Ce calcaire provient également du *fuller's-earth*, qui même en Angleterre devient aussi parfois entièrement calcaire. Autant que je puis rappeler mes souvenirs à ce sujet, ces matériaux proviennent des environs de Bath.   16

dessus paraît une couche de calcaire marneux bleuâtre (le *banc bleu* des ouvriers); puis, au-dessus, plusieurs bancs calcaires qui se continuent sur une épaisseur de 15 à 20 mètres. L'un de ces bancs est fort remarquable par ses fossiles; nous aurons à y revenir dans notre deuxième partie. C'est le *gros banc* des ouvriers, d'une épaisseur de 1 mètre environ, où l'on trouve ces beaux débris de Sauriens, les plus remarquables, sans contredit, de tous nos fossiles de Normandie. Au-dessus et au-dessous du banc à Sauriens, existe une série de couches entièrement semblables aux premières, et, vers la partie supérieure, une zone fossilifère où les coquilles, quoique mal conservées, sont assez reconnaissables. On trouve encore dans ces bancs de grandes Ammonites de près d'un mètre de diamètre, et qui me paraissent se rapporter à une variété gigantesque de l'*Ammonites Parkinsoni*, un grand *Nautile*, des moules de gros *Pleurotomaires*; enfin, à la partie supérieure, une couche peu épaisse, remarquable par la grande quantité de petites pinnes qu'elle renferme.

Ces carrières, comme presque toutes les autres de la plaine de Caen, sont exploitées par galeries souterraines et, par conséquent, on peut en avoir une coupe très-exacte en suivant la succession dans les foncements ouverts pour le service.

Pour donner une idée de cette formation, nous présentons ici la coupe des carrières de la Maladrerie, d'après une excellente note de M. Le Neuf de Neuville, insérée dans le Ier volume des *Mémoires de la Société Linnéenne de Normandie*.

La partie inférieure du calcaire de Caen n'est pas exploitée à la Maladrerie; mais, d'après les puits du voisinage qui viennent tous chercher la nappe d'eau dans le banc bleu, on sait qu'au-dessous du plancher des carrières il existe encore 20 mètres de calcaire, dont on peut du reste voir la succession dans les collines situées autour de la ville.

Le plancher est formé d'un banc très-dur de $0^m,80$, qui n'a pas reçu de nom particulier de la part des ouvriers.

Au-dessus on trouve :

1° Le *banc des airs*, ainsi nommé à cause de l'air très-froid et fétide que l'on sent sortir par des trous qui perforent le banc suivant;

2° Pierre d'une contexture serrée et fine, avec des nœuds extrêmement durs, variant de $0^m,86$ à $0^m,43$, et contenant les grandes *Ammo-*

nites Parkinsoni dont nous avons parlé, et que les ouvriers nomment *plards*; on y remarque, en outre, une grande quantité de trous de 8 à 13 centimètres de diamètre, par lesquels sortent les gaz fétides du banc précédent ;

3° Le *gros banc*, de 1 mètre d'épaisseur, formé de pierre tendre, employé à faire des corniches et divers ornements. On y trouve quelques silex courts et minces, dont la position est verticale. Dans la fissure de stratification avec le banc des airs et presque toujours au centre des grandes ammonites, on rencontre de petites masses de quartz hyalin très-pur, pénétrées de cavités prismatiques qui se sont établies sur des cristaux allongés de baryte sulfatée épointée (1) ; les cristaux ont disparu et ont laissé dans le quartz des vides qui parfois ont été occupés subséquemment par des cristaux de chaux carbonatée métastatique. Nous venons de dire que ce gros banc est aussi celui où l'on trouve ces magnifiques restes de sauriens téléosaures, qui forment un horizon très-remarquable et très-constant ;

4° Le *banc rouge*, ainsi nommé à cause de la nuance ocracée qu'il présente dans son lit inférieur. Il se délite à la gelée et offre des amas d'une matière grise, pulvérulente, qui paraît être due à du bois fossile décomposé que les ouvriers appellent *lames de sabre* ;

5° *Banc de chambrante* et *banc de 2 pieds* 1/4, formant ensemble 1^m,13. Ce dernier offre un grain fin et résiste à la gelée, pourvu qu'on l'emploie lorsque son eau de carrière est ressuyée. On y trouve une grande quantité de fossiles, mais mal conservés, surtout des *Gervillies* et des *Ammonites* à la partie supérieure ;

6° *Banc pinneux*, tout rempli de corps siliceux allongés, disposés perpendiculairement à la stratification, 0,81 ;

7° *Banc galeux*, 0,56, ainsi nommé parce qu'il renferme des corps allon-

(1) La forme de ces cristaux rappelle plutôt celle de la variété de strontiane sulfatée épointée que celle de la baryte du même nom ; guidés par cette ressemblance, les géologues et les minéralogistes, qui ont parlé du quartz hyalin du calcaire de Caen, ont attribué ces vides à des cristaux de strontiane disparus. Mon père, pour s'en assurer, a coulé, dans ces vides, du métal fusible de Darcet ; et, d'après la mesure des angles, il a reconnu que c'était de la baryte et non de la strontiane. Jamais on n'a trouvé de traces de cette dernière dans nos calcaires ou autres roches de nos pays, tandis que la baryte sulfatée s'y rencontre assez fréquemment. (Voir le Mémoire de mon père sur le *Pœkilopleuron Bucklandi*, Mém. de la Soc. Linn. de Normandie, t. VI, p. 57 et suivantes, pl. I, fig. 2, 3.)

gés, irréguliers, de nature siliceuse, nommés *chevilles* par les ouvriers ;

8° *Banc de bitte* composé d'une série d'assises formant ensemble 3ᵐ,80. Ce calcaire est dur et compacte ; on l'emploie comme moëllon dans les constructions ; il se subdivise en huit strates, faciles à distinguer par les fissures qui sont remplies de silex pyromaque ;

9° *Banc vert-blanc*, de 0,32, formé d'un calcaire dur en plaquettes, employé également comme moëllon ;

Le tout est surmonté par une couche de fragments calcaires, dont l'épaisseur moyenne est de 1ᵐ,05.

Cette succession montre quelle est la composition du calcaire de Caen : on voit combien elle diffère de celle des marnes de Port-en-Bessin, qui représentent cette assise dans l'arrondissement de Bayeux. Elle varie du reste d'un point à un autre, mais le gros banc à sauriens est d'une constance remarquable.

Outre le *Teleosaurus cadomensis*, dont les ossements se rencontrent le plus fréquemment, on y trouve encore de nombreux débris de quatre ou cinq autres téléosaures : le *T. megistorhynchus*, grande espèce dont le museau effilé mesure plus d'un mètre de longueur ; d'autres, au contraire, dont la tête raccourcie se rapproche de la forme de nos crocodiles actuels ; le *Poekilopleuron Bucklandi*, immense saurien à dents coniques à stries saillantes, à griffes énormes et recourbées, et qui atteignait une quinzaine de mètres de longueur ; des dents d'une grande espèce de *Megalosaurus*, de grands *Ichthyosaures* et *Plésiosaures*, des écailles de *Lepidotus* et des dents et rayons de nageoires (ichthyodorulites) d'un grand nombre de poissons cartilagineux : *Psammodus longidens*, *Pristacanthus securis*, *Leptacanthus longissimus*, *Hybodus* (diverses espèces), *Ischyodon Tessoni*, *Pycnodus Bucklandi*, etc., etc.

Ce calcaire se présente dans l'arrondissement de Falaise, avec des caractères semblables. On y trouve également, dans la même position, le gros banc avec les mêmes sauriens, moins nombreux cependant que dans les environs de Caen. A Falaise même, on peut l'observer à l'entrée de cette ville, sur la route de Caen : il y repose sur les argiles triasiques, et est remarquable par la grande quantité de *Rhynchonella* (*Hemithyris*) *spinosa* qu'il renferme ; le calcaire y est très-blanc, tachant, quelquefois un peu pulvérulent. Ces mêmes rhynchonelles se retrouvent d'ailleurs tout autour de la ville, à Guibray par exemple, où elles sont d'une abondance extraordinaire et d'une remarquable conservation ; presque toutes sont munies de leurs épines qui atteignent, dans quelques échantillons, jusqu'à 35 millimètres de longueur ; elles montrent, en outre, des traces plus ou moins vives de la belle couleur rouge-vermillon qui ornait pendant la vie ces élégantes coquilles. On y rencontre encore des *Gervillia Pernoides* bien conservées, la *Lucina Bellona*, quelques *Amm. linguiferus* et *polymorphus* et un petit nombre d'*Ostrea acuminata*.

Le grand nombre des Rhynchonelles épineuses (1) devient un très-bon caractère pour reconnaître ce niveau dans toute cette région. C'est ainsi qu'on peut facilement constater sa présence tout autour du récif de Montabard, où son épaisseur est généralement très-réduite, et dans un grand nombre de points de la partie nord-ouest de l'arrondissement d'Argentan, où ses caractères sont identiques.

De l'autre côté du récif de Montabard, il se retrouve sur une grande surface : on le voit même dépasser les limites de l'oolithe inférieure et reposer, tantôt sur le lias à bélemnites, comme à Fresnay-le-Buffard, à Habloville, au Bissei, tantôt comme à Bazoches sur les couches à *Amm. bifrons* des marnes infrà-oolithiques ; mais il est bientôt débordé lui-même par la grande oolithe, et à partir d'Argentan, il ne se montre guère que dans quelques rares vallées. A Séez, il a complètement disparu, et on voit l'oolithe miliaire, c'est-à-dire la partie inférieure de la grande oolithe, reposer directement sur les anciens terrains.

Nous avons déjà dit qu'il était difficile de reconnaître, autour de Caen, la limite exacte du *fuller's-earth* avec l'oolithe inférieure. A Fresnay-la-Mère, elle est bien accusée par une ligne d'usure et de mollusques perforants qui ont percé la couche inférieure de contact (Voir la coupe n° 14).

La limite supérieure du calcaire de Caen est beaucoup plus marquée : on peut l'observer dans toutes les buttes autour de la ville, où la superposition se voit d'une manière très-évidente, à Clopée, au sortir du faubourg Vaucelles, aux vaux de la Folie, au Moulin-au-Roi. On y

(1) La *Rhynchonella spinosa* se rencontre également dans l'oolithe inférieure (banc ferrugineux et oolithe blanche) ; mais elle y est toujours assez rare, tandis qu'au contraire, dans le *fuller's-earth* des environs de Falaise et d'Argentan, elles sont toujours très-nombreuses et dans beaucoup de points existent seules, à l'exclusion des autres fossiles.

voit l'oolithe miliaire, formée de calcaires sans fossiles (pierre de taille de Ranville), reposer sur le calcaire de Caen dont les couches les plus élevées, reconnaissables à leurs nombreux silex gris, sont durcies et fortement usées et perforées. Cette ligne de contact n'est pas toujours parfaitement horizontale : souvent elle offre des inégalités et comme des échelons, étagés dans des points sans doute où la roche plus dure a résisté davantage. Elle est d'ailleurs si prononcée que les ouvriers, qui pourtant ne sont pas géologues, tant s'en faut, ont remarqué cette ligne d'usure et lui ont donné un nom particulier : *banc de chien* (1).

Aux vaux de la Folie, les couches inférieures de la grande oolithe, ou oolithe miliaire, sont elles-mêmes percées et perforées : de sorte qu'on peut y observer deux niveaux d'usure dont le supérieur montre quelques fossiles, et dans les trous même on peut recueillir d'excellents échantillons des coquilles qui ont percé cette roche. Ces trous sont remplis par une gangue assez tendre, affectant la forme du trou, c'est-à-dire une sorte de poire qui, nettoyée avec attention, offre dans son intérieur la coquille elle-même. On peut y citer les *Lithodomus fabellus* (Desl.), *Lith. inclusus* (Desl.), enfin le *Lith. parasiticus* (Desl.), qui semble s'être emparé des trous d'une autre espèce après que celle-ci est morte, puisqu'on la trouve toujours dans l'intérieur de ses valves ; ce même trou renferme ainsi deux coquilles d'espèce différente.

§ 50. *Résumé sur le fuller's-earth.* — Les géologues qui se sont occupés de cet étage en Normandie ne sont pas d'accord sur son interprétation. Tous regardent, il est vrai, le calcaire marneux de Port-en-Bessin comme représentant le fuller's-earth ; mais, seuls, MM. de Caumont et Harlé considèrent le calcaire de Caen comme synchronique du calcaire marneux, faisant des deux roches deux simples facies d'un tout unique, le fuller's-earth.

L'opinion contraire a été soutenue par MM. Hérault, Dufrénoy et Élie

(1) Il existe dans les carrières de Ranville plusieurs niveaux de ces *chiens* ; mais les deux plus prononcés sont ceux qu'on voit à la base du calcaire de Ranville, à son contact avec le calcaire de Caen, et tout-à-fait à la partie supérieure de la grande oolithe en contact avec le Callovien. Les ouvriers ont donné ce nom de *chien*, par suite d'une expression familière usitée en Normandie : lorsqu'une chose est dure d'une manière désagréable, comme la viande, la pierre, etc., on dit qu'elle est *dure comme du chien*; de là le nom de *chien* appliqué par les ouvriers à un banc dont la dureté les gêne quelquefois dans les exploitations.

de Beaumont, d'Orbigny, et enfin par M. d'Archiac, dans ses *Progrès de la géologie.* Quant à M. Blavier, comme il n'admet que deux divisions, la grande oolithe et l'oolithe inférieure, il est évident qu'en regardant les couches à *Rhynchonella spinosa* comme formant la base de la grande oolithe, il entend par là placer notre calcaire de Caen dans la subdivision à laquelle on donne d'habitude le nom de fuller's-earth.

Pour mieux fixer les idées, nous donnerons une coupe théorique représentant le fuller's-earth dans ses rapports avec les autres étages. La partie à gauche représente ces roches dans l'arrondissement de Caen; à droite, dans l'arrondissement de Bayeux.

On y voit, que, jusqu'au n° 6 les couches à *Amm. bifrons* 1, à *Amm. primordialis* 2, à *Amm. Murchisonæ* 3, représentant les marnes infrà-oolithiques, l'oolithe ferrugineuse 4, et l'oolithe blanche 5, représentant l'oolithe inférieure, ont exactement la même composition dans les deux régions.

A partir du n° 6, les choses changent : aussi avons-nous disposé le fuller's-earth sur deux colonnes, afin de montrer que ce dépôt varie suivant la région considérée :

6′ indique le *banc bleu*, limite à la base du calcaire de Caen ;

7′ Le *gros banc*, ou niveau des Sauriens ;

8′ Les assises fossilifères supérieures à *Rhynchonella spinosa* ;

9′ La surface de contact et d'usure entre le calcaire de Caen et la grande oolithe.

A droite, nous voyons le calcaire marneux montrant :

6 Le calcaire fossilifère inférieur à *Amm. polymorphus, Terebratula sphæroidalis,* etc.

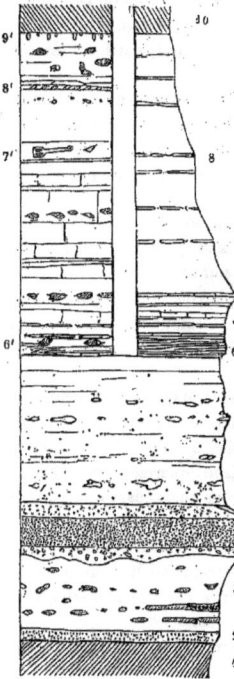

7 Partie où dominent les calcaires, niveau des lignites et de l'*Ostrea acuminata*;

8 Masse marneuse, avec quelques minces lits calcaires;

10 Grande oolithe (assise infér.).

Nous croyons avoir démontré, dans les lignes qui précèdent et par les faits les plus évidents, que le calcaire marneux et le calcaire de Caen sont une seule et même chose. Toutefois, comme l'opinion contraire a pour elle de grands noms scientifiques, nous croyons qu'il ne sera pas sans utilité de les résumer en quelques mots : ce qui, dans tout état de cause, précisera la question :

1° Le calcaire marneux et le calcaire de Caen occupent exactement le même niveau stratigraphique, c'est-à-dire reposent tous deux sur l'oolithe blanche, recouverts également tous deux par l'oolithe miliaire, c'est-à-dire par la partie inférieure de la grande oolithe proprement dite.

2° Ils ont tous deux la même puissance, de 30 à 35 mètres.

3° On trouve dans les deux les mêmes fossiles : *Ammonites polymorphus*, *Parkinsoni*, et surtout *Rhynchonella spinosa*.

4° Tous deux, pris en général, sont très-pauvres en fossiles, si on les compare aux autres étages jurassiques de la Normandie, sauf le banc à Sauriens; mais cette dernière station est accidentelle, et non un caractère qu'on puisse invoquer en géologie.

5° Il n'y a rien d'étonnant à ce que le même étage soit marneux dans le Bessin et calcaire dans les environs de Caen, puisque nous avons déjà vu que le même accident arrivait pour le lias à Bélemnites : marneux dans les environs de Bayeux, calcaire à Caen, quartzeux dans l'Orne. Vers Bayeux, les stations ont toujours été plus marneuses que dans les autres points de la Normandie.

6° Les deux calcaires (fait d'ailleurs reconnu et cité par M. de Caumont) se transforment peu à peu l'un en l'autre, si on les suit de Caen à Bayeux. A Ste-Croix, par exemple, on y voit le calcaire marneux formé de marnes et de calcaires alternatifs d'égale épaisseur.

7° On trouve dans les deux l'*Ostrea acuminata*, bien qu'en petit nombre.

Par ces motifs, nous croyons pouvoir, en toute sûreté, étendre une accolade entre le calcaire de Caen et le calcaire marneux de Port-en-Bessin : cette accolade sera le mot *fuller's-earth*.

Le dépôt du *fuller's-earth* a été effectué dans nos contrées par une mer relativement profonde. Cet étage a succédé à l'oolithe inférieure, sans amener de perturbations bien manifestes, sauf des érosions peu sensibles et un léger envahissement des eaux dans le département de l'Orne ; mais il y a de notables différences entre les faunes de ces deux périodes : l'une est très-riche, l'autre très-pauvre, et le *fuller's-earth* montre un certain nombre d'espèces qui lui sont propres. On peut dire que c'est une période de transition entre l'oolithe inférieure et la grande oolithe.

V. De la grande oolithe.

SYNON. Calcaire à Polypiers (de Magneville) (1). Hérault, *Tableau des terrains du Calvados*).—Grande oolithe et forest-marble (de Caumont, *Topog. géognost.*).—Calcaire à Polypiers (Dufrénoy et Elie de Beaumont, *Explic. de la Carte géol. de France*).—Grande oolithe et pierre blanche (Desl.)—(Étage Bathonien, plus le calcaire de Caen (d'Orb., *Paléontol. stratig.*). — Grande oolithe, *oolithe miliaire et couches de Ranville* (Eug. Desl.), Notes paléont., troisième article.— Partie supér. de la grande oolithe et calcaire à Polypiers (Blav.), *Études géol. sur le département de l'Orne.*

Puissance : 35 à 40 mètres.

§ 54. *Distribution géographique.*—La grande oolithe occupe, en Normandie, une large bande correspondant à la deuxième région naturelle de M. de Caumont, qu'on peut elle-même subdiviser en deux autres.

La première s'étend depuis l'embouchure des Veys jusqu'à la Seulles ; elle forme, dans l'arrondissement de Bayeux, une lisière étroite qui court tout le long du littoral de la mer et ne dépasse guère une lieue dans l'intérieur des terres. Dans toute cette partie du Bessin, la grande oolithe constitue la partie supérieure de toutes les collines, dont elle termine les sommités en plateaux plus ou moins étendus, tandis que le *fuller's-earth*, représenté par le calcaire marneux, en forme les flancs. Il résulte, de cette

(1) Premier mémoire sur un calcaire renfermant une grande quantité de polypiers (1er vol. des *Mémoires de la Société Linnéenne de Normandie*, p. 219).

disposition, que les eaux pluviales filtrent à travers la grande oolithe et s'arrêtent sur le calcaire marneux, où elles forment une nappe qui s'écoule constamment par les pentes et donne lieu à une multitude de sources minant continuellement les flancs des vallées. La grande oolithe, beaucoup plus dure, n'est pas ainsi dégradée par les eaux, et forme des parties plus ou moins abruptes, tandis que le calcaire marneux est en pente douce (1). Cette disposition des sédiments a entraîné la configuration d'un pays assez accidenté, formé de petites collines rapprochées, séparées par des vallées étroites par où les eaux s'écoulent vers la mer.

La deuxième région, beaucoup plus étendue que la première, constitue cette grande plaine tout unie, dont l'uniformité n'est interrompue que par quelques rares vallées, et à laquelle on a donné le nom de *plaine de Caen*. Le fuller's-earth qui supporte la grande oolithe étant calcaire comme cette dernière, il en résulte une assise de près de 80 mètres d'épaisseur, d'une grande homogénéité et qui ne donne lieu à aucune source importante : aussi cette plaine est-elle à peine ondulée par quelques petites éminences et forme-t-elle un immense plateau, divisé en deux parties par le cours de la rivière d'Orne. La première s'étend largement entre la Seulles et cette dernière; elle est à peu près bornée au sud-ouest par la route de Caen à Bayeux, qu'elle dépasse à peine d'un ou deux kilomètres vers le sud. La seconde partie s'étale également au sud de Caen, et forme une large zone qui se dirige nord-sud vers Falaise, bornée d'un côté par le cours de l'Orne, de l'autre par les collines du Pays-d'Auge, formées d'argiles oxfordiennes sous lesquelles on la voit plonger.

Interrompue un moment vers Falaise, par les petites vallées de l'Ante et de la Traine et par les sommités du grand récif de Montabard, la grande oolithe contourne et enveloppe de toutes parts ce récif; et de là, pénètre dans le département de l'Orne, où la grande plaine étendue jusqu'à Séez peut être considérée, quoique plus étroite, comme formant

---

(1) Cet aspect rappelle en petit ce qu'on voit en grand dans toutes les vallées de la Bourgogne, où le calcaire à entroques forme des escarpements qui se dressent subitement en corniches, au-dessus des pentes douces formées par les diverses couches des marnes infrà-oolithiques et du lias proprement dit.

la continuation de celle de Caen. De place en place, quelques petits
récifs siluriens, comme ceux de Villedieu-les-Bailleul, Chailloué, Macé,
etc., percent la plaine et rompent seuls la monotonie de cette contrée,
très-peu pittoresque il est vrai, mais en revanche très-fertile et propre
surtout à la culture des céréales.

Au-delà de Séez, la plaine s'étrangle de plus en plus et les argiles
oxfordiennes viennent rejoindre, à l'ouest, les anciens terrains vers le
point que nous avons pris pour limite de notre étude.

§ 52. *Relations géologiques et stratigraphiques.* — Le dépôt de la
grande oolithe forme le plus étendu, le plus puissant et le mieux caractérisé de nos étages jurassiques. Il suit à peu près les limites du
fuller's-earth, sur lequel il repose presque constamment, sauf en des
points fort restreints, où il est directement adossé aux anciens terrains.
Comblant complètement, sur une grande surface, la dépression qui
avait servi de lit aux étages que nous venons d'étudier, il les recouvre
d'une puissante masse de calcaires blancs homogènes, de 40 mètres
au moins d'épaisseur. On voit donc que, depuis la période des marnes
infrà-oolithiques, le bassin des mers a été toujours en s'approfondissant,
et que des sédiments d'une grande puissance sont venus remplacer ces
petites couches si minces, déposées dans des bassins mal déterminés,
et dont la plus petite oscillation du sol suffisait pour changer les
limites.

Au commencement de cette nouvelle période, la faune paraît être
très-pauvre : les premiers dépôts de la grande oolithe sont presque entièrement privés de corps organisés, au moins dans la partie nord-
ouest du golfe. Les fossiles ne deviennent un peu abondants qu'autour
de quelques récifs, ce sont principalement des Lamellibranches et des
Polypiers qui dominent ; mais plus tard, et lorsque les eaux sont devenues
moins profondes par suite de dépôts déjà formés, les animaux re-
commencent à pulluler, et la partie supérieure de la grande oolithe
se montre aussi riche en fossiles que l'inférieure était pauvre. Les
Lamellibranches, les Brachiopodes, les Échinodermes et surtout les
Spongiaires et les Bryozoaires y sont en nombre prodigieux. C'est alors
que se sont produites les couches de Ranville et de Langrune, si

connues des paléontologistes. Quant aux Céphalopodes, ils y sont d'une grande rareté, et dans certaines couches on en chercherait vainement des traces. Ce sont quelques Ammonites, quelques Nautiles ; mais les Bélemnites ont complètement disparu. Le caractère de la faune est donc tout-à-fait différent de celui du fuller's-earth et surtout de l'oolithe inférieure, où nous avons vu, au contraire, dominer les Céphalopodes qui, dans le premier de ces étages, parvenaient à une taille colossale.

Dans le cours de cette longue période, il y a eu plusieurs fois sur les roches déjà sédimentées de légères érosions, qui se sont traduites par des surfaces d'usure et de perforations de la roche par les lithophages. C'est à cette cause qu'on doit la production de plusieurs lignes de *chiens* (1), comme disent nos carriers, avec une faune identique

(1) Mon père s'est beaucoup préoccupé de ce fait important et s'est assuré qu'on devait distinguer des surfaces usées, produites par des faits locaux et de peu de durée, et d'autres au contraire qui, par leur grand développement et leur généralité, servaient de limites à deux faunes successives. Je crois donc utile de rappeler ici ce que dit mon père en 1838, p. 221 du VIe volume des *Mémoires de la Société Linnéenne de Normandie*, dans des considérations générales précédant son mémoire sur les coquilles perforantes :

« Dans certaines circonstances, il arriva que : 1° les dépôts cessèrent d'avoir lieu ; 2° ceux qui exis-
« taient se durcirent en consistance de roche ; 3° que les eaux balayèrent leur surface au moyen des corps
« durs qu'elles roulaient ; 4° que des coquilles perforantes s'y établirent, en même temps que des huîtres
« plates s'y développèrent et y vécurent pendant un certain temps ; enfin que de nouveaux dépôts abon-
« dants vinrent tout à coup recouvrir ces surfaces dénudées, sans qu'il fût survenu de changement no-
« table dans la nature des êtres dont se composent ces nouveaux débris. Il est à remarquer, en effet, que
« ces roches, déjà fort dures sans doute quand elles furent perforées, sont formées des mêmes détritus de
« polypiers et de coquilles qui se retrouvent au-dessus d'elles et qu'elles sont tout-à-fait les mêmes en
« dessus et en dessous. On voit des exemples de ce que je viens d'avancer à Lébisey, le long de l'Orne,
« à Bénouville et aux carrières de Ranville où le banc, couvert d'huîtres et percé par les lithophages, est
« appelé *chien* par les ouvriers. On le voit également sur la plage de St-Aubin de Langrune, au niveau
« de la mer actuelle, où chaque jour le flot et le jusant le couvrent et le découvrent ; il faut y regarder
« de près pour ne pas prendre pour des produits de la mer actuelle ces trous et ces huîtres, d'autant
« mieux qu'à une centaine de toises au large, on voit la *Saxicava rugosa* vivante percer la même roche,
« au risque de se loger dans les trous de ses congénères antédiluviens, et l'*Ostrea edulis* appliquée sur
« les huîtres fossiles.

« Le phénomène cité plus haut, d'une suppression de dépôt et de sa solidification, ou si l'on veut le
« *chien*, se présente de nouveau à un étage supérieur, et par conséquent d'une date postérieure, sur la der-
« nière assise du forest-marble, nommée pierre blanche (*couches de Langrune*). On peut l'observer dans
« la falaise de Lion, à la roche de Salienelles et ailleurs. »

Dans un autre mémoire, intitulé : *Remarques géologiques et paléontologiques sur un banc calcaire qui surmonte, dans quelques localités du département du Calvados, le calcaire à polypiers des géologues normands*, p. 239 du même volume, mon père revient sur ce sujet ; et, en parlant de la dernière couche

en dessus et en dessous ; toutefois, l'un de ces *chiens* est beaucoup plus constant que les autres : c'est celui qui sépare, à Ranville par exemple, la pierre à bâtir, dépourvue de fossiles, de l'assise dite *caillasse*, et qui contraste avec cette dernière par l'abondance des fossiles, surtout des *Terebratula digona* et *bicanaliculata* qu'elle renferme. Comme ces deux assises, séparées par cette surface perforée, sont toujours disparates entre elles minéralogiquement et zoologiquement ; que l'inférieure, quand elle est fossilifère (ce qui est rare), renferme uniquement des polypiers et jamais de bryozoaires, et que les autres fossiles sont tout différents de ceux qu'on trouve dans les couches supérieures, nous pensons qu'il y a lieu de placer là un trait de séparation, bien que toute la masse de la grande oolithe soit quelquefois si semblable à elle-même du haut en bas, qu'on éprouve une extrême difficulté à y faire des subdivisions. Nous aurons donc dans notre grande oolithe deux divisions :

1° La partie inférieure, ou oolithe miliaire ;

2° La partie supérieure, calcaire à polypiers des géologues normands, ou couches de Ranville.

Cette partie supérieure a été profondément dénudée avant le dépôt de l'oxford-clay. Aussi n'avons-nous pas en Normandie une dernière subdivision, qu'on rencontre d'ailleurs beaucoup plus rarement, nous voulons parler du cornbrash qui dans d'autres contrées, telles que le Boulonnais et l'est de la France, occupe la partie supérieure de la grande oolithe ; mais, en considérant bien attentivement le contact du callovien et de la grande oolithe dans diverses localités, particulièrement à Lion-sur-Mer, nous voyons, à la base de ces argiles calloviennes et immédiatement au-dessus de la surface dénudée, une série de fossiles presque tous percés par les vers, souvent usés et comme roulés. Ces fossiles, évidemment remaniés, proviennent du cornbrash le mieux caractérisé et se voient avec d'autres espèces appartenant, de toute évidence, au callovien. Par conséquent, si le cornbrash n'existe plus, il a dû

---

durcie et perforée par les lithophages, il dit au contraire qu'elle sépare deux assises bien différentes et s'exprime ainsi : « Tous les fossiles (suit la liste) qui se trouvent dans l'argile supérieure au *chien* diffèrent « de ceux de la pierre blanche, et l'assise elle-même est rapportée par M. de Caumont à l'argile de Dives « et les calcaires subordonnés au kelloway-rock des géologues anglais. »

exister autrefois et être balayé lors du dépôt des puissantes assises oxfordiennes : aussi est-il probable qu'à quelques lieues seulement en mer on
retrouverait la couche en place. Nous ajouterons donc à nos deux assises :

3° Ligne de fossiles du cornbrash à la base du callovien.

Nous ne connaissons pas de coupes bien nettes, où l'on puisse voir
à la fois la succession de ces trois divisions et leurs rapports avec le
fuller's-earth et le callovien ; mais on peut, avec la plus grande facilité,
étudier un grand nombre de points où un ou plusieurs de ces contacts
sont visibles. Quant à la discordance existant entre la grande oolithe
et le système oolithique moyen, elle est des plus profondes ; mais, comme
nous avons déjà traité ce sujet, nous renvoyons, pour ne pas faire double
emploi, à ce qui a déjà été dit page 6 de cette première partie.

GRANDE OOLITHE INFÉRIEURE OU OOLITHE MILIAIRE.

—

GREAT OOLITE DES ANGLAIS

(Couche 5 du grand diagramme).

§ 53. — L'oolithe miliaire forme constamment la partie inférieure
de la grande oolithe dans les départements du Calvados et de l'Orne.
Elle varie beaucoup de puissance et surtout de composition pétrographique, suivant qu'on la considère dans un point ou dans un autre.

Dans les falaises de l'arrondissement de Bayeux, elle se présente
généralement sous la forme d'un calcaire compacte, gris-blanchâtre,
très-dur, montrant de place en place des lignes sableuses d'oolithes
miliaires blanches. On y voit, en outre, une grande quantité de silex
formant même parfois de véritables couches qui alternent, en certains
points, depuis le haut jusqu'au bas de la série. Le nombre de ces bancs
de silex est quelquefois considérable : M. de Caumont en a compté
30 dans la falaise d'Englesqueville (*Topog. géogn.* , p. 200). Cette
assise y acquiert jusqu'à 25 et 30 mètres de puissance, sans qu'on
puisse trouver un seul fossile. Elle y succède au calcaire marneux et est
recouverte elle-même par les couches de Ranville, qui n'atteignent
guère que 8 à 10 mètres dans cette partie du département. Dans certains
points de ces mêmes falaises, l'oolithe miliaire devient plus ou moins

sableuse et montre même de minces lits marneux chargés d'oolithes blanches. En un mot, on peut dire que, sauf sa position à la base de la grande oolithe, le caractère dominant de la roche qui nous occupe est d'être essentiellement variable.

Cette variation dans les caractères minéralogiques est bien plus grande encore dans les autres régions. Ainsi, dans la partie nord de l'arrondissement de Caen, l'oolithe miliaire est quelquefois très-réduite, d'autres fois d'une puissance très-grande. Son aspect est tout différent de celui que nous lui avons vu dans les environs de Bayeux : elle est formée d'un calcaire gris-jaunâtre, en gros bancs très-durs, qu'on exploite dans un grand nombre de carrières (Ranville, Orival, Fontaine-Henry, Rocreux, etc., etc.). Ce calcaire est généralement formé d'une multitude de petites lamelles spathiques cimentées par un suc calcaire, et, malgré sa dureté, il présente des parties gélives qui le rendent impropre aux constructions soumises au contact de l'air ; mais, sous l'eau, il est presque indestructible et on l'emploie avec avantage pour les soubassements des édifices, les murs de quais, etc., etc.

Autour de Caen, l'oolithe miliaire change encore de nature : elle y est peu épaisse, et ses bancs ne forment plus une masse compacte, comme dans les carrières de Ranville ; mais, au contraire, offrent de place en place des intervalles sableux, sous forme d'oolithes miliaires (butte du Moulin-au-Roi) ; mais elle n'est pas plus fossilifère que dans les autres points que nous venons de considérer : le seul fossile qui y ait été trouvé est une empreinte végétale qui semble se rapporter à un bout de branche de conifère, probablement de la section des *Abiétinées*. Elle y est recouverte par les assises supérieures, qui sont ici fort minces et dont on reconnaît facilement la présence par une profusion subite de bryozoaires, de térébratules et de rhynchonelles plus ou moins triturées. Le contact des deux roches y est, en outre, marqué par une ligne d'usure bien manifeste et par une surface criblée de trous de lithodomes, comme on peut voir dans toutes les buttes autour de Caen ; mais principalement aux vaux de la Folie, où les lithodomes sont très-nombreux et très-bien conservés.

De l'autre côté de Caen et dans toute la grande plaine qui s'étend entre cette ville et Falaise, l'oolithe miliaire reparait dans un grand nombre de points : dans toutes les excavations, les chemins creux, et surtout les

petites vallées de la Muance, du Laizon et autres petits affluents de la Dive.
Sa composition y est encore très-variable. Elle est formée de calcaires durs et compactes, généralement très-blancs, qui deviennent assez
fossilifères dans les environs de St-Sylvain; on y trouve principalement
l'*Ostrea Marshii*, la *Lucina Bellona*, plusieurs *Trigonies*, etc. Ces bancs
sont liés entr'eux par des calcaires sableux ou même des sables incohé-
rents, montrant, de place en place, quelques lentilles de calcaire tantôt
très-tendre et s'écrasant sous les doigts, tantôt dur et siliceux et même
quelquefois avec de petits lits de silex plus ou moins fragmentés. Ce
dépôt est donc très-constant dans son irrégularité; les strates ne sont
pas horizontaux, mais généralement obliques, tantôt dans un sens,
tantôt dans un autre, comme si le dépôt s'était effectué sous l'empire de
courants qui auraient formé des bancs de sable.

A la Brèche-au-Diable, à Rouvres, à Olendon, on voit saillir au-dessus
du niveau de la plaine des escarpements de grès quartzeux siluriens, qui
ne sont qu'une seconde arête parallèle à la ligne du grand récif de Fontaine-Étoupefour, de May et de Bretteville-sur-Laize. Autour de ces
arêtes quartzeuses, l'oolithe miliaire est formée d'un calcaire très-dur qui
s'enchevêtre dans les anfractuosités de la roche silurienne. Elle y renferme un grand nombre de fossiles, mais très-difficiles à extraire de la
roche. Nous y avons reconnu l'*Alaria vespa*, le *Neritopsis varicosa*, le
Trochotoma extensa, une grande *Lima* très-abondante, de gros exemplaires de la *Rhynchonella subtetraedra*; enfin, on y voit une énorme
quantité de Polypiers, *Astrea*, *microsolena*, *cladophyllia*, etc., mais tellement engagés dans la roche qu'il nous a été impossible d'en extraire
un seul échantillon convenable. Cette station remarquable offre un
grand intérêt paléontologique; malheureusement le mauvais état des
fossiles et l'excessive dureté de la roche s'opposent à ce qu'on puisse en
tirer un parti avantageux.

Aux Monts-d'Éraines, l'oolithe miliaire change encore d'aspect : ce

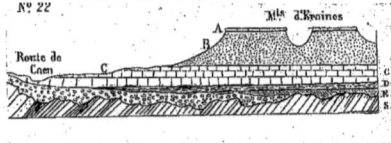

sont deux mamelons
isolés, dont la sommité
est occupée par deux
grandes surfaces entiè-
rement planes. Cette

surface unie et la forme abrupte des Monts-d'Éraines sont commandés par leur composition pétrographique. En effet, la masse tout entière est formée d'oolithes miliaires B, en sable incohérent, dégradé par les moindres agents; et toute la colline eût disparu, entraînée par les courants diluviens, ou détruite par les agents atmosphériques, sans une couche très-compacte A, d'une épaisseur très-faible, qui couronne son sommet. C'est un calcaire très-siliceux, en forme de plaquettes, représentant peut-être le niveau de Ranville. On y a recueilli, en plusieurs points, de belles empreintes de Cycadées et de Fougères. La masse sableuse d'oolithes miliaires offre une épaisseur d'une trentaine de mètres entièrement homogènes; rien que des oolithes miliaires: on dirait une montagne tout entière de grains de millet non agglutinés, et pas trace d'un seul fossile. Ce singulier dépôt recouvre le calcaire de Caen C, comme on peut le voir dans la coupe ci-jointe.

Tout autour du récif de Montabard, la roche est formée d'oolithes blanches assez grosses, cimentées par un suc calcaire avec de nombreux fossiles indéterminables (1). On y voit, dans beaucoup de points, la grande oolithe pénétrer dans les fissures de la roche silurienne et former des enchevêtrements très-curieux. M. de Caumont cite, entre autres, la bruyère qui borde le côté droit de la route d'Argentan, à un quart de lieue de Falaise, celle de la Moissonnière, à Vignats, etc., etc.

Dans l'arrondissement d'Argentan, l'oolithe miliaire présente des caractères analogues. On peut parfaitement l'étudier dans une longue suite de tranchées ouvertes sur le chemin de fer du Mans, entre les stations de Montabard et d'Argentan. A la station de Montabard, on voit le contact de l'oolithe miliaire sur les anciens terrains; elle y est très-sableuse avec rognons calcaires disséminés, et, de place en place, des nodules argileux. Les autres tranchées, qu'on peut voir en se rapprochant de la station d'Argentan, offrent les mêmes caractères très-

---

(1) En parcourant les alentours du récif de Montabard, il est à croire qu'on finira par trouver quelque point où les fossiles seront en bon état de conservation. Ce serait une heureuse découverte; car il est à croire que la grande oolithe ne doit pas être moins riche, dans ses dépôts de récif, que les autres étages jurassiques déjà cités sous ce point de vue. La détermination des fossiles du niveau de l'oolithe miliaire laisse encore beaucoup à désirer, et même dans la tranchée de Séez, où j'ai pu rassembler une série importante, beaucoup d'espèces sont encore indéterminables.

18

sableux ; l'une d'elles , ouverte sur le territoire du hameau de Belle-
OEuvre, permet d'observer une couche calcaire assez épaisse à très-grosses
oolithes et quelques fossiles , entre autres le *Purpuroïdea minax* et de
grandes Nérinées , horizon qui nous offre constamment dans l'Orne un
excellent point de repère. On y voit également, au milieu du sable, de
grosses Astrées roulées.

La dernière tranchée avant d'arriver à Argentan donne une coupe
très nette de la partie supérieure de l'oolithe miliaire.

Nous y observons , de bas en haut :

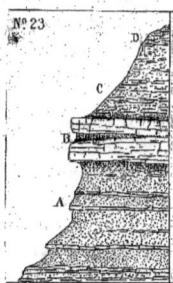

1° A. Sable et bancs calcaires ne se suivant
pas exactement. Quelquefois l'un de ces bancs
se divise en deux, ou bien disparaît en amande ,
5^m, 50. Le sable est très-aggluliné, et il suffirait
d'eaux fortement chargées de carbonate de chaux
pour changer toute la masse en un calcaire dur
comme les petits bancs intercalés qui forment autant de petites corniches sur la coupe ;

2° B. Au-dessus, 1^m, 50 à 2 mètres environ
d'un calcaire fendillé dans le sens de la stratification et offrant de place en place de petites lentilles sableuses. C'est la partie supérieure de l'oolithe miliaire. On y trouve de grosses limes, quelques polypiers et de
mauvais échantillons de *Purpuroïdea minax*. Ce banc correspond exactement à celui que nous signalerons plus loin à la tranchée de Séez ; la
partie supérieure est unie et comme dallée ;

3° C. Calcaire désagrégé, rempli d'une quantité considérable de débris
de bryozoaires et représentant le calcaire à polypiers ou couches de Ranville , 3^m, 50, surmonté d'une petite assise D, de plaquettes de 0^m, 50
appartenant au même niveau.

La séparation est donc, en ce point , aussi nette que dans toutes les
autres carrières où nous avons pu constater la succession de l'oolithe miliaire et du calcaire à polypiers. Cette séparation est toujours indiquée
par une ligne d'usure de la partie supérieure de l'oolithe miliaire.

En différents points des environs d'Argentan, on voit perçant la plaine
quelques pointes de grès silurien qui, comme celles de Rouvres, Olen-

don, etc., ont donné lieu à de petits récifs isolés au milieu des mers de cette époque. J'ai particulièrement exploré celui de Villedieu-les-Bailleul, où l'on avait, pendant quelques années, ouvert une série de carrières très-riches en fossiles. La roche avait un peu l'apparence de craie qui aurait été très-durcie ; elle tachait les doigts, et les fossiles pouvaient facilement être extraits, enduits qu'ils étaient d'une espèce de poussière blanchâtre. Ceux-ci paraissaient cantonnés par petits niveaux dont l'un, entr'autres, était remarquable par la quantité immense d'échantillons de *Terebratula maxillata* qu'il renfermait. Ce n'était point le type de l'espèce, c'est-à-dire cette coquille grande, large, à plis peu marqués ; mais une variété fort remarquable assez petite, à plis très-aigus et très-profonds, souvent irrégulière et où l'on voyait des lignes d'accroissement marquées en gradins successifs. Les carrières sont abandonnées depuis long-temps, et les fossiles qu'on pourrait y rencontrer aujourd'hui ne sauraient donner qu'une faible idée de l'abondance extrême qui en faisait alors une de nos plus curieuses localités.

Voici la liste des espèces que j'y ai recueillies :

Patella inornata, Eucyclus..., *Nerinœa* (petite espèce très-allongée, à tours très-excavés), *Myacites Beanii, Pholadomya Vezelayi, Astarte rhomboidalis* (très-commune), *Cypricardia Bathonica, Lucina crassa, Trigonia*, sp. nov., *Mytilus tumidus, Myt. furcatus, Modiola elegans, Gervillia acuta, Perna*, sp. ind., *Lima cardiiformis, Lim. impressa, Lim. bellula, Lim. pectiniformis (Proboscidea, Sow.), Lim. circularis, Hinnites abjectus, Pecten* (plusieurs espèces), *Ostrea gregarea, Ost. Marshii, Ostrea costata. Terebratula maxillata* (var. très-abondante), *Rhynchonella subtetraedra, Cyclolites* (deux espèces), Astrées (plusieurs espèces), *Microsolena)*, etc.

Mais la station la plus remarquable au point de vue paléontologique est celle de la première tranchée, au nord de la ville de Séez, sur le chemin de fer de Mézidon au Mans. Malheureusement les tests spathiques s'éclatent sous le marteau avec la plus grande facilité, tombent en poussière, et on ne peut guère en obtenir de bons échantillons qu'en gommant sur place les fossiles avant de les enlever de la roche. Les espèces, très-abondantes, offrent un cachet tout spécial que nous ne retrouvons nulle part ailleurs dans notre oolithe miliaire Parmi les plus remarquables, nous devons citer le *Purpuroidea minax*, dont les magnifiques échantillons sont en parfait état de conservation ; cinq ou six espèces de grandes Nérinées, non décrites (1), l'*Eustoma tuberculata*, le *Solarium polygonium*, la *Natica Michelini*. Les lamellibranches sont surtout très-abondants ; on y trouve, entre autres, l'*Anatina plicatella*, la *Pholadomya Vezelayi* (très-abondante) ; plusieurs *Ceromya*, *Lucina Bellona* (excessivement abondante, de très-grande taille, et presque toujours avec ses deux valves ; le *Macrodon hirsonense* (également avec ses deux valves) ; deux *Cyclolites*, qui y sont d'une abondance remarquable et d'une magnifique conservation ; enfin les autres espèces que nous avons citées à Villedieu-les-Bailleul, ce remarquable niveau à grosses Nérinées et à *Purpuroidea minax* est très-constant dans les environs de Séez, et il y caractérise parfaitement la partie supérieure de l'oolithe miliaire.

Au-delà de Séez, on voit bientôt les assises calloviennes recouvrir la grande oolithe et même la dépasser jusqu'à venir atteindre les anciens terrains. Elle reparaît, toutefois, sur un espace de quelques kilomètres où elle forme, au milieu de terrains plus récents, le bombement bien connu sous le nom d'axe du Merlerault. Il est évident qu'avant le dépôt de l'oxford-clay, il y a eu, suivant cette ligne ouest-est, un soulèvement qui a relevé la grande oolithe en ce point, de façon à former un petit îlot exondé lors du dépôt des assises oxfordiennes.

Au Merlerault, l'oolithe miliaire est presque partout formée d'un calcaire blanc très-dur, assez fossilifère. On y trouve en abondance les *Pholadomya Murchisoni* et *Ph. Vezelayi*, quelques *Purpuroidea minax*, *Natica Michelini*, etc. ; d'autres points sont remarquables par la grande quantité de polypiers et ressemblent beaucoup à la station de Potigny dont nous avons déjà parlé. Adossée aux anciens terrains qui même percent en plusieurs points, elle est recouverte par les couches de Ranville et séparée de celles-ci par une ligne d'usure et de perforation par les lithodomes.

---

(1) Elles le sont peut-être dans une note publiée par M. Piette sur les Nérinées du même niveau des Ardennes; mais, comme il n'y a pas de figures, je n'ai pas osé prendre les noms de M. Piette, craignant quelque méprise.

GRANDE OOLITHE SUPÉRIEURE OU CALCAIRE A POLYPIERS DES GÉOLOGUES NORMANDS.

———

BRADFORD-CLAY ET FOREST-MARBLE DES ANGLAIS

(Couche T du grand diagramme).

§ 54. — Le calcaire à polypiers (1) forme constamment en Normandie la partie supérieure de la grande oolithe. Ses caractères, plus constants que ceux de l'oolithe miliaire, sont cependant très-variables encore. Presque toujours il est remarquable par la quantité énorme de débris de bryozoaires et de spongiaires qu'il renferme. Ces fossiles sont même tellement multipliés en certains endroits, qu'ils composent à eux seuls la plus grande partie du calcaire. Il se présente généralement sous la forme de cailloutis et de plaquettes jaunâtres ou bleuâtres renfermant souvent un nombre plus ou moins considérable d'oolithes blanches, et séparés par de minces lits de sable formé de débris de bryozoaires et de brachiopodes. Ses couches sont souvent sans adhérence; mais quelquefois il s'agglutine, se durcit, et peut même être employé comme pierre de taille de mauvaise qualité. Dans d'autres circonstances,

(1) M. de Magneville donna ce nom à la partie supérieure de notre grande oolithe, en 1824, dans un premier mémoire inséré t. I des *Mémoires de la Société Linnéenne de Normandie*, p. 248. Depuis, ce nom a été étendu par le même auteur, dans un second mémoire paru la même année, à une foule de couches d'âge très-différent; en un mot, à tous les calcaires normands qui renferment des polypiers : au lias à bélemnites de May, à l'oolithe miliaire de Ronvres, au coral-rag des environs de Lisieux. Nous ne pouvons suivre M. de Magneville dans cette voie; mais les géologues normands, par déférence pour celui qui consacra tous ses soins et toute son influence à doter la ville de Caen d'un musée d'histoire naturelle, et qui, l'un des premiers, étudia la géologie du Calvados, ont conservé ce nom de calcaire à polypiers à la partie supérieure de la grande oolithe à laquelle il a été primitivement imposé. Ce nom, à l'époque où il était donné, c'est-à-dire en 1824, pouvait lui convenir, parce qu'alors, on confondait sous le nom commun de polypiers, les bryozoaires, les spongiaires et les polypiers proprement dits ; maintenant que cette distinction est établie, le nom de calcaire à polypiers s'applique fort mal aux couches supérieures de notre grande oolithe, puisque les polypiers proprement dits y sont fort rares et souvent même entièrement absents, tandis que les bryozoaires et les spongiaires y abondent. Ils forment le caractère essentiel de la roche, et ce nom est d'autant plus mal appliqué que les véritables polypiers abondent dans l'assise inférieure, que nous désignons sous le nom d'oolithe miliaire. Si donc on préférait des noms de ce genre, on éviterait toute confusion et on agirait plus rationnellement en appliquant le nom de calcaire à polypiers à l'oolithe miliaire, et celui de bryozoaires et spongiaires aux couches supérieures dites de Ranville.

il est formé d'un calcaire blanc, assez dur et assez homogène, composé encore de débris de bryozoaires et de coquilles agglutinées par un suc calcaire ; il est alors employé dans les constructions (pierre blanche), principalement dans les communes voisines du littoral.

Les parties inférieures sont généralement un peu plus marneuses et renferment de plus gros fossiles (caillasse); quelquefois même on y voit de véritables argiles et des marnes peu épaisses, remarquables par l'immense quantité de *Terebratula digona* qu'elles renferment. Elles donnent lieu à de petites nappes d'eau que viennent chercher tous les puits ouverts dans la plaine étendue au nord de Caen jusqu'à la mer.

Dans l'arrondissement de Bayeux, le calcaire à polypiers est peu épais. On le voit cependant dans un grand nombre de points, à la partie supérieure des falaises étendues depuis Grandcamp jusqu'à Arromanches. Il est formé d'un calcaire jaunâtre un peu marneux, avec *Terebratula cardium, digona, Rhynchonella concinna, Ostrea costata*, etc., alternant avec des sables calcaires formés de débris de bryozoaires. On peut l'observer principalement à Englesqueville, à Longues, auprès d'Arromanches, etc.

Cette même assise se retrouve beaucoup plus puissante et mieux caractérisée dans l'arrondissement de Caen, où elle occupe toute l'étendue des petites falaises qui bordent le littoral, depuis l'embouchure de la Seulles jusqu'à celle de l'Orne, à St-Aubin de Langrune, à Langrune, Luc, Lion-sur-Mer, etc. Sur la rive gauche de l'Orne, elle forme également de petites falaises à Ouistreham, au Maresquet, à Benouville, à Blainville, où on peut voir sa superposition sur l'oolithe miliaire, formée de calcaires sans fossiles. On la perd en arrivant vers Caen, où l'on voit le fuller's-earth, représenté par le calcaire de Caen, succéder lui-même à l'oolithe miliaire ; mais on peut la suivre encore dans les sommités de la campagne environnante et formant le sous-sol de toute l'immense plaine étendue depuis Caen jusqu'à la mer. Dans tous ces points, le niveau supérieur est nettement séparé de l'oolithe miliaire par cette surface de contact fortement corrodée, durcie, perforée par des milliers de lithodomes dont nous avons déjà eu l'occasion de parler en traitant de l'oolithe miliaire. Il est donc inutile d'y revenir en ce moment.

De l'autre côté de l'Orne, le calcaire à polypiers est mieux caractérisé encore, surtout aux carrières de Ranville, localité devenue célèbre par la grande quantité et la belle conservation de ses fossiles. Elle forme, en outre, le sous-sol de la plaine d'Amfréville, Hérouvillette, Escoville, etc., etc., et on la voit ensuite plonger sous les premières collines oxfordiennes du Pays-d'Auge.

Au sud de Caen, bien qu'elle s'amincisse considérablement, on la reconnaît encore à ses nombreux bryozoaires dans la plaine d'Ifs, et par lambeaux dans la grande plaine de Bourguébus, Tilly-la-Campagne, Soliers, où elle offre une station de Pentacrinites fort remarquable (Voir à la 2ᵉ partie). Elle augmente rapidement d'épaisseur en se rapprochant du Pays-d'Auge, vers Moult, Bellengreville, Chicheboville, Mézidon, etc., et plonge également sous les collines oxfordiennes, limitées à peu près par le cours de la Dive.

Nous la voyons ensuite contourner à l'est le grand récif de Montabard et pénétrer ainsi dans l'arrondissement d'Argentan, toujours avec le même caractère de calcaire en plaquettes pétri de bryozoaires. Elle est surtout bien caractérisée auprès du chef-lieu, dans la plaine qui s'étend au nord et à l'est de cette ville où elle est encore assez fossilifère. A partir de ce point, elle diminue de plus en plus d'épaisseur, et vers Séez elle n'a plus guère qu'un mètre de puissance. Elle y est formée d'une sorte de sable faiblement aggluciné, composé de débris de bryozoaires et de rhynchonelles, au milieu desquelles on trouve encore quelques fossiles des plus caractéristiques, tels que des bassins d'*Apiocrinus Parkinsoni*, de grosses *Rhynchonella obsoleta*, quelques *Terebratula digona*, etc. Cette mince assise est recouverte elle-même par les premières couches calloviennes, formées d'un calcaire assez semblable d'aspect au calcaire à polypiers, et que M. Blavier confond avec ce dernier. Il renferme, il est vrai, un grand nombre de *Nucleolites clunicularis* et de véritables *Terebratula digona*; mais, en outre, des formes éminemment calloviennes, telles que l'*Amm. macrocephalus*, la *Terebratula biappendiculata*, le *Dysaster ellipticus*, etc.

On retrouve également le calcaire à polypiers dans le petit lambeau du Merlerault, en retrait sur l'oolithe miliaire dont il a suivi l'exhaus-

sement. La coupe suivante, qui montre les relations de la grande oolithe et de l'oxford-clay, rend parfaitement compte de ce fait. On y voit en A l'oolithe miliaire plonger très-sensiblement vers l'ouest-nord-ouest, recouverte en partie par le calcaire à polypiers B, qui suit à peu près la direction des couches de l'oolithe miliaire. Toutefois, comme la première de ces assises existe seule sur la plus grande partie du plateau du Merlerault, tandis que le calcaire à polypiers forme une simple zone en retrait, il est évident que déjà, avant le dépôt du calcaire à polypiers, l'oolithe miliaire avait commencé à s'élever au-dessus des eaux. Aussi le rivage du calcaire à polypiers est-il parfaitement indiqué tout autour de ce petit îlot, et le contact des deux assises marqué par une usure bien manifeste de la couche inférieure, niveau de lithodomes des mieux accusés. Le calcaire à polypiers se voit seul pendant quelque temps, puis il plonge lui-même, suivant la même inclinaison que l'oolithe miliaire, sous les dépôts calloviens sédimentés en retrait et suivant une ligne parfaitement horizontale.

Le contact est bien manifeste dans une série de carrières ouvertes sur le chemin du Merlerault aux Authieux. Les premières carrières, en sortant du Merlerault, ne sont formées que d'oolithe miliaire, surmontée par le calcaire à polypiers. Nulle part je n'ai vu aussi tranchée la séparation des deux assises. L'oolithe miliaire

y est formée d'un calcaire blanc très-dur et très-compacte, offrant de place en place des parties plus dures encore, quelquefois un peu siliceuses et rendues caverneuses par la destruction des polypiers qu'elles renfermaient, ce qui leur donne presque l'aspect d'une meulière. La partie supérieure de la roche est fortement usée, perforée, criblée de trous de lithodomes. Puis, au-dessus, on voit paraître 1 mètre 50 environ de calcaire à polypiers gris-jaunâtre en petites couches feuilletées, presque pulvérulentes, toutes pétries de débris de bryozoaires.

Dans d'autres points, le calcaire à polypiers est assez fossilifère et ressemble d'aspect à celui de Langrune; j'y ai vu un grand nombre de fossiles en mauvais état et roulés, tels que des *Cylindrites*, le *Pileolus lævis* un *Trochotoma*, quelques petits lamellibranches indéterminables, etc.

Le point où cette assise est le mieux développée est la plaine nord de Caen, où une grande quantité de carrières, grandes et petites, permettent d'en faire une étude des plus faciles et des plus fructueuses. Elle y offre deux subdivisions assez tranchées, qui ne sont sans doute que des modifications locales, mais que nous pouvons toutefois retrouver depuis la mer jusqu'à Argentan, sur une très-large surface, comprenant une longueur de près de 50 kilomètres. La première de ces modifications se présente sous forme d'un calcaire plus ou moins marneux; les espèces sont d'assez grande taille, les Spongiaires et les Bryozoaires très-gros. L'état de ces coquilles non roulées, la conservation parfaite des détails les plus fins de ces Bryozoaires, les nombreux débris de Crinoïdes et l'immense quantité des Brachiopodes indiquent un fond de mer où les animaux sont morts sur place. C'est le niveau de Ranville, la *caillasse* des ouvriers. La deuxième modification se montre comme un calcaire blanc, sableux, à éléments très-divisés. Les Bryozoaires sont brisés, de petits Lamellibranches y existent par milliers; on y trouve aussi des Gastéropodes, mais qui n'ont pas vécu là, puisque la plupart sont plus ou moins usés ou incomplets. Enfin, les Brachiopodes s'y présentent très-souvent par valves isolées, et on sait qu'il faut de grands efforts pour désarticuler ces coquilles, même après la mort de l'animal. On ne peut méconnaître, à ces caractères, que ce dépôt auquel on a donné le nom de *pierre blanche*, ou couches de Langrune, ne se soit établi sur un rivage où la mer rejetait des coquilles arrachées de plus ou moins loin, et formé de plages d'un sable où pullulaient les petits Lamellibranches.

Nous avons donc, superposés, deux dépôts minéralogiquement et zoologiquement différents :

1° Les couches profondes de Ranville, ou caillasse ;

2° Les couches de rivage de Langrune, ou pierre blanche, mais qui n'en sont pas moins une simple modification d'un même dépôt: ce que dé-

19

montrent l'absence de points de démarcation en beaucoup d'endroits et le grand nombre de leurs fossiles communs, parmi lesquels nous citerons le *Pecten vagans*, l'*Ostrea costata*, les *Terebratula cardium*, *bicanaliculata*, *coarctata*, les *Rhynchonella concinna* et *obsoleta*, etc., etc., etc. Ces deux couches, qui semblent si distinctes, forment donc un ensemble qu'on ne saurait séparer : la pierre blanche de Langrune, montrant simplement le facies littoral d'une période, et les couches de Ranville celui de sédiments déposés plus loin des côtes; en un mot, à mesure que la mer reculait ses limites par suite d'atterrissements, les couches de Langrune occupaient de plus grands espaces en recouvrant celles de Ranville, dont le dépôt se continuait un peu plus loin dans la profondeur.

COUCHES PROFONDES DE RANVILLE OU CAILLASSE

(Couche T du grand diagramme).

§ 55. — Les couches profondes de Ranville, ou *caillasse* (1) des ouvriers, n'ont guère plus de 8 à 10 mètres dans leur plus grande épaisseur; elles sont formées d'un calcaire jaunâtre, un peu marneux, à cassure terne, offrant dans quelques-uns de ses lits un petit nombre d'oolithes irrégulières et comme rouillées, ou bien des lentilles plus ou moins fréquentes de marne toute pétrie de bryozoaires. La dureté de ce calcaire est très-inégale : dans quelques parties, elle approche de celle du marbre; dans d'autres il est presque friable. Il se divise généralement en blocs irréguliers présentant souvent, à leur surface ou dans leur intérieur, de petites masses d'une sorte de terre ocreuse. On y trouve une énorme quantité de coquilles, de bryozoaires, de spongiaires, des bassins parfaits d'*Apiocrinus* et des oursins dans un magnifique état de conservation.

La *caillasse* est divisée en plusieurs bancs qui varient d'un côté à l'autre de la rivière d'Orne, et dont les épaisseurs relatives sont loin d'être constantes. On peut, toutefois, y distinguer deux niveaux qui, quoique souvent mélangés, sont assez bien séparés, au moins à l'embouchure de l'Orne Le premier et le plus inférieur de ces niveaux est

_____

(1) Le mot *caillasse* est employé également dans d'autres pays, pour désigner des couches toutes différentes. C'est ainsi que la partie supérieure du calcaire grossier (tertiaire éocène) des environs de Paris est également désignée sous ce même nom par les ouvriers.

aussi le plus riche en fossiles ; c'est celui des oursins, des *Apiocrinus Parkinsoni* et *elegans*. On y trouve également de magnifiques bryozoaires, de gros lamellibranches, *Pholadomyes, Céromyes, Astarte, Trigonies,* etc. ; des *Pleurotomaires*, des *Natices* ; enfin quelques *Nautilus* et les *Ammonites discus, arbustigerus,* etc. ; c'est également et exclusivement le niveau de la *Rhynchonella Boueti*, et des plus gros échantillons de *Rhynchonella obsoleta.*

Le second de ces niveaux, qu'on pourrait appeler *couche à Eligmus,* généralement plus marneux que le premier, paraît peu fossilifère quand on l'observe en place ; mais lorsqu'il a été à l'air pendant quelque temps, les influences atmosphériques dégagent les fossiles, et ceux-ci paraissent alors dans un état de magnifique conservation. Outre un certain nombre d'espèces qui se retrouvent dans le niveau inférieur, on y rencontre de grandes *Ostrea Marshii*, certaines espèces de spongiaires et de bryozoaires, la *Terebratula Buckmanni,* la *Rhynchonella inconstans.* Enfin, le fossile qui caractérise le mieux ce niveau est l'*Eligmus polytypus*, coquille si remarquable, décrite par mon père il y a quelques années (1), et qui devient l'une des plus caractéristiques des couches supérieures de la grande oolithe. Ajoutons encore que les *Terebratula cardium* et *coarctata,* qui se retrouvent d'ailleurs dans toute la série, acquièrent une taille considérable dans cette partie supérieure de la *caillasse.*

Le niveau des *Eligmus* est surtout bien distinct sur la rive gauche de l'Orne, dans la petite falaise du Marcsquet ; mais il existe aussi sur la rive droite, aux carrières de Ranville. On le retrouve jusqu'auprès de Caen, au Bourg-l'Abbé, à Courseulles, etc., etc.

Voici la succession qu'on observe dans les carrières de Ranville :

1° Pierre de taille appartenant au niveau inférieur, ou oolithe miliaire, 8 à 9 mètres. La partie supérieure, usée et perforée par les lithodomes, est le *chien inférieur* des ouvriers ;

(1) Voir *Mémoires de la Soc. Linn. de Normandie.* t. X, p. 278., Description d'un nouveau genre de coquilles bivalves fossiles, *Eligmus*, 1850. Depuis la publication de ce mémoire, les *Eligmus* ont été retrouvés sur des points fort éloignés et caractérisant toujours la partie supérieure de la grande oolithe dans les départements de la Sarthe, de Maine-et-Loire, de la Meuse, du Pas-de-Calais, de l'Yonne, de la Nièvre, etc. ; mais le point le plus remarquable est le département du Var, où M. Dumortier a découvert une localité où les *Eligmus* sont en nombre considérable. Hors de France, la même coquille a encore été trouvée par M. Suess, exactement au même niveau, à Balin, dans les environs de Cracovie.

N° 26.

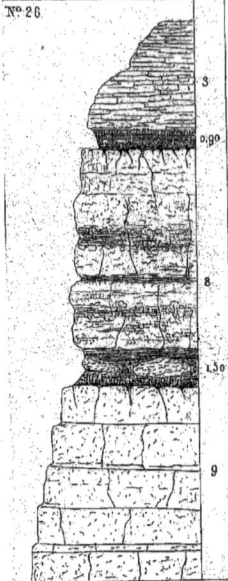

2° 1^m, 50 de calcaire un peu marneux (premier banc de caillasse), quelquefois bleuâtre, avec lentilles de couleur plus claire ;

3° 7 à 9 mètres de calcaire jaunâtre avec nombreux fossiles (bancs principaux de caillasse) , avec le niveau à *Etigmus* à la partie supérieure. La surface de contact est également usée et perforée par une ligne de lithophages ; mais cette ligne d'usure est loin d'être aussi constante que les autres , et on retrouve en dessus et en dessous la plupart des mêmes espèces ;

4° Banc d'un blanc-grisâtre, 0^m, 90 (*couche de glaise* des ouvriers) , avec une prodigieuse quantité de Térébratules, principalement *Ter. digona* et *bicanaliculata*.

Ce banc acquiert, dans beaucoup d'autres points, une épaisseur bien plus considérable , et il est souvent formé d'une alternance de calcaires et d'argiles où les fossiles sont très-abondants. On le retrouve sur toute la côte, depuis l'embouchure de l'Orne jusqu'à la Seulles , et c'est lui sans doute qui , devenu très-épais , forme la totalité de la petite falaise de St-Aubin de Langrune ;

5° Environ 3 mètres de calcaire blanc , en plaquettes , appartenant aux couches de Langrune, avec peu de fossiles.

Les caractères du quatrième banc argileux, à *Ter.* [*digona* et *bicanaliculata*, sont tout-à-fait semblables à ceux de la caillasse proprement dite, et, au contraire, contrastent avec ceux des assises supérieures. Toutefois, comme la séparation est nettement établie par une ligne d'usure de la roche ; que d'ailleurs la station si remarquable de St-Aubin de Langrune , appartenant incontestablement à ce niveau, nous offre parmi les oursins des espèces qui ne se retrouvent pas dans la caillasse proprement dite, nous pensons qu'il vaut mieux regarder cette couche comme formant la partie inférieure de la série de Langrune.

Les bancs de caillasse sont généralement disposés d'une façon plus ou moins onduleuse et non en lignes parfaitement horizontales, comme celles figurées dans la coupe du *Cours élémentaire de paléontologie* de M. d'Orbigny. La petite coupe ci-jointe, prise suivant la profondeur des carrières, rend parfaitement compte de leur disposition.

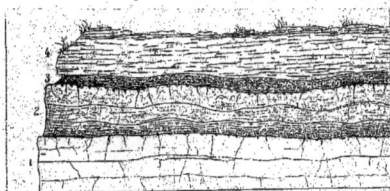

Les lettres A et B représentent les deux surfaces d'usure et de perforation par les lithodomes :

1° Oolithe miliaire ;
2° Caillasse, ou couches de Ranville proprement dites ;
3° Banc de glaise, à la base des couches de Langrune ;
4° Couches de Langrune proprement dites.

Au Maresquet, de l'autre côté de la rivière, on ne voit plus les couches de Langrune, mais le banc à *Eligmus* y est mieux développé. On y trouve successivement : 1° la pierre à bâtir, représentant l'oolithe miliaire ; 2° la caillasse divisée en plusieurs bancs, dont le premier, qui malheureusement est fort dur, est remarquable en ce que tous les fossiles y montrent leur test très-bien conservé. Le plus élevé de ces bancs a été fortement corrodé par le *diluvium* qui y forme des poches remarquables, comme si la roche avait été corrodée par un acide.

Ces couches se retrouvent sur un grand nombre de points, et sont caractérisées surtout par les *Apiocrinites* qu'on ne voit jamais dans les couches de Langrune ; par conséquent, on peut dire qu'elles représentent le *bradford-clay* des Anglais. On y rencontre, en outre, un grand nombre d'autres fossiles qui sont ainsi distribués :

Les Céphalopodes y sont assez rares ; de gros Nautiles et quelques Ammonites y existent seuls, à l'exclusion complète des Bélemnites, ce sont : le *Nautilus hexagonus* (Sow.), les *Ammonites discus* (Sow.), *Am. arbustigerus* (d'Orb.), *Am. planula* (d'Orb.).

Les Gastéropodes y sont assez abondants, mais presque toujours dénués de test, sauf dans une petite couche à la partie inférieure ; mais alors ils sont fort difficiles à extraire. On y rencontre : *Tornatella gigantea* (Desl.), *Natica Ranvillensis* (d'Orb.), *Onustus exsul* (E. Desl.) ; *Pleurotomaria strobilus* (Desl.), *Pl. avellana* (Desl.), *Pl. Brevillei* (Desl.), *Pl. pagodus* (Desl.), *Pl. nodosa* (Desl.), *Pl. trochoides* (Desl.) ; *Alaria vespa* (Desl.), *Al. Balanus* (Desl.), *Al. retusa* (Desl.), *Al. cirrhus* (Desl.) ; *Cerithium columnare* (Desl.), *Patella rugosa* (Sow.), *Bulla globulosa* (Desl.).

Les Lamellibranches y sont aussi et même plus abondants, mais ils ont été moins bien étudiés. Ce sont généralement de grosses espèces; l'abondance des Pholadomyes et autres genres voisins prouve que le fond de la mer était assez vaseux. Nous citerons les suivants : *Panopæa Danae* (d'Orb.), *Pholadomya gibbosa* (Sow.), *Phol. Murchisoni* (Sow.); *Lyonsia peregrina* (Phill.), *Ceromya striata* (Sow.), *Cer. semi-radiata* (d'Orb.) ; plusieurs autres espèces : *Unicardium Ranvillianum* (d'Orb.), *Astarte Bajocensis* (*Hippopodium*, d'Orb.), *Astarte orbicularis* (Sow.), *Trigonia* (nombreuses espèces) ; *Macrodon Hirsonense* (d'Arch.), *Arca* (plusieurs espèces de grande taille), *Avicula*, *Lima* (nombreuses espèces), *Gervillia acuta* (Sow.), *Trichites nodosus* (Sow.), *Pecten vagans* (Sow.), *Pect. annulatus* (Sow.), *Pect. silenus* (d'Orb.) ; *Hinnites Heliodora* (d'Orb.); *Plicatula furcillata* (Desl.), *Pl. digitata* (Desl.), *Pl. asperella* (Desl.), *Pl. fistulosa* (Morr.) ; *Spondylus consobrinus* (Desl.), *Eligmus polytypus* (Desl.), *El. pholadoides* (Desl.) ; *Ostrea Bathonica* (d'Orb.), *Ost. obscura* (Sow.), *Ost. Marshii* (Sow.), *Ost. costata* (Sow.), *placunopsis* (plus. esp. ind.) ; genre nouveau voisin des Anomyes, mais à coquille complètement adhérente, deux espèces.

Les Brachiopodes sont, dans certaines couches, en nombre prodigieux, mais les espèces sont peu nombreuses. Ce sont : les *Terebratula digona* (Sow.), *Ter. Cadomensis* (Desl.), *Ter. bicanaliculata* (Schl.), *Ter. Buckmanni* (Dav.), *Ter. cardium* (Lam.), *Ter. coarctata* (Park.), *Ter. flabellum*, rare; *Rhynchonella obsoleta* (Sow.), *Rh. concinna* (Sow.), *Rh. Boueti* (Dav.), très-caractéristique.

Les Échinodermes, surtout les Échinides, y sont nombreux et dans un état de magnifique conservation. Ce sont: les *Cidaris Bathonica* (Cott.) *Cid. orobus* (Agass.), *Cid.*, nov. spec.; *Hemicidaris Langrunensis* (Cott.), *Pseudodiadema homostigma* (Agass), *Stomechinus bigranularis* (Desor.),

Acrosalenia, nov. spec., *Pygaster laganoides* (Agass.), *Holectypus dépressus* (Desor.), *Echinobrissus elongatus* (d'Orb.), *Ech. clunicularis* (Blainv.), *Hyboclypus gibberulus* (Agass.), *Pygurus Michelini* (Cott.), *Apiocrinus Parkinsoni* (d'Orb.), *Ap. elegans* (d'Orb.); *Cyclocrinus precatorius* (d'Orb.), *Pentacrinus* (plusieurs espèces).

Les fossiles les plus abondants sont, sans contredit, les Bryozoaires et les Spongiaires. Décrits et figurés successivement par Lamouroux, M. Michelin et J. Haime, les espèces de Ranville sont devenues des types précieux. Ce sont : *Stomatopora dichotoma* (Lam., sp.), *Proboscina Buchii* (J. Haime), *Prob. gracilis* (d'Orb.); *Terebellaria ramosissima* (Lam.), *Berenicea diluviana* (Lam.) (1), *Ber. microstoma* (Mich.); *Diastopora Lamourouxi* (J. Haime), *Diast. foliacea* (Lam.), *Diast. Eudesiana* (Milne-Edw.), *Diast. Michelini* (Blainv.), *Diast. lamellosa* (Mich.), *Diast. cervicornis* (Mich.), *Diast. ramosissima* (Lam.); *Reticulipora dianthus* (Blainv.); *Spiropora elegans* (Lam.), *Sp. cespitosa* (Lam.), *Sp. abbreviata* (Blainv.), *Sp. Tessoni* (Mich.), *Sp. straminea* (Phill.), *Sp. Bajocensis* (Defr.), *Sp. tetragona* (Lam.), *Sp. compressa* (J. Haime); *Entalophora cellarioides* (Lam.), *Apsendesia cristata* (Lam.), *Aps. clypeata* (Lam.); *Theonoa chlatrata* (Lam.), *Heteropora conifera* (Lam.), *Het. pustulosa* (Mich.), *Chilopora Guernoni* (J. Haime); *Neuropora spinosa* (Lam.), *N. damaecornis* (Lam.), *Acanthopora Lamourouxi* (J. Haime), *Anabacia orbulites* (Lam.), *Montlivaltia caryophyllata* (Lam.), *Eudea cribraria* (Mich.), *E. lagenaria* (Lam.), *E. lycoperdoides* (Lam.), *Polycaelia cymosa* (Lam.), *Hippalimus mamillifera* (Lam.); *Lymnorea mamillosa* (Lam.), *Lymn. Michelini* (d'Orb.); *Sparsispongia tuberosa* (d'Orb.), *Stellispongia stellata* (Lam.), *Cupulospongia helvelloides* (Lam.), *Amorphospongia macrocaulis* (Lam.), *Actinofungia ornata* (d'Orb.).

COUCHES DE RIVAGE DE LANGRUNE OU PIERRE BLANCHE.

(Couche 7° du grand diagramme.)

§ 56. — La pierre blanche recouvre généralement les couches de

(1) Cette dernière espèce encroûte souvent de toutes parts diverses coquilles, mais principalement le *Trochus Halesus*. Cette association des Bryozoaires et des Gastéropodes est même si constante qu'on la retrouve à de grandes distances, et qu'elle peut devenir un moyen empirique de reconnaître le niveau de Ranville ; c'est ainsi que je l'ai reconnu à Conlie, dans la Sarthe ; en Bourgogne, à Besançon, etc.

Ranville, mais quelquefois elle repose directement sur l'oolithe miliaire, ce qui a lieu surtout vers les bords du bassin, comme dans la
plupart des buttes autour de Caen (1). Elle est essentiellement formée
de calcaire blanc ou un peu jaunâtre, sans trace de marne, en général
plus tendre que dur et, dans beaucoup de points, presque friable;
dans d'autres, il offre une assez grande dureté et se reconnaît toujours
facilement à l'énorme quantité de petits débris de coquilles et de Bryozoaires dont il est composé.

Très-souvent il offre, à diverses hauteurs, des lits qui se divisent en
plaquettes minces et sonores (2), séparées par des portions un peu
friables et même quelquefois par un sable calcaire entièrement formé
de débris de Bryozoaires et de Brachiopodes (Lébisey, Mathieu, Anguerny, etc., etc.). Quelquefois ces couches sont stratifiées régulièrement; d'autres fois, au contraire, elles sont obliques dans divers sens
et s'enchevêtrent entre elles d'une façon irrégulière et très-curieuse,
comme si ces dépôts avaient été formés par des
courants successifs qui auraient souvent changé
de direction (3). Cette stratification confuse se
voit dans un grand nombre de points des départements de l'Orne et du Calvados, notamment sur le parcours du chemin de fer entre
Mézidon et Argentan. Nous en donnons ici un

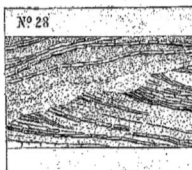

(1) L'absence des couches de Ranville, entre l'oolithe miliaire et les couches de Langrune sur les bords
de l'ancien rivage, prouve mieux encore que tous les autres caractères que la *caillasse* et la pierre blanche
ne sont que deux simples *facies* des sédiments déposés pendant une seule et même période. On conçoit,
en effet, que les couches profondes ne peuvent s'être déposées, dès le principe, qu'à une certaine distance
du bord de l'ancienne mer, puisque, dans notre hypothèse, le rivage a dû exister tout d'abord sur l'oolithe
miliaire et reculer ensuite à mesure que la mer accumulait des sédiments sur ses bords.

(2) Ces plaquettes forment souvent des couches très-compactes, surtout dans la plaine au nord de Caen ;
elles sont presque au niveau du sol, et forment une zone impénétrable aux racines des arbres, qui ne
peuvent prospérer que lorsqu'on a brisé la croûte formée par ces plaquettes ; c'est sans doute à cette cause
qu'est due, dans la plaine de Caen, la rareté des arbres, qui ne viennent bien que sur les haies de clôture,
qu'on a soin de surélever en apportant de la terre au-dessus du niveau de la plaine.

(3) Une disposition tout-à-fait semblable se remarque dans les bancs de sable formés à l'embouchure de
nos rivières et que les courants changent continuellement de place, et surtout sur le littoral. Suivant la
direction du vent dominant, dans l'espace d'une marée, la plage est complètement érodée ou bien recouverte d'une masse énorme de sable ; les grands vents de nord-ouest, qui sont habituellement très-violents
dans nos parages, produisent souvent ces effets dans l'espace d'une seule journée.

exemple pris le long de ces tranchées. On y voit le sable et les calcaires en lignes onduleuses, interrompues et se croisant en divers sens.

La puissance de ces couches supérieures est très-variable. Réduites quelquefois à 1 ou 2 mètres, elles acquièrent dans certaines circonstances et probablement dans les points où il a existé des remous, jusqu'à 20 et 30 mètres. Elles deviennent alors plus uniformes, les fossiles sont disposés par petites bandes ou zones irrégulières et onduleuses ; cette roche devient alors parfois assez homogène et on en tire d'assez bonne pierre de taille.

La pierre blanche offre de grands espaces où les fossiles sont fort rares ou même complètement absents, toute la masse n'étant formée que de détritus informes ; mais généralement on y voit de petites traînées ou lentilles souvent très-fossilifères. Cette disposition s'observe, par exemple, dans la falaise de Luc. Dans d'autres points les couches offrent une quantité énorme de fossiles d'une admirable conservation. On peut même dire que, dans ce cas, la roche n'est guère formée que de petits Gastéropodes et Lamellibranches unis par un suc calcaire (Langrune, Colleville, Hermanville, etc.). Ces fossiles sont d'ailleurs fort remarquables et le nombre des espèces est considérable.

Un caractère négatif singulier des couches de Langrune, c'est que les Céphalopodes y font entièrement défaut (1).

Les Gastéropodes, au contraire, sont en assez grand nombre ; mais on n'y voit que de petites espèces, et sauf quelques exceptions, comme les *Patelles*, les *Trochotoma* et autres qui ont dû vivre sur le rivage même, la plupart des autres sont le plus souvent roulés et fragmentés : ce qui indiquerait qu'ils habitaient à une certaine distance, et qu'ils ont été rejetés à la côte par les vagues ; telles sont les espèces suivantes :

Nerinea elegantula (d'Orb.), *Ner. scalaris* (Desl.), *Ner. funiculosa*

(1) On a bien trouvé deux ou trois mauvais débris d'Ammonites dans la pierre blanche ; mais ils y sont d'une telle rareté qu'on peut dire qu'ils n'existent pas (Voyez IV⁰ vol. des *Mémoires de la Société Linnéenne de Normandie*, comptes-rendus, pl. LVI, note de M. Morière sur trois échantillons d'Ammonites découverts dans la pierre blanche et pouvant se rapporter à l'*Amm. subdiscus* (d'Orb.). Les stations d'Ammonites présentent généralement ces fossiles par milliers, et lorsqu'on ne trouve plus que par hasard un ou deux débris d'Ammonites dans une couche, on peut dire que le rivage était dépourvu de ces coquilles et considérer leur extrême rareté comme un véritable caractère négatif.

20

(Desl.), *Cylindrites cuspidatus* (Desl., sp.), *Neritina Cooksoni* (Desl.), souvent ornée de ses couleurs en bandes jaunâtres; *Pileolus lœvis* (Sow.), *Trochus Bellona* (d'Orb.), *Troc. Tityrus* (d'Orb.), *Troc. Belus* (d'Orb.), *Troc. luciensis* (d'Orb.), *Solarium coronatum* (Sow. sp.), *Turbo Calisto*, *T. Callirhoe* (magnifique coquille senestre). Plusieurs autres espèces : *Trochotoma rota* (Desl.), *Troch. acuminata* (Desl.), *Troch. conuloïdes* (Desl.), *Ditremaria globulus* (1) (Desl., sp.), petits pleurotomaires, *Alaria paradoxa* (Desl.), *Al. hamulus* (Desl.), *Fusus nodulosus* (Desl.), *Puncturella acuta* (Desl. sp.), *Emarginula scalaris* (Sow.). *Em*, *Bloti.* (Desl.), *Em. Desnoyersi* (Desl.), *Patella rugosa* (Sow.), *Pat. nitida* (Desl.), *Pat. Clypeola* (Desl.), *Deslongchampsia appendiculata* (Desl. sp.), *Chiton Koninckii*, etc.

Les lamellibranches y sont en nombre prodigieux et ont dû vivre sur les points mêmes où nous les trouvons dans de grandes plages de sable très-favorables à leur développement. Les espèces sont très-variées et appartiennent à un certain nombre de genres; mais les Pholadomyes et autres, qui exigent des fonds vaseux où elles peuvent s'enfoncer, y font complètement défaut, ou ne s'y rencontrent qu'accidentellement et par valves isolées. Malheureusement aucune monographie n'a été faite sur cette assise remarquable, et la plupart ne sont désignées jusqu'ici que par les noms du *Prodrome :* aussi la liste suivante n'est-elle qu'approximative, et surtout fort incomplète.

Pholas crassa (Desl.), *Tellina* (nombreuses espèces). *Astarte* (petites espèces) *Cypricardia Bathonica* (d'Orb.), *Trigonia pullus* (Sow.), *Trig. imbricata* (Sow.), *Trig. cuspidata* (Sow.), *Trig. Cassiope* (d'Orb.),

(1) Mon père a décrit depuis longues années le genre *Trochotoma*, Troque entamé (*Mém. de la Soc. Linn. de Normandie*, t. VIII), que depuis M. d'Orbigny avait renommé *Ditremaria* (*Cours de paléont. stratig. et Paléontol. française*) ; de plus, en citant un nom qui, dans l'idée de d'Orbigny, ne devait être qu'un synonyme, et cela malgré les droits d'antériorité les mieux fondés, puisque M. d'Orbigny avait vu les espèces chez mon père, décrites, figurées, mais non imprimées ; en un mot, tout le travail fait trois ou quatre ans avant qu'il fût publié ; M. d'Orbigny, dis-je, lui donne le nom de *Trochostoma*, qui ne signifie plus rien du tout. Quant au nom de *Ditremaria*, c'est le résultat d'une méprise : M. d'Orbigny s'étant figuré qu'il y avait deux trous, tandis qu'il n'y en a qu'un. J'ai pu voir, non pas deux trous, mais simplement une entaille étranglée en son milieu, en forme de ∞ renversé, dans une espèce corallienne pour laquelle j'ai proposé de réserver le nom de *Ditremaria* (Voir séance de juin 1863, ma note insérée dans le *Bulletin de la Société philomatique*). J'ai pu depuis m'assurer que le *Trochotoma globulus* appartenait à la même section et devait par conséquent rentrer dans les *Ditremaria*, tels que je les circonscris.

etc., etc., *Lucina luciensis* (d'Orb.), *Corbis crassicosta* (d'Orb., espèce bien caractérisée), *Unicardium oblongum* (d'Orb.), *Cardium Camilla* (d'Orb.), *Cardium luciense* (d'Orb.), *Nucula variabilis* (Sow.), *Limopsis oblonga* (Sow.), *Arca* (nombreuses espèces); *Mytilus aper* (Sow.), très-caractéristique ; *Myt. galanthis* (d'Orb.), *Myt. garbus* (d'Orb.), *Lima gibbosa* (Sow.), *Lima harpax* (d'Orb.) , *Lima hellica* (d'Orb. et autres, *Avicula* (plusieurs espèces) ; *Pecten vagans* (Sow.), *Pecten annulatus* (Sow.), *Pect. lasciniatus* (Sow.) , *P. Langrunensis* (d'Orb.), *Ostrea costata* (Sow.) , *Plicatula fistulosa* (Morr.), *Plic. asperella* (Desl.).

Les brachiopodes y sont moins nombreux que dans les couches de Ranville, et souvent on les voit brisés et par valves détachées : ce qui suppose qu'ils ont été fortement dérangés et roulés ; car il est fort difficile, en effet, de désarticuler des coquilles de brachiopodes, et on ne peut même obtenir ce résultat sur les espèces vivantes qu'en brisant l'une des dents; ce sont les *Terebratula bicanaliculata* (Schloth.), *Ter. digona* (Sow.), *Ter. coarctata* (Park.), *Ter. cardium* (Lam.), petites ; les *Terebratula flabellum* (Defr.) et *hemisphærica* (Sow.), très-rares dans les couches de Ranville, sont au contraire fort répandues dans les couches supérieures ; on y voit aussi en quantité les *Rhynchonella concinna* et *obsoleta* (Sow.).

Les Bryozoaires et les Spongiaires y sont nombreux, surtout les petites espèces. Nous citerons, entre autres : *Idmonea triquetra* (Lam.), *Stomatopora dichotoma* (Lam.), *Berenicea microstoma* (Mich.), *Berenicea luciensis* (J. Haime), *Spiropora elegans* (Lam.), *Sp. straminea* (Phill.), *Sp. Bajocensis* (Defr.), *Sp. tetragona* (Lam.); *Apsendesia cristata* (Lam.) , *Aps. clypeata* (Lam.), *Theonoa chlatrata* (Lam.), *Heteropora conifera* (Lam.) , *Eudea cribraria* (Mich.), *Disendea lagenaria* (Mich.), *Actinofungia ornata* (d'Orb.), etc., etc.

Enfin les Échinides, quoique moins nombreux que dans les couches de Ranville, offrent en grand nombre certaines petites espèces, telles que les *Hemicidaris Langrunensis* (Cott), *Hemic. Icaunensis* (Cott.), *Pseudodiadema subcomplanatum* (Desor.), T. C. ; *Hemipedina minor* (Cott.), *Polyscyphus Normannus* (Desor.) , *Polysc. stellatus* (Agass.), *Acrosalenia Lamarki* (Desor.), *Acrosal. spinosa* (Agass.), *Holectypus depressus* (Desor.) , *Echinobrissus clunicularis* (d'Orb.).

Nous avons déjà dit qu'à Ranville ces assises de Langrune étaient sé-

parées de la caillasse par une couche argileuse grise, toute remplie de
Terebratula digona et *bicanaliculata*, et que les ouvriers appellent *la
glaise*. Elle reparaît constamment au-dessous de la pierre blanche, le
long des falaises de Lion-sur-Mer à St-Aubin de Langrune. On la retrouve, d'ailleurs, dans toute la plaine au nord de Caen, à Mathieu,
Anguerny, Colomby, Bény, Douvres, La Délivrande, etc., etc., et son
existence se constate aisément dans les puits de ces divers villages qui
viennent tous chercher une nappe d'eau arrêtée par cette couche de
glaise. On peut également s'assurer, par les différences de profondeur
de ces puits, souvent à de très-petits intervalles, qu'elle n'est pas horizontale, mais au contraire très-onduleuse ; son niveau variant même
jusqu'à venir en certains points à la surface du sol (hameau de La Mare,
à Anguerny). Elle se présente toujours avec le même caractère d'argile
blanche, quelquefois très-tenace et renfermant en immense quantité des
Térébratules, particulièrement la *Ter. digona.*

On peut, d'ailleurs, directement se rendre un compte exact de la forme
onduleuse qu'affectent ces couches en suivant les petites falaises qui
bordent le littoral, de l'embouchure de l'Orne à celle de la Seulles.

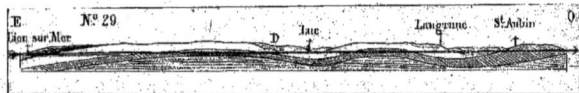

Sur ce parcours, on voit les couches de Langrune éprouver plusieurs
inflexions : ainsi, à Lion-sur-Mer, elles s'abaissent au-dessous du niveau
de la mer, marqué sur cette coupe par une ligne horizontale, et sont
alors recouvertes par les premières assises calloviennes C. Ces couches
se relèvent ensuite de plus en plus jusqu'à moitié chemin environ entre
Lion-sur-Mer et Luc. On voit alors la couche de glaise former à la base
de la falaise un cordon argileux qu'on peut suivre, à marée basse, dans
toute une série de rochers plats formant une lisière, découverte et recouverte chaque jour par le flot. L'intervalle d'un rocher à un autre est
souvent rempli de Térébratules et de Bryozoaires arrachés à cette couche
de glaise, et que la mer roule ensuite et rejette sur le rivage pêle-mêle
avec des cailloux, des coquilles et des plantes marines.

Au point D , marqué par un dépôt très-curieux de *diluvium* (1), la pierre blanche plonge de nouveau et la glaise descend au-dessous du niveau de la mer. On la perd pendant quelque temps en face du village de Luc, où le *diluvium* seul existe ; mais la pierre blanche et sa couche de glaise se voient dans la mer formant les rochers du Quillout, les-Essarts de Langrune, etc., etc. Un peu après Luc, la falaise recommence : on voit d'abord la pierre blanche, puis la couche argileuse qui paraît d'abord au niveau du sol et atteint enfin une hauteur de 2 mètres environ. La glaise est très-fossilifère en ce point. Outre les *Terebratula digona* et *bicanaliculata* qui sont les plus abondantes, on y trouve encore de gros fossiles, des *Pholadomyes*, de nombreux *Pecten vagans* et *annulatus*, de gros *Trichites nodosus* avec leurs deux valves, des Bryozoaires et Spongiaires, etc. La roche est également moins argileuse et acquiert une assez grande épaisseur, comme on peut s'en assurer par l'espace que cette couche occupe dans les rochers voisins. Un peu avant d'arriver à Langrune, la glaise plonge de nouveau, et sous les maisons du village, la pierre blanche forme seule la petite falaise si fossilifère, si bien connue des paléontologistes, qui viennent depuis longues années y faire d'abondantes récoltes.

De Langrune à St-Aubin, la falaise disparaît et est remplacée par des dunes ; mais, à St-Aubin de Langrune, on la voit surgir de nouveau et, dans ce point, la pierre blanche n'existe plus. Toute la petite falaise est formée par une roche correspondant à la glaise, mais d'une épaisseur plus considérable que partout ailleurs. La roche y est variable, mais généralement elle est formée d'un calcaire marneux gris, avec portions glaiseuses ; le tout rempli d'une quantité énorme de petits Bryozoaires. Sur un grand nombre de points, de gros Spongiaires (*Cupulospongia magna*, les *tripars* des ouvriers) occupent la place où ils ont vécu ; de magnifiques espèces d'Oursins, un grand nombre de grosses *Terebratula cardium*, *flabellum*, etc., font de cette petite falaise l'un des points les plus dignes de l'attention des géologues, et auquel nous consacrerons un article spécial dans notre troisième partie, en traitant des stations paléontologiques remarquables.

(1) Voir, dans le XIIᵉ volume des *Mémoires de la Société Linnéenne de Normandie*, le mémoire de mon père sur de nombreux ossements du *diluvium*, p. 28.

Nous voyons donc qu'en réalité la glaise forme, entre les couches de
Ranville et la pierre blanche, un petit niveau que nous retrouvons sur
un espace assez étendu. Par sa nature marneuse, par ses Pholadomyes
et autres coquilles des plages vaseuses, elle diffère essentiellement de la
pierre blanche, et il est assez difficile de comprendre que ce produit vaseux
ne soit que le premier état d'un dépôt littoral. En effet, à mesure que le
rivage reculait, le bord de la mer, se trouvant sur les couches plus ou
moins marneuses de la caillasse, a commencé par user ces couches déjà
sans doute en train de se solidifier. Alors ont paru les Lithodomes qui ont
percé tous ces trous à Ranville, à Luc et dans d'autres points à la
partie supérieure de la caillasse. En même temps, les débris de cette
dernière se sont de plus en plus délayés et ont produit un limon argileux dont la mer recouvrait ses bords. On conçoit fort bien comment
ces premiers dépôts comblaient les ondulations de la caillasse, à mesure
que la mer reculait ses limites. Il a dû d'ailleurs, en plusieurs points,
se former de petits estuaires comme, par exemple, celui de St-Aubin de
Langrune, où les Spongiaires, les Échinides, les Bryozoaires ont vécu
dans une tranquillité parfaite. Puis enfin, la mer reculant toujours,
amoncelait par-dessus ce premier dépôt de puissantes couches de sable
très-favorables aux petits Lamellibranches et qui, par leur consoli-
dation, ont formé les couches de Langrune proprement dites.

Le diagramme suivant fera mieux comprendre la formation de ces

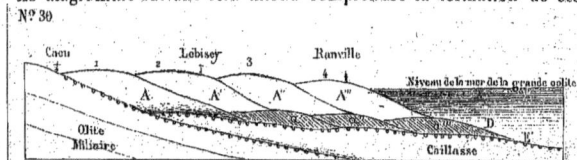

diverses couches.

Au commencement (1) du dépôt des sédiments supérieurs de la grande
oolithe, les couches de rivage reposent, au bord de la mer, directement sur l'oolithe miliaire. La caillasse, ou couche sédimentée dans la
profondeur, ne s'effectue que plus loin au point E. Plus tard (2), la mer,
après avoir effectué son premier dépôt, recule, use tout d'abord la roche
qui la supporte, c'est-à-dire les couches profondes, la caillasse qu'elle

vient de former. Des parties marneuses a', résultat du lavage des débris de la caillasse, forment ces premiers sédiments, recouverts bientôt par les couches sableuses A'. A mesure que la mer recule (3 et 4, etc.), se forment de la même manière les couches a'' A'', puis a''' A'''. Si nous nous arrêtons à ce moment, nous voyons que le rivage a reculé successivement depuis B jusqu'à C; et si nous suivons le fond de la mer, nous trouvons successivement et en voie de formation simultanée les couches de rivage C, la glaise D, la caillasse E'. On voit donc qu'il est facile d'expliquer la différence de composition de ces trois états particuliers du même dépôt, et la succession de couches profondes et de rivages en retraits successifs, pendant une même période, sans avoir besoin d'appeler à son aide, dans cette explication, ces oscillations continuelles avec lesquelles M. d'Orbigny rend toujours compte de la superposition de dépôts contrastant par la présence de coquilles qui annoncent des stations de nature différente. Les oscillations du sol ne peuvent être mises en ligne de compte que lorsque deux couches, séparées par des faunes différentes, annoncent de graves changements dans la marche des sédiments; mais alors ces oscillations ont une importance très-grande et séparent les étages. Cette ligne de séparation est alors presque toujours marquée par des surfaces usées et des niveaux de lithophages offrant un grand caractère de généralité, tandis que celle que nous observons à Ranville, entre la caillasse et les couches de rivage, et souvent à plusieurs niveaux successifs dans la même roche, n'ont plus qu'un caractère local. En un mot et en revenant à notre sujet, il suffit, pour expliquer la formation des couches de Langrune et de Ranville, d'observer et d'interpréter ce qui se passe encore journellement sous nos yeux dans la formation des dépôts de l'étage contemporain.

Dans presque toute la plaine de Caen et d'Argentan, les couches de Langrune n'ont pas été recouvertes par d'autres sédiments, et leur surface ne présente que les érosions produites par le diluvium et par les cours d'eau de l'époque contemporaine; mais dans tous les points indistinctement où elles sont en contact avec les assises oxfordiennes, la séparation est indiquée par une surface durcie, fortement usée et corrodée par les lithophages; c'est le *chien supérieur* des ouvriers. A

ces épaisses assises calcaires que nous venons d'étudier succède une
série non moins imposante, formée d'argiles d'un gris-bleuâtre très-
foncé, avec une faune tout différente, où les Ammonites deviennent
de nouveau très-nombreuses. La séparation de la grande oolithe et de
l'oxford-clay est donc aussi profonde que possible. Nous avons déjà
traité de cette discordance dans notre première partie, à laquelle nous
renvoyons pour plus de détails.

LIGNE DE FOSSILES REMANIÉS DU CORNBRASH
(Couche U du grand diagramme).

§ 57. — Dans la partie orientale de la plaine de Caen, les assises
de Langrune sont, ainsi que nous venons de le dire, en contact direct
avec les couches inférieures du système oolithique moyen, avec des
argiles calloviennes ; il manque donc ici un membre assez mal connu
de la grande série jurassique : nous voulons parler du cornbrash, assise
généralement peu épaisse, qui n'existe pas dans l'ouest de la France,
mais qui surmonte la grande oolithe dans la partie orientale du bassin
de Paris, dans le Boulonais par exemple.

Toutefois, si nous examinons attentivement la ligne de séparation de
la grande oolithe et du callovien dans le nord-est de la plaine de Caen,
à Lion-sur-Mer, à Colleville, à la roche de Sallenelles, à Escoville, etc.,
nous ne tardons pas à voir, à la base des argiles et au milieu d'espèces
évidemment calloviennes telles que les *Amm. macrocephalus*, les *Ostrea
Knorri*, etc., etc., une suite de fossiles qui ne ressemblent nullement à
ceux de la série oxfordienne ; tels sont, par exemple, les *Rhynchonella
major*, les *Terebratula intermedia*, l'*Ostrea crassa*, l'*Avicula echinata*,
etc., etc. Ces fossiles sont, d'ailleurs, dans un état particulier. Tous sont
plus ou moins roulés et percés par les vers, couverts de serpules et de
petites huîtres qui ont évidemment vécu pendant une période plus ré-
cente. Les Brachiopodes sont souvent, surtout la *Rhynchonella major*,
en valves isolées, et l'on sait qu'il faut de grands efforts pour séparer
les valves de ces coquilles, ce qui n'a pu avoir lieu qu'après la mort de
l'animal. Un autre fossile l'*Ostrea* (Chama) *crassa*, de Smith, espèce
longue, à crochet contourné, rappelant, sous une taille quintuple, la forme

de l'*Ostrea virgula*, l'*Ostrea crassa*, dis-je, ne montre que très-rarement sa valve adhérente, tandis que sa valve libre est assez abondante ; enfin, l'*Avicula echinata* se rencontre par milliers dans un calcaire dont les bancs ne sont pas réguliers et qui semblent avoir été dérangés de leur position primitive.

Évidemment, ces fossiles ont été roulés, transportés de plus ou moins loin et déposés pêle-mêle avec d'autres, tels que les *Ostrea Knorri*, les *Terebratula obovata* et les *Plicatula peregina*, dont les surfaces fraîches, les détails les plus minutieux parfaitement conservés, indiquent des coquilles ayant vécu sur place. Ces dernières sont évidemment calloviennes et existent seules, à l'exclusion des premières, à quelques kilomètres de distance, à Sannerville, à la butte de Moult, etc., etc.

Les autres, au contraire, se retrouvent dans le cornbrash le mieux caractérisé de Boulogne-sur-Mer (1) et d'Angleterre ; tels sont les *Pholadomya crassa* (Agass.), *Lyonsia peregrina* (d'Orb.), *Corbis ovalis* (Phill.), *Modiola Lonsdali* (Lyc.), *Avicula echinata* (Sow.), répandues par centaines ; *Pecten fibrosus* (Sow.), *Pecten vagans* (Sow.), *Ostrea* (Chama), *crassa* (Smith), *Rynchonella major* (Sow.), *Rhynch. Badensis* (Oppel.), *Terebr. obovata* (Sow.), *Stomatopora dichotoma* (Lamx.), *Diastopora lamellosa* (Mich.), etc. Il n'y a donc pour nous aucun doute possible. Ces fossiles ne sont pas dans la roche qui les empâtait dès le principe : ils ont été remaniés du cornbrash, soit que ce dernier ait été complètement enlevé par la mer oxfordienne, soit plutôt qu'il existe encore à quelque

(1) Ayant eu l'occasion d'étudier le système oolithique inférieur dans le Boulonais, nous avons pu reconnaître que la grande oolithe proprement dite, c'est-à-dire l'oolithe miliaire à *Rhynchonella Hopkinsi*, était surmontée de deux couches que l'on assimile, l'une au forest-marble et l'autre au cornbrash. Le cornbrash lui-même y admet deux subdivisions : la première et la plus inférieure, ou *oolithe du Wast*, renferme évidemment un grand nombre des fossiles de Ranville et de Langrune, mais d'autres aussi, évidemment supérieurs à ces couches ; d'ailleurs, les espèces les plus caractéristiques du niveau de Ranville, telles que les *Ter. cardium* et *courctata*, y sont excessivement rares. Il manque donc, de toute évidence, entre l'oolithe du Waast et le forest-marble, tout ou partie de la série de Ranville. La seconde et la plus supérieure est un calcaire un peu marneux, parfaitement caractérisé par la *Ter. lagenalis*, qui nous paraît le fossile le plus sûr, pour annoncer la partie supérieure du cornbrash. Quant à la *Ter. obovata*, à la *Rhynchonella major*, à la *Rhynch. Badensis*, on les trouve plus fréquemment dans l'oolithe du Wast ; par conséquent, nos fossiles remaniés de Lion-sur-Mer se rapporteraient plutôt à la partie inférieure du cornbrash. Pour bien faire saisir ces rapports, nous donnons ici un petit tableau que nous extrayons d'une note publiée par nous, l'année dernière, dans le tome VIII du *Bulletin de la Société Linnéenne de Normandie*, et qui indique la composition de la grande oolithe

21

distance dans la mer de la Manche, et que ses fossiles aient été charriés par les eaux et transportés plus ou moins loin du lieu où ils avaient vécu. Ce ne serait pas d'ailleurs le premier exemple de ce fait : il arrive fréquemment qu'en se rapprochant d'une formation qui n'existe pas encore, on la pressent d'avance, en rencontrant dans des couches plus récentes les fossiles qui caractérisent un niveau plus ancien.

§ 58.—*Résumé sur la grande oolithe.* — La grande oolithe est, avec l'oolithe ferrugineuse de Bayeux, celui de nos étages qui a été le plus visité par les géologues étrangers, principalement au point de vue paléontologique ; mais il n'en avait pas été pour cela mieux décrit, et jusqu'ici personne n'avait bien fait connaître sa composition en Normandie.

dans la Normandie, le Maine et le Boulonais, ainsi que ses rapports avec les couches qui la précèdent et la suivent dans la série.

		NORMANDIE.	SARTHE.	BOULONAIS.
OXFORD-CLAY.		Argile de Dives.	Argile et calcaire à *Perna mytiloides.*	Argiles à *Ter. impressa.*
CALLOVIEN.		Couche ferrugineuse d'Exmes. — Couches argileuses à *Am. macrocephalus.* Fossiles remaniés du cornbrash. Couches de Lion-sur-Mer.	Couche ferrugineuse de Mont-Bizot. Couches argileuses à *Am. macrocephalus.*	Ligne de fossiles calloviens remaniés à la base. Manque.
GRANDE OOLITHE.	Assise supérieure.	Manque. Couches de rivage de Luc et de Langrune. Couches profondes de Ranville.	Manque. Oolithe de Conlie, à Gastéropodes et à *Ter. cardium.* Forest-marble à *Nucleolites clunicularis.*	Cornbrash. {sup. Calcaire marneux à *Ter. lagenalis.* Oolithe du Wast. inf. Nombreux fossiles des couches de Ranville et de Langrune.} Manquent. Forest-marble à *Rhynchonella elegantula.*
	Assise inférieure.	Oolithe miliaire.	Oolithe miliaire.	Oolithe miliaire.
		Fuller's-earth.		

M. de Magneville (1) a le premier appelé l'attention sur cet étage ; il a donné à son ensemble le nom de calcaire à polypiers, sous lequel il a été désigné le plus souvent. Depuis, MM. Hérault et de Caumont l'ont décrit, mais sans entrer dans le détail de ses divisions ; le dernier de ces auteurs l'assimile cependant au *bradford-clay* et au *forest-marble* des Anglais. Mon père avait depuis décrit les couches de Langrune, sous le nom de pierre blanche, dans un petit mémoire qui est certes ce qui a été écrit de plus exact sur la grande oolithe de Normandie. Quant à M. d'Orbigny, j'avoue que je ne comprends rien à ses failles de Langrune, ni à la superposition des couches qu'il indique, p. 496 de son *Cours de paléontologie stratigraphique ;* enfin, l'évaluation de l'ensemble à 60 mètres de puissance me paraît exagérée. La plupart des auteurs que je viens de citer ont insisté avec raison sur la séparation bien manifeste de la grande oolithe et du callovien à Lion-sur-Mer ; de plus, M. de Caumont avait rapporté, sans affirmer pourtant, les calcaires subordonnés avec *Avicula echinata* au cornbrash des Anglais. On voit que cette opinion se trouve confirmée par la considération des fossiles ; mais nous pensons que ces couches ont été remaniées.

Du reste, aucun de ces auteurs n'a donné de détails ni sur l'oolithe miliaire, ni sur la séparation de cette assise avec le calcaire de Caen qu'ils ont le plus souvent confondus ensemble ; aussi est-ce le point resté jusqu'ici le plus obscur dans la géologie de nos contrées. Nous avons déjà, l'année dernière, fait connaître quelques détails à ce sujet (2), en comparant notre grande oolithe à celle du Boulonais et de la Sarthe. Nous espérons que l'étude que nous en donnons aujourd'hui dissipera toutes les incertitudes.

En résumé, nous pouvons dire que la grande oolithe de Normandie correspond à une période où la mer était largement ouverte et où les sédiments déposés ont une grande puissance ; elle repose sur le *fuller's-earth*, et la surface de contact est marquée par une ligne d'usure de la couche inférieure.

(1) *Mémoires de la Société Linnéenne de Normandie*, 1er vol., 1824, 1er et 2e mémoires sur le calcaire à polypiers.

(2) Eug. Deslongchamps : Notes pour servir à la géologie du Calvados, 3e article (Extrait du VIIe vol. du *Bulletin de la Soc. Linn. de Normandie*, 1863).

Elle est formée d'une masse compacte de calcaires blancs plus ou moins purs, avec quelques lits sableux ou marneux.

Comme caractère paléontologique spécial et très-remarquable, on doit citer la rareté des Céphalopodes, et même leur absence complète dans certaines couches.

Notre grande oolithe peut se diviser en deux assises : l'oolithe miliaire et le calcaire à polypiers.

L'oolithe miliaire correspond exactement au *great-oolite* des Anglais ; elle est presque toujours très-peu fossilifère. Toutefois, c'est cette assise qui mériterait plus spécialement le nom de calcaire à polypiers ; elle est caractérisée par la *Ter. maxillata*, et sa partie supérieure par une couche remarquable où abondent de grandes Nérinées et le *Purpuroidea minax*.

Le calcaire à polypiers, dont le nom est très-mal appliqué, puisqu'il ne renferme guère que des bryozoaires et des spongiaires, est caractérisé par les *Terebratula cardium* et *digona*. Il admet deux subdivisions.

1° Les couches profondes de Ranville ou caillasse ;

2° Les couches de rivage de Langrune, ou pierre blanche.

La première de ces subdivisions est généralement plus ou moins marneuse, et caractérisée spécialement par les *Apiocrinus Parkinsoni* ; elle correspond au *bradford-clay* des Anglais. C'est aussi le niveau des *Eligmus*.

La deuxième est formée de calcaires blancs non marneux, et caractérisée spécialement par les *Terebratula hemisphærica*, et l'abondance des *Tereb. flabellum* ; elle paraît représenter le *forest-marble* des Anglais.

Ces deux subdivisions ne paraissent guère, d'ailleurs, être que deux simples faciès synchroniques d'un même dépôt.

La partie supérieure de ces assises est fortement usée et corrodée, et on voit au-dessus, en stratification discordante, les premières assises oxfordiennes.

Ces premières assises sont remarquables à Lion-sur-Mer et dans quelques autres points, en ce qu'elles renferment des fossiles remaniés du cornbrash, assise maintenant absente, mais qui a dû être détruite et que l'on retrouverait sous la mer, à une distance indéterminée.

IIᵉ PARTIE.

CONSIDÉRATIONS GÉOLOGIQUES ET PALÉONTOLOGIQUES SUR LES COUCHES DÉCRITES PRÉCÉDEMMENT.

§ 1. — Après avoir passé en revue, dans les trois départements, les différentes couches jurassiques inférieures qui font l'objet de notre travail, nous devons, pour le compléter, faire connaître certaines stations qui ne peuvent être regardées géologiquement que comme des exceptions, puisqu'elles s'éloignent du type normal, mais qui nous permettent, par la quantité et la variété des animaux qu'elles offrent à nos yeux, de reconstituer ces faunes anciennes dans tout leur éclat. C'est, en effet, ce que nous chercherions vainement dans les dépôts normaux, où quelques Céphalopodes et un petit nombre de Lamellibranches ne peuvent nous donner qu'une idée très-incomplète de l'activité, je dirai même de l'exubérance vitale, pendant la grande période jurassique. On a déjà compris que nous devions, en première ligne, citer le récif si curieux étendu de Baron à Bretteville-sur-Laize, en passant par les célèbres localités de Fontaine-Étoupefour, de Feuguerolles, de May, etc. Nous y ajouterons la station de vertébrés des marnes infrà-oolithiques dans ce que nous avons déjà appelé la rade de Curcy, puis la station de vertébrés d'Allemagne, près Caen, dans le fuller's-earth ; enfin, dans la grande oolithe, la station de Spongiaires et d'Échinodermes de St-Aubin de Langrune, et la station non moins curieuse de Pentacrinites de Soliers.

Nous passerons ensuite, dans un autre chapitre, à des dislocations ou failles nombreuses, qui se sont produites dans ces dépôts. Les unes sont le fait des mouvements du sol, qui ont formé, d'une part, la baie des Veys et le golfe tertiaire du Cotentin, de l'autre, l'axe du Merlerault. Les autres failles ont une origine tout accidentelle, toute partielle, tenant à la nature même des couches qu'elles ont affectées ; ce sont les petites brisures si fréquentes dans notre lias inférieur, et auxquelles nos paysans donnent le nom de *vitoirs*.

Dans un troisième et dernier chapitre, nous ferons connaître un certain nombre de grandes coupes prises à travers nos trois départements, et qui nous permettront de montrer les allures de ces couches. Ce même chapitre sera également consacré à signaler les limites des mers et des rivages pendant la sédimentation des couches étudiées dans notre première partie. Ces données, jointes aux considérations paléontologiques, nous permettront de conclure, avec connaissance de cause, sur la valeur des étages admis dans notre lias et notre système oolithique inférieur.

CHAPITRE Ier.

STATIONS PALÉONTOLOGIQUES REMARQUABLES.

I. — Récif de May et de Fontaine-Étoupefour.

§ 2. — Nous avons eu souvent l'occasion de citer le récif de May et de Fontaine-Étoupefour comme points remarquables où les sédiments, principalement ceux du lias à Bélemnites, diminuaient brusquement de puissance et changeaient d'aspect du tout au tout, mais où les fossiles les plus curieux étaient en nombre immense ; en un mot, les dépôts formés dans ces points contrastent tellement avec les couches synchroniques formées dans des conditions habituelles, qu'il faut avoir vu à plusieurs reprises ces sédiments anormaux et les avoir suivis pas à pas dans leurs transformations , pour rapporter sûrement le lambeau qu'on a sous les yeux à l'étage qui doit le revendiquer (1).

Si, partant de Caen, nous suivons la route de Vire, nous marchons d'abord sur le calcaire de Caen, puis sur l'oolithe inférieure ; enfin , en arrivant à Verson, nous trouvons le lias reposant sur les anciens terrains que nous suivons l'espace de 1 ou 2 kilomètres. Ceux-ci consistent principalement en un grès quartzeux , gris ou rougeâtre , le grès de May, appartenant au silurien moyen ou *Caradoc-sandstone*, et qui forme ici une espèce de bombement ou large crête saillante au-dessus de la campagne environnante. En continuant notre route , nous descendons de nouveau et nous retrouvons de petits dépôts du système oolithique inférieur, supportés par des assises puissantes et très-fossilifères du lias à Bélemnites à Noyers, à Missy, à Monts-en-Bessin , etc., etc.

Sur la route d'Évrecy, nous observons un fait tout-à-fait semblable. Nous marcherons d'abord, et toujours en montant, sur des assises jurassiques inférieures assez puissantes et tout-à-fait normales, jusqu'à 1 kilomètre au-delà du village d'Éterville (Voir la coupe de Landes à Caen, Pl. II, fig. 1), où nous verrons une sorte d'arête en forme de bosse couper la route dans une direction perpendiculaire (2). Suivons cette arête et nous ne tarderons pas, à droite, à rencontrer les carrières de Fontaine-Étoupefour, où nous pourrons nous assurer que cette saillie était due encore au même grès de Caradoc qui coupe la plaine et qu'on y exploite pour l'empierrement des routes. Des deux côtés, le lias à Bélemnites s'adosse à cette crête, puis les marnes infra-oolithiques nivellent le terrain. Du côté gauche de la route d'Évrecy, nous arriverons de même à une suite de saillies quartzeuses s'étendant

(1) Nous avons vu que cette reconnaissance s'appliquait très-difficilement aux subdivisions des étages ; que pour le lias à Bélemnites, par exemple, il nous a été impossible de préciser à quelle couche appartenaient tels ou tels fossiles ; nous n'avons pu reconnaître bien exactement parmi ces subdivisions que la couche à *Leptæna*.

(2) Il existait dans ce point même, à l'intersection de la route, avec l'arête quartzeuse, il y a une quinzaine d'années, une carrière fort curieuse où le contact des deux roches silurienne et jurassique était très-remarquable. Sur le côté droit de la route il n'y avait guère que des marnes infra-oolithiques, représentées principalement par les couches à *Amm. bifrons*; de l'autre côté, on y voyait la superposition directe, et sans l'intermédiaire des argiles à poissons, de ces mêmes couches sur le lias à Bélemnites. Ces carrières, malheureusement rebouchées, ont fourni une quantité énorme de fossiles magnifiques.

depuis Maltot jusqu'à Feuguerolles, et des deux côtés de cette saillie, les assises jurassiques vont également en s'inclinant légèrement et en augmentant rapidement de puissance.

Passons ensuite sur la rive droite de l'Orne, et nous verrons encore le grès silurien percer plusieurs fois les assises jurassiques à St-André-de-Fontenay, à May, à Bretteville-sur-Laize, etc.

Si maintenant nous réunissons ces divers points, nous verrons qu'ils sont tous disposés suivant une longue ligne droite orientée, nord-ouest, sud-est, et que de chaque côté de la ligne qu'on pourrait appeler *de faîte*, les dépôts jurassiques vont en gagnant rapidement d'épaisseur, plongeant, du côté de Caen, vers le plein de l'ancienne mer, et de l'autre côté vers une dépression qui se termine à une distance plus ou moins éloignée, atteignant jusqu'à 3 ou 4 lieues ; c'était le bord de l'ancien rivage.

Le diagramme suivant, qui couperait l'arête quartzeuse perpendiculairement à sa direction, fera mieux comprendre cette disposition également appréciable dans notre coupe C de la butte de Landes à la butte du Moulin-au-Roi (Pl. II, fig. 1). Cette saillie quartzeuse est, à la

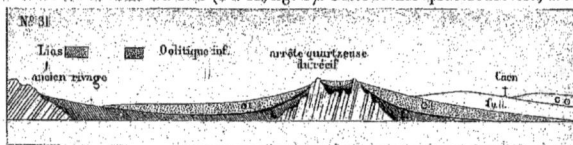

vérité, interrompue ou plutôt masquée par les couches de l'oolithe inférieure et du *fuller's-earth* ; mais si nous suivons les vallées de l'Odon et de l'Orne, nous pouvons facilement constater que, même dans les points où le grès ne perce pas la plaine, il est recouvert à peine par quelques mètres de dépôts jurassiques, et que le lias ne se montre au jour que de place en place, comblant seulement les dépressions les plus profondes et venant mourir en s'amincissant de plus en plus, toutes les fois que les arêtes quartzeuses sont saillantes au-dessus du niveau de la plaine. Le lias offre donc, dans ces points, une ligne très-onduleuse qui suit, en les adoucissant, les anfractuosités siluriennes, tandis que le système oolithique inférieur comble à peu près complètement les dépressions. C'est ce que nous tâ-

cherons d'exprimer dans ce diagramme, qui suit la direction de l'arête
quartzeuse pendant une partie de son parcours.

LE RÉCIF PENDANT LA PÉRIODE DU LIAS.

§ 3. — Il résulte évidemment, de ces faits, qu'à une distance assez
grande du rivage de l'ancienne mer jurassique, il a existé dans le département du Calvados une arête quartzeuse ayant produit, pendant la période du lias, un récif dont les pointes s'élevaient au-dessus du niveau des
eaux et dont les parties déclives formaient une foule de petits bassins.

De gros galets accumulés à droite et à gauche contre les pentes, prouvent que la mer déferlait avec violence sur ces pointes, qui devaient agir
comme autant de brise-lames : aussi ne trouvons-nous que peu de débris
organiques sur les flancs de cette grande arête quartzeuse. On peut voir,
de ces sédiments grossiers en beaucoup de points : entre le village de May
et la butte de Laize, à Fresnay-le-Puceux, à Bretteville-sur-Laize, etc.,
et jusqu'auprès de Falaise, à Villy-la-Croix, à Fresnay-la-Mère, etc., sur
le bord septentrional d'un second récif beaucoup plus étendu, celui de
Montabard, faisant suite à celui de May, après une interruption de
quelques lieues et se poursuivant dans les départements de l'Orne et du
Calvados.

L'aspect de cette partie de la mer devait donc, à cette époque, ressembler beaucoup aux côtes actuelles de la Bretagne et du département de la Manche, où une foule de pointes, de caps, de raz,
d'îlots et de récifs rendent la navigation si dangereuse ; où l'on voit,
même dans les temps calmes, les côtes entourées partout de brisants
dont l'écume, d'un blanc éclatant, tranche sur la couleur verte ou bleu-
foncé des eaux.

Ainsi tout est violence et destruction contre ces pointes extrêmes, et

22

la vie des animaux est incompatible, sur les flancs du récif, avec l'agitation de ces eaux se brisant avec furie ; mais, si nous pénétrons dans l'intérieur même des petits bassins creusés au centre du récif, dans ces
bas-fonds accidentés que les pointes environnantes, faisant l'office de
brise-lames, ont protégé contre la fureur des vagues, tout change. Au lieu
de ces dépôts grossiers, de ces gros blocs roulés, nous trouvons des sédiments fins, se modelant d'abord exactement sur les moindres aspérités
de la roche silurienne et comblant peu à peu les trous les plus profonds. Il
est visible que ce dépôt s'est effectué avec une extrême tranquillité. Sur les
flancs du récif, il n'y a que des fossiles rejetés, sans ordre et pour la plupart
roulés ; ici, au contraire, les lamellibranches et surtout les gastéropodes,
sont en nombre prodigieux ; les formes les plus curieuses y sont par
milliers, et ces fossiles montrent une conservation admirable ; les plus
fins ornements, les pointes les plus délicates de ces splendides représentants de nos anciennes mers s'offrent aux yeux de l'observateur.
Dans un grand nombre de points du récif, j'ai eu l'indicible satisfaction
de contempler ce magnifique spectacle, montrant la faune liasique
telle qu'elle existait en place. La distance des temps s'effaçait alors
devant moi, il me semblait voir revivre cette faune éteinte depuis
une série incalculable de siècles. A Fontaine-Étoupefour et à May
surtout, cette conservation étonnante des fossiles m'a toujours frappé
d'admiration. Souvent j'ai assisté à l'exhumation de ce rocher, formé
du plus dur grès de Caradoc. Je voyais s'élever successivement les couches calcaires qui avaient nivelé le sol, apparaître çà et là, perçant les
roches horizontales, une pointe de grès, puis une autre, puis une
autre encore ; enfin, toutes ces pointes se rejoignant ensemble offraient à mes regards le récif dans son état primitif ; les fentes du
grès toutes pleines de Gastéropodes aux mille formes, les pierres chargées d'Astrées, de Montlivalties et de Thécidées encore adhérentes.
Chaque coup de pioche, enlevant successivement les déblais, me faisait
l'effet d'un flot de marée descendante, découvrant peu à peu le fond
de la mer jurassique. J'étais sous l'impression qu'on ressent lorsqu'une
grande marée des équinoxes vient nous révéler un de ces rochers ne
découvrant presque jamais et qui, pour quelques instants seulement,
font jouir les yeux du naturaliste de la vue de ces êtres marins aux

mille formes, aux couleurs splendides, s'ébattant en liberté dans les petites flaques d'eau laissées par le flot en se retirant.

Les fentes du grès surtout offrent des accumulations incroyables de fossiles. Ce sont de véritables lumachelles, où la pâte elle-même disparaît presque complètement et où l'on ne voit que des coquilles entassées, empilées les unes sur les autres. Lorsqu'on a la chance de tomber sur une de ces fentes où les tests sont bien conservés et la gangue tendre, on peut faire en quelques heures une collection magnifique de ces admirables fossiles. Il est à remarquer que les associations d'espèces ne sont pas toujours les mêmes dans ces poches. Tantôt une forme domine, tantôt une autre ; tantôt une d'elles ne renferme que des Gastéropodes et quelquefois deux ou trois espèces seulement ; dans d'autres, il n'y a que des Brachiopodes ou des Lamellibranches. Il est à croire que les coquilles venaient se mettre à l'abri dans les fentes, et que lorsque quelque coup de vent plus fort que les autres faisait franchir aux lames leurs barrières naturelles, les pointes de grès, le fond, remué par l'agitation insolite des eaux, se délayait, puis était rejeté contre les parois du bassin ; alors les animaux réfugiés dans les fentes du grès se trouvaient emprisonnés par des vases qui venaient obstruer l'entrée de leur retraite, et ne pouvaient plus sortir de cet asile devenu leur tombeau.

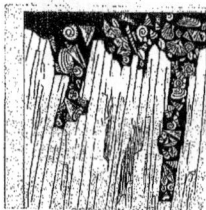

Une circonstance toute particulière vient donner à cette explication un grand caractère de vraisemblance. En effet, lorsque la pioche découvre une de ces fentes si curieuses, il s'en exhale une odeur un peu bitumineuse et fétide, très-caractéristique, que l'on constate toutes les fois qu'on met au jour des parties terreuses pénétrées de substances animales décomposées dues à la destruction des cadavres de corps organisés ensevelis depuis longues années.

Il arrive encore fréquemment qu'on rencontre tout près de ces poches à Gastéropodes, mais généralement à un niveau un peu inférieur, des sédiments plus grossiers avec galets, et même de gros blocs quartzeux et des fossiles plus ou moins roulés ; en un mot, des dépôts semblables à ceux des flancs du récif.

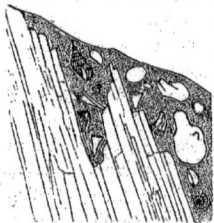

Rien de plus facile encore à expliquer. Il est évident, en effet, que plusieurs points de la ceinture de crêtes offraient des brisures par lesquelles la mer a passé tout d'abord dans l'intérieur des petits bassins. Elle y a donc, à ce moment, déposé de gros sédiments ; mais, plus tard, ces entrées ont été obstruées par l'accumulation même du dépôt, et alors la zone des brisants ne s'est plus étendue à l'intérieur, ce qui a permis aux Gastéropodes de se multiplier dans des points où, peu de temps auparavant, leur existence n'était pas possible à cause de l'agitation des eaux. Dans le dessin n° 32, nous voyons à gauche une poche à Gastéropodes établie pendant la dernière période de tranquillité, tandis qu'à droite sont accumulés contre le grès de gros galets et des fossiles roulés, annonçant que cet autre dépôt a eu lieu dans la première phase où le brise-lames n'était pas encore fermé.

Quoi qu'il en soit, j'ai recueilli avec grand soin toutes les espèces que j'ai pu rencontrer dans ces poches fossilifères, et le résultat de ces laborieuses explorations, répétées peut-être plus de cent fois, s'est traduit en une série très-nombreuse de formes qui permettra de reconstituer, avec des matériaux certains, la plus remarquable peut-être des faunes jurassiques, celle du lias à bélemnites, dont on n'a qu'une idée très-imparfaite, quand on s'en tient à l'étude des localités normales où elle est relativement d'une très-grande pauvreté.

Nous avons vu qu'il était à peu près impossible de reconnaître dans les sédiments déposés sur ce récif, les diverses couches signalées dans notre deuxième partie. Nous ne pouvons distinguer ici que deux assises : l'inférieure, ou couche à Gastéropodes, correspondant sans doute aux couches à *Ter. numismalis*, puis à celles que caractérisent les *Amm. Davœi* d'une part, et de l'autre, les *Amm. margaritatus* et *spinatus*. Le second niveau est celui de la couche à *Leptœna*, qui prend parfois, dans ces localités anormales, une im-

portance et une épaisseur exceptionnelles. Nous étudierons donc séparément les faunes de ces deux couches, en commençant par l'inférieure,
correspondant sans doute, d'après ce que nous venons de dire, à
presque toute la série du lias à Bélemnites.

COUCHES À GASTÉROPODES.

§ 4. — Ces couches sont de beaucoup les plus fossilifères de toutes ;
et pour nous rendre un compte à peu près exact de la faune curieuse
du récif, nous la suivrons dans les différentes classes et ordres
d'invertébrés.

CLASSE DES CÉPHALOPODES.

§ 5. — Les Céphalopodes, souvent si abondants autour du récif,
sont au contraire assez rares dans l'intérieur des petits bassins ; j'y ai
recueilli, toutefois, plusieurs Nautiles, les *Belemnites niger* et *paxillosus*,
les *Ammonites planicosta, spinatus, margaritatus* type, et la grande variété
Engelhardi, l'*Amm. Taylori*, enfin une autre petite espèce, probablement nouvelle.

CLASSE DES GASTÉROPODES.

§ 6. — Les Gastéropodes y sont, au contraire, d'une abondance
prodigieuse et donnent à cette faune un cachet tout particulier, dont
nous pourrons tirer des conséquences importantes.

L'ordre des Prosobranches nous offre de nombreux représentants de
certaines familles, tandis que d'autres sont tout-à-fait absentes ou à
peine indiquées.

Les STROMBIDÉES ne nous montrent aucune espèce ; cette famille
n'aurait commencé à se produire que dans la période oolithique.

Les MURICIDÉES sont à peine représentées dans le lias à Bélemnites :
aucun véritable *Murex, Ranelle* ou *Triton* etc., n'y existe ; mais certaines
coquilles, que mon père a rangées dans le genre *Fusus*, appartiennent incontestablement à cette famille : ce sont les *Fusus curvicostatus* (Desl.),

F. textus (Desl.), *F. Ulysses* (d'Orb.), *F. crenulatus* (Desl.). Nous devons y ajouter quatre ou cinq espèces nouvelles, dont le genre n'est pas bien précisé.

La famille des BUCCINIDÆ ne nous a offert aucun représentant authentique; elle ferait ainsi complètement défaut dans le lias; mais elle commence dans les assises à *Amm. bifrons* des marnes infrà-oolithiques, avec les *Purpurina*, auxquelles s'ajoutent plus tard de véritables *Buccins*, des *Brachytrema*, des *Purpuroidea*, etc.

Les CONIDÆ, les VOLUTIDÆ, les CYPRÆIDÆ n'y offrent aucun représentant; on voit donc que les Gastéropodes carnivores proprement dits, c'est-à-dire ceux qui sont munis d'un canal antérieur pour le passage d'une trompe, étaient fort peu répandus dans les mers de cette époque.

Avec les Gastéropodes phytophages, dont les premières familles sont toutefois presque aussi carnivores que celles que nous venons de citer, les espèces et les genres deviennent bien plus nombreux.

Les NATICIDÉES, dont les habitudes sont encore très-carnivores, ne paraissent pas avoir vécu à cette époque; les coquilles rapportées au genre *Natica* par d'Orbigny nous semblent devoir plutôt se rapprocher des Pyramidellidées.

Dans la famille des PYRAMIDELLIDÉES, outre les *Chemnitzia nodosa* (Desl.), *Ch. phasianoides* (Desl.), et deux autres espèces nouvelles, nous trouvons une série très-nombreuse d'un type éminemment liasique qu'on retrouve dans le lias inférieur et jusque dans l'infrà-lias, mais qui ne dépasse pas le niveau des *Ammonites margaritatus*. J'avais rapporté ces coquilles au genre *Niso* (1), que je conserve ici provisoirement pour les espèces suivantes : *Niso elongatus* (d'Orb.), *N. perforatus* (d'Orb.), *N. glaber* (Lock); *N. monoplicus* (d'Orb.), *N. Normanianus* (d'Orb.), *N. Eolus* (d'Orb.), *N. Mariæ* (d'Orb.), *N. Nerea* (d'Orb.), *N. Nicias* (d'Orb.), *N. Cupido* (d'Orb.). Il faut également ranger dans cette famille la *Natica pelea* de d'Orbigny, qui n'est certainement pas une Natice.

(1) Ce type, que j'avais tout d'abord réuni au genre *Niso* (Voir *Bulletin de la Soc. Linn. de Normandie*, t. V, p. 121), offre bien, comme ce dernier, un large ombilic et quelquefois la forme extérieure des grandes espèces tertiaires; mais, en outre, il montre toujours un gros pli à la columelle, et par conséquent se rapprocherait plutôt des Pyramidelles. C'est un genre particulier sur lequel je reviendrai dans un autre travail.

La famille des ALARIÉES serait représentée par les *Alaria liasiana*
(d'Orb.) et deux espèces nouvelles que M. Piette doit faire connaître
prochainement dans la première livraison de la *Paléontologie française*.

Les CÉRITHIADÉES, au contraire, sont fort nombreuses ; ce sont de
petites espèces appartenant probablement à un ou à plusieurs genres
particuliers, n'ayant pas encore été suffisamment étudiées ; elles abondent dans certaines poches et offrent une variété infinie de formes. Nous
pouvons, sans crainte d'exagération, élever leur nombre à plus de quarante espèces, dont la plupart sont nouvelles et seront décrites prochainement par M. Piette. Citons les suivantes, décrites par mon père : *Cer.
precatorium* (Desl.), *Cer. subreticulatum* (d'Orb.), *Cer. subcostulatum*
(Desl.), *Cer. tœniatum* (Desl.), *Cer. subcostellatum* (d'Orb.), *Cer. sub-
pustulosum* (d'Orb.), *Cer. subvariculosum* (d'Orb.), *Cer. varicosum*
(Desl.), *Cer. spinuliferum* (Desl.), *Cer. macrogoniatum* (Desl.).

Les TURRITELLIDÉES sont également très-nombreuses et offrent des
formes spéciales retrouvées, du reste, dans toute la série jurassique
et appartenant probablement à un genre particulier ; telles sont les
Turr. scrobina (Desl.), *Turr. spicula* (Desl.), *Turr. ziczac* (Desl.),
Turr. polygoniata (Desl.), et beaucoup d'autres espèces indéterminées.
Ajoutons-y une forme toute spéciale, de grande taille, ayant une ressemblance frappante avec la *Turritella Jœgeri* (Klips.) du trias supérieur ; il est même très-probable que ces deux coquilles appartiennent à un genre nouveau qui s'éteindrait dans le lias à Bélemnites ; car
aucune forme semblable ne se retrouve dans la série oolithique telle
que nous la considérons.

Les MÉLANIDÉES et les PALUDINIDÉES n'y ont aucun représentant, à
moins qu'on ne doive y faire rentrer une partie des formes rangées par
d'Orbigny dans les Natices et les *Chemnitzia*, ce qui me paraît très-peu
probable.

La famille des LITTORINIDÉES nous montre des coquilles très-remarquables appartenant au genre *Eucyclus* (1). Ce genre paraît être exclusivement jurassique et s'être produit pendant toute cette période depuis

(1) Voir t. V du *Bulletin de la Soc. Linn. de Normandie*, p. 188, la note de mon père, intitulée :
Note sur l'utilité de distraire des genres *Turbo* et *Purpurina* quelques coquilles des terrains jurassiques et
d'en faire une coupe nouvelle, sous le nom d'*Eucyclus*.

l'infrà-lias jusqu'au Portlandien. Les *Eucyclus* sont des coquilles tro-
choïdes à bouche large, un peu évasée, offrant quelquefois un petit
ombilic, remplacé le plus souvent par une fente allongée. Leur test,
d'une minceur extraordinaire, leurs ornements délicats et variés en font
des espèces d'une élégance extrême; plusieurs ont été rangées par
d'Orbigny soit dans le genre *Trochus*, soit dans son genre chaotique
Purpurina (1). Bien que la plupart de ces gracieuses coquilles ne soient pas
encore décrites (2), nous pouvons cependant dès maintenant signaler les
Eucyclus Julia (d'Orb. sp.), *Euc. capitaneus* (Munster) (3), *Euc. Nereus*
(d'Orb.), *Euc. obeliscus* (Desl.). A cette nombreuse série d'espèces nouvelles ou déjà connues, nous devons encore ajouter le *Pitonellus conicus*
(d'Orb.), et l'*Onustus liasianus* (Desl.), qui serait le plus ancien représentant de ce genre.

Parmi les NÉRITIDÉES, nous devons signaler deux nouvelles espèces
du genre *Nerita*; le *Neritopsis Hebertiana* (d'Orb.) et une autre espèce
nouvelle, enfin le *Pileolus liasinus* (E. Desl.), nouvelle espèce voisine du
Pil. lævis, mais un peu plus grande et montrant un rudiment de spire à
l'extérieur.

Les représentants de la famille des TURBINIDÉES y sont en très-grand
nombre; nous citerons les *Trochus Æmilius* (d'Orb.), *Tr. trimonitis*
(d'Orb.), *Tr. glaber* (Kock), *Tr. epulus* (d'Orb.), espèce très-répandue,
Tr. Actæon (d'Orb.), *Ter. lateumbilicatus* (d'Orb.), *Tr. Ægion* (d'Orb.),
Ter. cirrhus (d'Orb.), *Ter. amor* (d'Orb.), *Ter. Ajax* (d'Orb.), *T. Œdipus*
(d'Orb.), *Tr. Mysis* (d'Orb.); *Discohelix sinister* (d'Orb. sp.) (4). *Disc.*,

(1) Voir *Bulletin de la Soc. Linn. de Normandie*, t. V, p. 119, ma note, intitulée : Observations
concernant quelques Gastéropodes des terrains jurassiques.

(2) Je me réserve de publier prochainement une note assez étendue où seront discutés amplement les
caractères de ce genre et où je ferai figurer les nombreuses espèces du lias.

(3) Jusqu'ici nous n'avons pu trouver de différences bien sensibles entre les échantillons provenant du
lias à Bélemnites et ceux des couches à *Amm. bifrons* et à *Amm. Murchisonæ*. Si ce fait se confirme, ce
qui est encore douteux, ce sera la seule espèce de Gastéropodes connue aux lias et aux marnes infrà-
oolithiques que nous ayons constatée.

(4) Le genre *Discohelix* a été créé pour des espèces de *Hierlatz* appartenant au lias inférieur et se
rapportant exactement à l'espèce que d'Orbigny a figurée sous le nom de *Straparollus sinister*. Que le nom
de *Straparollus* soit conservé ou non, on ne peut l'appliquer aux espèces du lias : il se rapporte effectivement aux vrais *Evomphalus* des terrains anciens, qui sont toute autre chose que nos *Discohelix*. Les
Discohelix étaient nacrés et proches parents des Dauphinules; ils appartiennent donc à la famille des
Turbinidées, ainsi que la plupart des prétendus *Cadrans* de d'Orbigny.

trois autres espèces nouvelles. *Cirrhus? Normanianus* (d'Orb.) (1). *Cir.?*
cinq autres espèces nouvelles : *Turbo Nisus* (d'Orb.), *T. Nereus* (d'Orb.),
T. Licas (d'Orb.) et une quantité d'autres espèces qu'il faudra probablement faire rentrer dans des coupes nouvelles, *Delphinula reflexilabrum* (d'Orb.).

La famille des HALIOTIDÉES s'y présente avec des caractères fort remarquables, bien que nous n'y constations que les deux genres *Trochotoma*
et *Pleurotomaria*. Le premier offre deux espèces de grande taille, le *Trochotoma gradus* et une espèce nouvelle à tours bien plus arrondis, que
nous nommerons *Tr. Morieri*. Le second genre est représenté par une
série très-nombreuse d'espèces des plus remarquables. Comme nous
avons des conclusions à tirer de quelques-unes d'entr'elles, nous entre-
rons à ce sujet dans quelques détails.

On peut distinguer dans les Pleurotomaires trois grandes sections (2)
qui ont même, à nos yeux, la valeur de véritables genres ; car elles sont
basées sur des différences très-importantes de la bandelette et de l'entaille, entraînant nécessairement des modifications dans les organes respi-
ratoires. La première de ces sections est celle des SUTURAUX, où la bandelette est constamment cachée par la suture des tours de spire et ne se voit
par conséquent que sur le dernier. De plus, l'entaille est une sorte de large
échancrure plus ou moins développée plutôt qu'une véritable fente. Les
espèces de cette section, très-nombreuses durant les périodes dévonienne,
carbonifère et triasique, se terminent avec la période liasique, telle que
nous l'entendons ; en effet, nous retrouvons de ces espèces dans l'infrà-
lias, le *Pleur. cæpa* (Desl.), par exemple, dans le lias inférieur et dans
les diverses assises du lias à Bélemnites ; mais là ils s'éteignent entièrement et jamais on n'en a constaté de traces, ni dans les marnes infrà-oolithiques, ni dans tout le reste de la série jurassique. Les espèces que j'ai

(1) Le nom de *Cirrhus* s'applique aussi très-mal à nos coquilles de May et de Fontaine-Etoupefour. Elles
sont toujours senestres, mais ne peuvent être rapprochées des *Haliotides* sous aucun prétexte ; c'est plutôt
un genre particulier voisin des Dauphinules. Du reste, il traverse toute la série jurassique inférieure : on en
trouve dès l'infrà-lias ; on en voit également dans les marnes infrà-oolithiques (*Cir. Bertelotti*, couches à
Amm. bifrons); *Cirr. Leachi*, dans les couches à *Amm. Murchisonæ ;* trois espèces nouvelles dans l'oolithe
inférieure proprement dite, et dans la grande oolithe ; *Cir. Calisto* (d'Orb. *sp.*).

(2) Voir, pour plus de détails, l'important mémoire de mon père sur les Pleurotomaires, t. IX , des *Mémoires de la Société Linnéenne de Normandie*, p. 1 et suivantes, avec dix-huit planches lithographiées.

observées sur le récif de May et de Fontaine-Étoupefour atteignent une taille remarquable ; ce sont les *Pleur. rotellæformis* (Dunk.), *Pleur. suturalis* (Desl.), *Pleur. heliciformis* (Desl.) et deux autres espèces que je me propose de décrire prochainement, sous les noms de *Pleur. complanata* et *Pleur. Perrieri*.

Dans les deux autres sections, la bandelette se voit au milieu de chacun des tours de spire, et par conséquent n'est nulle part cachée par l'enroulement. L'une d'elles est celle des Pleurotomaires à bandelettes linéaires. L'entaille y est toujours démesurément longue, mais en même temps d'une étroitesse remarquable. Les espèces de cette section dominent principalement dans les terrains crétacés, et on peut en voir des formes très-remarquables figurées par d'Orbigny dans sa *Paléontologie française*. On en retrouve également des représentants dans les assises jurassiques, mais pas un seul dans le lias. Par contre, dès les marnes infrà-oolithiques, on en voit paraître de très-bien caractérisés dans les marnes à *Amm. bifrons* et surtout dans les couches à *Amm. Murchisonæ*. Pas un seul n'existe dans les terrains antérieurs au lias. Nous constatons donc ici un fait très-important : DISPARITION, d'une part, D'UNE SÉRIE D'ÊTRES qui avaient pullulé durant les périodes anciennes ; et, pour les remplacer, CRÉATION D'UNE AUTRE SÉRIE D'ANIMAUX caractérisant, au contraire, par leur abondance, la période oolithique et les diverses périodes crétacées.

La troisième section des Pleurotomaires est la plus commune et aussi la plus nombreuse en espèces ; elle est caractérisée par une entaille large, plus ou moins grande, mais toujours coupée carrément. Elle s'est montrée dès les plus anciens terrains et perpétuée jusqu'à nos jours, où nous voyons encore deux espèces, vivant dans les régions chaudes de l'Amérique. La plupart de ces coquilles n'offrent rien de particulier à noter, mais d'autres nous fourniront des données précieuses ; ce sont : les *Pleurotomaria Deshayesi* (Desl.) et ses variétés *subgradata, polyptica, intermedia, tumidula* et *patula* ; *Pl. hyphanta* (Desl.), *Pl. turgidula* (Desl.), *Pl. nodulosa* (Desl.), *Pl. gigas* (Desl.), *Pl. bitorquata* (Desl.), *Pl. princeps* (Kock.), *Pl. precatoria* (Desl.), *Pl. undosa* (Desl.), *Pl. sulcosa* (Desl.), *Pl. araneosa* (Desl.), *Pl. subradians* (d'Orb.), *Pl. Buchii* (Desl.), et ses

variétés *oxyspira* , *intermedia* et *exsertiuscula* ; *Pl. platyspira* (Desl.) ,
Pl. mirabilis (Desl.), *Pl. omphalaris* (Desl.). Une forme très-remarquable
est le *Pleurotomaria foveolata* (Desl.), qui nous paraît devoir constituer
deux espèces : la première comprenant les variétés *trochoidea* et *subtur-
rita,* et la seconde que M. d'Orbigny a déjà nommée *procera,* renfermant
les variétés *turrita, procera, pinguis* et *ellipsoidea* de mon père. Si nous
comparons les *Pl. foveolata* et *procera* à certaines formes triasiques décrites par Klipstein , telles que les *Pl. Johannis Austriæ* , *substriata ,
Meyeri, Credneri, Beaumonti, subpunctata* et *subplicata ,* nous voyons que
ces coquilles ont entre elles de bien grandes affinités ; c'est la même
forme élancée, exactement la même base avec une fossette très-caractéristique, le long de la columelle ; la taille seule est différente, nos
espèces liasiques étant trois ou quatre fois plus grandes. Si on examine
la bandelette des espèces triasiques , on voit qu'elle offre un caractère
fort curieux et fort remarquable pour le genre , étant toujours plus ou
moins noduleuse et tendant même à former des pointes, comme dans les
Cirrhus. Dans quelques échantillons des *Pl. foveolata* et *turrita,* on peut
voir se répéter des rudiments de ces nodosités. On voit donc que ces
différentes espèces appartiennent à une section bien caractérisée dans
le genre (les *Foveolatæ*), section qui se serait produite principalement dans
les assises triasiques supérieures, qu'on retrouverait dans l'infrà-lias et
qui viendrait s'éteindre complètement dans le lias à Bélemnites.

Les FISSURELLIDÉES nous offrent deux petites espèces , une *Emarginula
planicostula* (Desl.), et une autre nouvelle ; enfin , une grande et magnifique coquille que j'ai décrite l'année dernière , sous le nom de *Emarginula nobilis* (Desl.).

Les CALYPTRÆIDÉES n'y sont point représentées.

Les PATELLIDÉES y sont fort rares ; nous pouvons cependant citer au
moins cinq espèces nouvelles, dont deux de grande taille.

Enfin les CHITONIDÉES nous ont offert quelques valves de deux espèces
remarquables, décrites par nous sous les noms de *Chiton Terquemi* (E.
Desl.) et *Chit. liasianus* (E. Desl.).

Les Gastéropodes PULMONÉS n'y ont offert aucun représentant.

Les Gastéropodes OPISTOBRANCHES n'ont de représentants que dans les
familles des TORNATELLIDÉES et des BULLIDÉES. Quant aux NUDIBRANCHES, il

est probable qu'il en existait, et peut-être de nombreuses légions, dans ces eaux tranquilles et peu profondes, qui leur convenaient parfaitement ; mais ces animaux mous n'ont pu nous laisser de traces de leur existence. Quant aux Nucléobranches, nous n'avons rencontré rien qui pût faire soupçonner leur présence.

Les Bullidées ne nous ont offert qu'une seule espèce, la *Bulla liasiana* (E. Desl.).

Les Tornatellidées sont représentées par la *Tornatella sparsisulcata* (d'Orb.) et un certain nombre de coquilles placées par M. d'Orbigny dans son genre *Actæonina*. Nous devons y conserver trois espèces nouvelles, rappelant, sous une petite taille, la forme des *Act. Cabanetiana* et autres grandes coquilles du coral-rag. Quant aux coquilles que mon père avait décrites, en les annonçant comme voisines des *Bulles*, mais auxquelles il avait conservé provisoirement le nom de cônes, elles forment très-certainement un genre particulier différent des *Actæonina*, mais qu'il est fort difficile encore de bien formuler : tels sont les magnifiques *Actæonina cadomensis* (Desl.), *Act. concava* (Desl.), *Act. abbreviata* (Desl.), *Act. Caumonti* (Desl.) et *Act. Davidsoni* (Desl.).

Si maintenant nous additionnons le nombre de ces espèces, nous arriverons au chiffre prodigieux de 194, réparties dans les diverses familles que nous venons de passer en revue.

La classe des Ptéropodes ne nous a offert aucun représentant.

CLASSE DES ACÉPHALES OU LAMELLIBRANCHES.

§ 7. — Les Acéphales ou Lamellibranches, quoique moins nombreux que les Gastéropodes, étaient assez répandus dans les petits bassins intérieurs du récif ; mais ces espèces ont été beaucoup moins étudiées, et nous ne pourrons le plus souvent que donner un aperçu très-incomplet et qui sera certainement modifié par des études ultérieures.

La première section des Lamellibranches, c'est-à-dire les Pleurochonques ou Siphonés, sont moins répandus que les Orthocoques ou Asiphonés, correspondant à peu près aux monomyaires de Lamark ; mais, parmi ces derniers, il faut encore signaler une grande différence numérique entre les intégropalléales et les sinupalléales. Ces derniers sont beaucoup plus répandus dans les stations normales ; c'est précisément le contraire que nous observons sur notre récif.

Passons d'abord en revue les SINUPALLÉALES.

Les familles des PHOLADIDÉES et des GASTROCHOENIDÉES ne nous ont montré aucun représentant. Les ANATINIDÉES sont très-peu répandues : cette station rocheuse, où elles ne pouvaient que difficilement enfoncer leurs coquilles, ne leur convenaient en aucune façon. On y trouve toutefois dans les parties les plus déclives et profondes des petits bassins, là où les sédiments se sont accumulés en nivelant un fond très-accidenté, un assez grand nombre d'exemplaires de la *Lyonsia unioides* (Goldf.), et quelques *Mactromya liasiana* (Agass.), que nous avons vues si abondantes dans les stations vaseuses du lias inférieur. Il est probable, d'ailleurs, que l'on a confondu plusieurs espèces, et que le nombre des coquilles de cette famille s'accroîtra par la suite. En dehors de la zone intérieure des petits bassins, on trouve des Pholadomyes, Céromyes, etc. ; mais ces genres n'ont pas été rencontrés dans les points où abondaient les Gastéropodes et les Monomyaires. Les MYACIDÉES ne sont pas plus nombreux, on n'y voit que quelques rares *Panopœa striatula* (Agass.), et une petite *Neœra* non encore décrite et d'ailleurs fort rare ; pas une seule *Corbula*, *Anatina*, *Goniomya* et autres qui se plaisent dans les stations vaseuses et sableuses. Les TELLINIDÉES, les MACTRIDÉES et les VÉNUSIDÉES y sont entièrement absentes. Ces trois dernières familles ne se retrouvent pas d'ailleurs, même dans les localités normales. Nous en excepterons toutefois le genre *Leda*, dont la place n'est pas encore bien déterminée et qui, d'après d'Orbigny, serait représentée dans le récif de Fontaine-Étoupefour par une espèce, la *Leda acuminata* (Goldf.).

Les intégro-palléales sont déjà bien plus abondantes.

Les CYPRINIDÉES sont les plus répandues parmi les coquilles de cette section, et certains genres nous donneront matière à des conclusions importantes. Les *Astartes*, qui paraissent avoir fait leur première apparition dans le trias, sont ici représentées par un certain nombre d'espèces. M. d'Orbigny cite, dans son *Prodrome*, les *Ast. Libya* (d'Orb.), *Ast. Micalia* (d'Orb.), et *Phœdra* (d'Orb.). On y rencontre également plusieurs petites Cypricardes, entr'autres les *Cypricardia cucullata* (Goldf. *sp.*), et *Cyp. caudata* (Goldf. *sp.*). Les *Opis*, qui ont également fait leur pre-

mière apparition à l'époque du trias supérieur, se continuent aussi
dans le lias à Bélemnites. Le récif de May nous en offre deux espèces
très-remarquables. La première, lisse, est l'*Opis numismalis* (Quenst.).
La seconde, qui est nouvelle, a une forme très-élégante; elle est tri-
gone, avec de fines stries longitudinales (1). Le genre *Cardinia*, qui
avait peut-être paru dans les terrains paléozoïques, offre, comme on
le sait, son maximum de développement dans les divers dépôts du lias
tel que nous le considérons ici, c'est-à-dire en en retranchant l'étage
toarcien de d'Orbigny. Les espèces de ce genre sont surtout très-
répandues dans l'infrà-lias et le lias inférieur ; mais elles sont également
très-nombreuses en espèces et en individus dans le lias à Bélemnites,
et la taille de quelques-unes, telle que la *Cardinia securiformis*, surpasse
même celle des périodes antérieures. Elles existent aussi dans le récif
de May et de Fontaine-Étoupefour, ce qui prouve que ces coquilles
peuvent parfaitement s'accommoder d'un régime entièrement marin.
L'une d'elles, la *Cardinia angustiplex* (Chap. et Dew.), est très-remarquable par son ornementation en forme de lamelles concentriques. On
y trouve également la *Card. Nilsoni* (Chap. et Dew.), la *Card. gibbosa*
(Chap. et Dew.), la *Card. Dunkeri* (Chap. et Dew.), la *Card. lamellosa*
(Goldf.). M. d'Orbigny cite, dans son *Prodrome*, les *Card. itea* (d'Orb.),
et *gibbosula* (d'Orb.) ; mais il se pourrait que ces deux noms fissent
double emploi avec ceux de MM. Chapuis et Dewalque. Ces espèces
n'ont, d'ailleurs, été jusqu'ici que fort peu étudiées, et il est probable
que leur nombre s'accroîtra beaucoup par la suite. Quoi qu'il en soit,
les *Cardinia*, avec leurs formes si nombreuses, donnent un cachet
tout particulier à la faune du lias, et prouvent une fois de plus combien les
trois étages de l'infrà-lias, du lias inférieur et du lias à Bélemnites ont de
points de ressemblance ; ils forment donc, à n'en pas douter, une grande
période bien tranchée, une phase bien délimitée dans l'évolution vitale
des êtres ; phase qui se termine avec le lias à Bélemnites. En effet, dans
toutes ces couches hétérogènes qui composent le Toarcien de M. d'Orbigny
et que nous désignons sous le nom de marnes infrà-oolithiques, on ne voit

(1) M. Hébert possède, dans sa collection, l'exemplaire le plus parfait que je connaisse de cette belle
espèce.

plus une seule *Cardinia* ; on en a cité, il est vrai, de plus récentes encore jusque dans l'oolithe inférieure proprement dite, mais je n'en ai jamais pu voir un seul échantillon authentique, et depuis nombre d'années que j'étudie la question et que j'ai vu et revu sur place, au nord, à l'est et à l'ouest, les divers étages jurassiques inférieurs du bassin de Paris (1), *je n'ai jamais pu rencontrer une seule cardinie au-dessus de la zone des Amm. spinatus et margaritatus.* Cette même famille des Cyprinidées nous offre encore le genre *Myoconcha* représenté par deux espèces, l'une nouvelle et l'autre qui a été nommée par d'Orbigny *Myoconcha cuneata.* Nous rapporterons enfin, mais avec doute, à l'*Hippopodium ponderosum* (Sow.) des fragments en mauvais état d'une grosse coquille, fort rare d'ailleurs, de Fontaine-Étoupefour.

Dans la famille des LUCINIDÉES, nous n'avons pas reconnu d'espèce qui se rapportât au genre *Lucine*, mais nous y trouvons une très-belle espèce, le *Cardium multicostatum* (Phill.) et deux autres non décrites, plusieurs *Unicardium*, entr'autres *Unic. Janthe* (d'Orb.) et *Unic. subtrigonum* (d'Orb.) ; enfin, un certain nombre de *Tancredia* non encore déterminées.

La famille des CHAMIDÉES qui prendra dans les étages jurassiques supérieurs et surtout dans la craie une extension si remarquable par l'apparition de ces étranges coquilles, les *Dicérates*, les *Caprines* et les *Hippurites*, n'avaient pas encore commencé d'exister ; on ne doit pas non plus s'attendre à y voir des *Unionidæ*, puisque ce sont des coquilles habitant exclusivement les eaux douces.

Si nous prenons maintenant les Acéphales asiphonés, nous verrons les espèces et les genres devenir beaucoup plus nombreux,

Les TRIGONIADÉES forment le premier terme de cette série ; mais on n'en voit pas un seul exemple dans le lias à Bélemnites. Cette famille avait cependant déjà produit des *Myophoria* dans le trias et jusque dans la partie inférieure de l'infrà-lias (couches à *Avicula contorta*) ; mais, à partir de cette époque et jusqu'aux marnes infrà-oolithiques, on n'en voit

(1) A Thouars et auprès de Brûlon, dans la Sarthe, on m'annonçait aussi des Cardinies dans le Toarcien ; j'ai été sur les lieux, et j'ai pu m'assurer que ces couches dépendaient parfaitement du poudingue formant, dans ces localités, la base du lias à Bélemnites, et que cette prétendue espèce Toarcienne n'était autre que la grande *Cardinia securiformis*, une des plus caractéristiques du Liasien.

plus un seul représentant. Les Trigonies apparaissent ensuite dès les
couches à *Ammonites bifrons*, mais on n'en a pas cité un seul exemplaire
authentique dans le Liasien. Quant à la *Trigona navis* que d'Orbigny
cite dans son *Prodrome*, chacun sait que cette espèce se rencontre exclusivement dans les couches supérieures de Gundershoffen, au niveau
de l'*Ammonites primordialis*.

Les ARCACÉES nous offrent les espèces suivantes : *Nucula cordata* (Goldf.),
Nuc. Phalanta (d'Orb.), *Cucullæa Munsteri* (Quenst.), *Arca Phædra*
(d'Orb.) et quelques autres espèces indéterminées.

Les MYTILIDÉES y sont représentées par le *Mytilus pulcher* (Goldf.) et
d'autres espèces appartenant, les unes au genre *Mytilus*, les autres au
genre *Modiola*.

Parmi les MALLÉACÉES, on rencontre deux petites espèces indéterminées du genre *Inoceramus*, les *Avicula inæquivalvis* (Sow.), *Av. sexcos-
tata* (Quenst.), *Av. substriata* (Ziet.), etc., une *Pteroperna* et une *Perna*
indéterminées.

Les LIMIDÉES sont très-abondantes, mais la plupart sont mal connues
ou inédites ; nous pouvons citer cependant la *Lima acuticostata* (Goldf.),
les *Lima punctata* (Sow.), *Lim. Hermanni* (Goldf.), grande espèce
bien caractérisée ; *Lim. inæquistriata* (Goldf.), *Lim. Erina* (d'Orb.),
Lim. Eucharis (d'Orb.) ; cette dernière, entièrement lisse, est très-
abondante.

La famille des PECTINIDÉES y est très-largement représentée ; on y
rencontre des *Hinnites velatus* (Goldf.) et cinq ou six espèces du genre
Pecten pour lesquels nous n'avons rien de particulier à noter. Mais il
n'en est pas de même des Plicatules et d'autres genres voisins que mon
père a décrits en 1857 (1) et qui nous fourniront des données importantes. L'un d'eux, le genre *Carpenteria*, est un hinnite adhérent comme
les spondyles, et présentant, comme ces derniers, un large talon à la char-
nière. Ce genre n'a été rencontré que dans l'infrà-lias, et le lias à bélemnites : ce serait donc, si ses relations géologiques ne viennent pas à
changer, une de ces formes qui caractériseraient le lias et dont on ne

(1) Voir le mémoire de mon père, inséré dans le XI° volume des *Mémoires de la Société Linnéenne de Normandie.*

trouverait pas de représentants dans les marnes infrà-oolithiques. Deux de ces espèces habitaient notre récif: c'étaient les *Carpenteria pectiniformis* (Desl.) et *cucullata* (Desl.). Les véritables Plicatules, qui ont commencé d'apparaître à la fin de la période triasique, étaient peu nombreuses sur notre récif; nous citerons cependant les *Plicatula vallata* (Desl.), *Plic. vermiculata* (Desl.), *Plic. baccata* (Desl.) et *Plic. raristriata* (Desl.) ; elles se continuent ensuite régulièrement et paraissent acquérir leur maximum de développement dans la période oxfordienne. Il n'en est pas de même des *Harpax* : qu'ils soient considérés ou non comme genre spécial, ils n'en formeront pas moins une série de formes tout-à-fait différentes des véritables Plicatules ; ils paraissent dans le lias inférieur et s'arrêtent avec les dernières couches du lias à bélemnites ; c'est donc encore un fait analogue à ceux que nous avons déjà signalés pour un certain nombre de Gastéropodes, et qui prouve de plus en plus combien différentes sont les faunes du lias à bélemnites et celles de nos marnes infrà-oolithiques, désignées habituellement sous le nom de lias supérieur. Les *Harpax* sont très-nombreux autour et dans l'intérieur des petits bassins de notre récif; ce sont les espèces suivantes : *Harpax Terquemi* (Desl.), *Harp. lamellosus* (Desl.), *Harp. calloptycus* (Desl.), *Harp. Parkinsoni* (Desl.) et ses variétés (1) *Harpax asperrimus* (Desl.), *Harp. gibbosus* (Desl.), *Harp. senescens* (Desl.), *Harp. patelloides* (Desl.), *Harp. verrucosus* (Desl.), *Harp. calvus* (Desl.).

La famille des OSTRACÉES y est représentée par trois espèces : la *Gryphæa cymbium*, assez rare dans l'intérieur des petits bassins, mais dont les échantillons atteignent une taille énorme et sont très-nombreux autour du récif; on y rencontre également les *Ostrea sportella* (Dumortier), et *monoptera* (Desl.).

Enfin, la famille des ANOMIDÉES est représentée par deux espèces du genre *Placunopsis* non encore décrites.

Nous voyons donc que les Acéphales sont beaucoup moins nombreux que les Gastéropodes, puisque nous n'obtenons que le chiffre

(1) On sait que le *Harpax Parkinsoni* n'est autre que la *Plicatula spinosa* de la plupart des auteurs; la véritable *Plicatula spinosa*, qui par conséquent devient le *Harpax spinosus*, est une autre espèce que nous avons déjà signalée en traitant du lias à Gryphées arquées (Voir la 1re partie).

24

de soixante-quatorze espèces, dont les deux tiers appartiennent aux Asiphonés; il est vrai que ces espèces ont été bien moins étudiées que les Gastéropodes, et que des études subséquentes en augmenteront beaucoup le nombre.

CLASSE DES BRACHIOPODES.

§ 8. — Les Brachiopodes, toujours beaucoup moins nombreux en espèces que les autres mollusques, sont relativement, et si l'on tient compte de cette donnée, excessivement répandus ; une foule d'espèces des plus remarquables (1) et qu'on ne retrouve pas dans les stations normales, habitaient dans les petits bassins tranquilles, soit dans les anfractuosités des rochers, soit au milieu des Polypiers, leurs compagnons de prédilection.

La famille des TÉRÉBRATULIDÉES (2) y brille d'un vif éclat. Nous y constatons la présence des espèces suivantes : 1° parmi les Térébratules de la section *Waldheimia*, les *Terebratula cornuta* (Sow.), *Waterhousi* (Dav.), *resupinata* (Sow.), *Mariæ* (d'Orb.), *indentata* (Sow.), *Heyseana* (Dunk.), *subnumismalis* (Dav.), *Sarthacensis* (d'Orb.), *Darwini* (Desl.), *Eugeni* (de Buch.) ; les *Epithyris* y sont représentés par la seule espèce qu'on trouve dans le lias, c'est-à-dire la *Ter. subovoïdes* (Röm.). Les Térébratules proprement dites y sont assez rares, on y rencontre cependant les trois espèces habituelles, *Ter. punctata* (Sow.), *Ter. subpunctata* (Dav.), et *Edwardsi* (Dav.). Enfin, deux sections qu'on ne s'attendrait pas à y rencontrer sont les *Térébratelles* et les *Mégerles*, représentées par les *Ter. liasiana* (E. Desl.), *Ter. Süessi* (E. Desl.), *Ter. Perrieri* (Desl.).

La famille des THÉCIDÉIDÉES apparaît pour la première fois, avec les plus anciennes couches jurassiques, et prend ici un grand accroissement;

(1) Chaque station, semblable au récif de May et de Fontaine-Étoupefour, offre également des espèces très-remarquables qui lui sont propres; c'est ainsi, par exemple, que des conditions semblables se sont produites, à Précigné, dans la Sarthe, où il manque un grand nombre de nos espèces normandes, mais où l'on voit paraître aussi des espèces qui n'ont pas vécu sur notre récif de May : telles sont, par exemple, les *Terebratula Guerangeri, Paumardi* et *fimbrioides*.

(2) Les *Terebratula quadrifida* et *numismalis*, si répandues dans les stations habituelles, comme Évrecy, Vieux-Pont, etc., ne se sont pas rencontrées sur notre récif.

qui sera bien plus remarquable encore dans la couche à *Leptœna*. Tou-
tefois , les espèces sont déjà fort distinctes avec les couches du lias à
Bélemnites ; ce sont des formes bien tranchées n'ayant de ressem-
blance avec aucune autre : telles sont les *Thecidea Deslongchampsii*
(Dav.), *Th. complanata* (Desl.), *Th. biloba* (Desl.), *Th. Perrieri* (Desl.),
Th. Moorei (Dav.).

La famille des SPIRIFÉRIDÉES , si nombreuse et si variée pendant les
périodes carbonifère et surtout dévonienne , offre encore deux genres :
les *Spiriferina* et les *Suessia*. Si les *Spirifer*, *Spirigera* et *Atrypa* ont do-
miné durant les anciennes périodes géologiques, les *Spiriferina*, au contraire , y étaient à peine représentés par de petites espèces peu remarquables. Dans le lias , il semblerait que les *Spiriferina* eussent pris
la place perdue par les Spirifers proprement dits ; car les espèces
liasiques ne le cèdent guère aux formes paléozoïques , ni pour la taille,
ni pour la netteté des caractères différentiels. Les *Suessia* sont un simple
démembrement du genre *Spiriferina*, fondé sur une particularité d'or-
ganisation interne et sur l'absence de perforations dans le test. Nous
en comptons deux espèces : l'élégant *Suessia imbricata* (E. Desl.) et le
Suessia costata (E. Desl.). Les espèces du genre *Spiriferina* peuvent être
divisées en deux sections : les *Costatœ*, comprenant les *Spiriferina Münsteri* (Dav.), *Sp. oxygona* (Desl.) , *Sp. oxyptera* (Buv.), *Sp. Tessoni*
(Dav.), *Sp. Deslongchampsii* (Dav.) , *Sp. Davidsoni* (E. Desl.); et les
Rostratœ, comprenant les *Spiriferina rostrata* (Sow.), *Sp. pinguis* (Ziet.),
Sp. verrucosa (de Buch.), *Sp. Harthmanni* (Ziet.), *Sp. rupestris* (E. Desl.),
et *Sp. adscendens* (Desl.).

Les RHYNCHONELLIDÉES (1) sont aussi assez nombreuses, mais cette fa-
mille est loin d'offrir des formes aussi curieuses que les trois précédentes.
Nous signalerons les *Rhynchonella furcillata* (Théod.), *Rhynch. rimosa*
(de Buch.), *Rhynch. variabilis* (Schloch.), *Rhynch. tetraedra* (Sow.) ,
Rhynch. Nerinea (d'Orb.), *Rhynch. Thalia* (d'Orb.), *Rhynch. fallax*
(E. Desl.).

La famille des STROPHOMÉNIDÉES, qui avait disparu depuis la période

---

(1) La *Rhynchonella acuta*, qui est une des plus abondantes à Évrecy et dans les autres localités normandes, est, on peut dire, absente du récif de May ; car, dans le cours de nos nombreuses recherches, nous
n'y en avons jamais pu recueillir que deux échantillons.

permienne, et dont nous n'avions rencontré de représentants ni dans le trias, ni dans l'infrà-lias, ni dans le lias inférieur, reparaît sur nos récifs de May et de Fontaine-Étoupefour représentée par une petite espèce, la *Leptœna rostrata* (Desl.), qui semble être l'avant-coureur des espèces si curieuses qui vont donner un cachet si spécial à la couche à *Leptœna.*

Les Brachiopodes articulés sont donc assez nombreux ; quant aux Brachiopodes inarticulés, ils n'y sont représentés que par une seule espèce, la *Crania Gumberti* (E. Desl.) ; pas la moindre trace ni de *Lingules* ni de *Discines.*

En additionnant le nombre de ces espèces, nous arrivons au chiffre de quarante-cinq formes bien déterminées habitant le récif de May ; chiffre très-respectable pour les Brachiopodes, si on le compare au petit nombre qu'on rencontre dans les autres étages jurassiques.

CLASSE DES ÉCHINODERMES.

§ 9. — Les Échinodermes, toujours rares dans le lias, le sont encore autour et dans l'intérieur des bassins du récif de May. Une pareille station devait pourtant être très-bien disposée pour la vie de ces animaux, qui se plaisent généralement dans les points tranquilles et surtout sur les fonds de roche. Nous avons à signaler seulement deux petits Échinides réguliers (les Échinides irréguliers n'avaient pas encore paru), que M. Cotteau, avec sa complaisance si connue, a bien voulu nous déterminer. Le premier et le plus remarquable a été regardé par M. Cotteau comme un type tout spécial, constituant un genre nouveau : c'est le *Microdiadema Richeriana* (Cotteau) ; le second est l'*Acrosalenia minuta* (Oppel). Ces deux espèces sont d'ailleurs toutes petites et d'une excessive rareté. On y rencontre également des débris indéterminables de Comatules, d'Ophiures ou d'Astéries et quelques articulations d'Encrines. M. d'Orbigny cite, dans son *Prodrome*, le *Pentacrinus liasianus ;* mais il doit y avoir certainement un nombre assez grand d'espèces, si l'on en juge par les différences profondes qu'offrent entr'elles les diverses articulations ; mais leur détermination est à peu près impossible dans l'état où se trouvent les échantillons.

CLASSE DES CORALLIAIRES.

§ 10. — Les Polypiers, si rares habituellement dans le lias à Bélemnites, étaient toutefois assez nombreux sur le récif de May, où
leurs dépouilles, attachées encore aux rocs siluriens, prouvent qu'ils ont
vécu là en place. Voici un petit résumé sur ces espèces que M. de Ferry
a bien voulu faire pour être intercalé dans mon travail.(1).

« L'étude de la faune coralligène du lias moyen de Normandie, ren-
« contrée jusqu'ici sur quelques points malheureusement encore trop
« rares, permet néanmoins d'espérer dès maintenant qu'un jour peut-
« être les formations liasiques fourniront un contingent d'une valeur
« réelle à la classe des coralliaires, et mettront hors de doute que, pen-
« dant cette grande période, les créations madréporiques ont poursuivi
« leur cours ascendant et n'ont pas cessé de revêtir des formes de plus
« en plus modernes.

« Avec l'étage salifèrien, les types paléozoïques tendent à disparaître
« en masse : une nouvelle ère commence, et on voit se lever l'aurore des
« formes jurassiques.

« Avec ces étages commence le règne véritable des *Madréporaires.*

« Les *Montlivaultia* deviennent nombreux dans le lias. Remarquables
« en général par leurs dents aiguës et spiniformes dans l'étage sinému-
« rien, ils perdent en partie ce caractère dans le lias moyen, où leurs
« cloisons sont plus ordinairement finement denticulées, *facies* qui se
« retrouve ensuite volontiers dans les étages postérieurs. Là commence
« aussi, avec le *Montl. atavus,* le *Montlivaultia* à espaces columellaires
« franchement allongés et que l'on rencontre fréquemment dans les
« étages bajocien, bathonien et corallien.

(1) Ne connaissant que fort peu ces animaux, je n'aurais pu en donner moi-même une revue profitable
à la science; aussi ai-je prié mon ami, M. de Ferry, de vouloir bien se charger de cette partie, ce qu'il a
fait avec la plus aimable complaisance, et c'est une bonne fortune pour mon travail. On conçoit, en
effet, tout l'intérêt que prend cette revue, faite par un homme aussi versé dans la connaissance de ces êtres
que l'est M. de Ferry. Comme tout ou presque tout est nouveau, on ne sera pas étonné de voir que la
presque totalité des espèces portent des noms nouveaux. Elles seront d'ailleurs décrites prochainement par
MM. de Ferry et de Fromentel, dans la *Paléontologie française.*

« Le genre *Epismilia*, créé pour un fossile corallien, offre également
« une espèce liasienne bien caractérisée, l'*E. Eudesi*.

« Le *Thecocyathus Moorei* paraît commun au lias de May et à celui
« d'Ilminster en Angleterre.

« Les *Cladophyllies*, qui se sont montrées avec le trias et qui se pour-
« suivent dans toutes les formations jurassiques, semblent également re-
« présentées dans le lias moyen par une petite espèce, le *Cl. dubia*; il
« en est de même, mais sûrement cette fois, des Isastrées.

« Le genre *Sephanastræa*, que l'on retrouve dans l'étage corallien, offre
« dans le lias inférieur (couches à *Amm. Moreanus*, foie de veau de
« M. Martin) et dans le lias moyen deux espèces que l'on distingue à
« peine.

« Enfin, cinq genres paraissent prendre naissance ici, trois parmi les
« zoanthaires apores et deux parmi les madréporaires perforés.

« Les genres *Cyathophyllia*, *Cladosmilia* et *Pleuropora* n'ont pas en-
« core été retrouvés ailleurs. Le genre *Thecoseris* a peut-être des repré-
« sentants dans les terrains crétacés, tandis que le genre *Microsalena*,
« après s'être continué dans les étages bajocien et bathonien, montre
« son maximum de développement dans l'étage corallien. »

Suit le catalogue de ces espèces.

Parmi les MONASTRÉES, la famille des CARYOPHYLLIENS nous offre le
Thecocyathus Moorei (Milne-Edw. et J. Haime).

La famille des TROCHOSMILIENS nous montre l'*Epismilia Eudesi* (Ferry
et From.).

Parmi les LITHOPHYLLIENS, on trouve le *Cyathophyllia liasica* (Ferry et
From.), *Montlivaultia fritillum* (F. et F.), *Montl. laxa* (F. et F.), *Montl.
coronula* (F. et F.), *Montl. caryophyllus* (F. et F.), *Montl. plebeia* (F.
et F), *Montl. punctulum* (F. et F.) *Montl. consobrina* (F. et F.), *Montl.
spiculata* (F. et F.), *Montl. fragilis* (F. et F.), *Montl. atavus* (F. et F.),
Montl. cuneata (F. et F.), *Montl. striata* (F. et F.), *Montl. stricta* (Edw.
et Haime).

Dans la famille des CYCLOSÉRINIENS, les *Thecoseris patella* (F. et F.) et
Thecos. conica (F. et F.).

Les *Disastrées* nous offrent dans la famille des CLADOSMILIENS le *Cladosmilia cymosa* (F. et F.), et dans celle des CALAMOPHYLLIENS le *Cladophyllia dubia* (F. et F.).

Les *Polyastrées apores* sont assez nombreuses ; nous y voyons, dans la famille des Astréens, l'*Actinastræa liasica* (F. et F.), *Stephanastræa concinna* (F. et F.), *Isastræa spongiosa* (F. et F.), *Isast. favosa* (F. et F.), *Isast. Neustriaca* (F. et F.), *Isast. tenui-radiata* (F. et F.) ; enfin, les *Polyastrées perforées* sont représentées par deux espèces de la famille des Poritiniens, les *Pleuropora alveolus* et *Microsolena præcursor* (F. et F.).

Ce qui nous fait un contingent de trente espèces, dont le nombre s'accroîtra certainement par la suite.

CLASSE DES ÉPONGES.

§ 11. — Les Spongitaires sont représentés dans le lias à Bélemnites par de très-petites espèces que, mon père et moi, nous avions cru appartenir à la classe des Bryozoaires ; mais, depuis, MM. de Ferry et de Fromentel se sont assurés qu'elles appartenaient aux Spongitaires, et ils en ont fait un genre sous le nom de *Neurofungia*. Ces Messieurs se sont assurés, en outre, que le fossile que nous avions décrit sous le nom de *Neuropora Haimei* renfermait en réalité quatre espèces distinctes, qu'on rencontre également dans la couche à *Leptæna*.

Nous devons donc, pour terminer la revue des fossiles composant la faune du lias à Bélemnites de May et de Fontaine-Étoupefour, inscrire les *Neurofungia Haimei* (E. Desl.), *Neur. palmata* (F. et F.), *Neur. furcata* (F. et F.), et *Neur. irregularis* (F. et F.).

COUCHE A LEPTÆNA.

§ 12. — Nous avons, dans notre 1re partie, fixé exactement la position de la couche à *Leptæna* que nous avons vue terminer le lias à Bélemnites. Nous avons également constaté que cette même couche se retrouvait à May, exactement dans les mêmes relations stratigraphiques, mais avec des caractères tout particuliers ; en effet, cette couche, qui d'habitude n'a que quelques centimètres de puissance, devient en ce point aussi épaisse que les autres (à la vérité, très-réduites), qui se sont moulées sur le récif. Ajoutons enfin que nous n'avons encore observé la couche à *Leptæna*, avec son caractère de *récif*, qu'en un seul point,

car elle ne paraît pas exister à Fontaine-Étoupefour, à Maltot, à Bretteville-sur-Laize, etc., etc., où l'on voit les couches à Gastéropodes en
contact immédiat avec les marnes à *Ammonites bifrons*.

Quoi qu'il en soit, la disposition du récif avait déjà changé au moment où se formait la couche à *Leptœna*; les dépressions les plus
profondes avaient été comblées par le dépôt antérieur, et les bassins
internes ne présentaient plus cet aspect si accidenté que nous avons
reconnu pendant la période des Gastéropodes. Toutes les parties déclives du récif étaient déjà recouvertes par un sable plus ou moins
fin, ce qui devait former une surface presque unie, où perçaient çà et
là quelques pointes de grès. Enfin, le brise-lames formé par les
pointes les plus extérieures, rongé par les eaux, avait dû céder en
quelques points et donner lieu à de petits courants qui ont continué à
combler les dépressions, en transportant, comme matériaux de sédimentation ces Bélemnites roulées, ces valves d'Huîtres et ces milliers
de débris d'Encrines qui devaient vivre à quelques pas de là, mais non
sur la place même où nous constatons maintenant leurs débris. Peu à
peu ensuite et par l'accumulation de ces matériaux, les passes ont
dû se combler de nouveau, et l'intérieur du petit bassin a dû jouir
alors de la plus parfaite tranquillité. C'est ce que prouvent évidemment les conditions toutes particulières du dépôt de la couche à
Leptœna sur le récif de May. En effet, au-dessus des couches à Gastéropodes, le premier dépôt de cette assise consiste en un sable à
très-gros éléments, formés de débris de Crinoïdes, de Thécidées et de
Leptœna, cimentées par un suc calcaire tendant à combler de plus en
plus les dépressions, plus épais dans les endroits déclives et s'amincissant contre les pointes de grès. On voit ensuite ce sable se charger d'argile; c'est là principalement que se trouvent les *Leptœna*, dont les fragiles
dépouilles sont beaucoup plus rares dans le sable inférieur. Enfin, la
partie supérieure de la couche à *Leptœna* est formée d'une argile brune
à éléments d'une finesse remarquable, où l'on trouve principalement les
Peltarions, les *Spondylus nidulans* et *delicatulus*. Cette argile comble
presque complètement les dépressions et même passe au-dessus de la
plupart des pointes de grès, comme nous avons tâché de l'exprimer dans
ce dessin, où l'on voit (n° 1) la partie à sédiments grossiers recouverte

par l'argile (n° 2) que l'on voit passer au-dessus de la pointe de grès figurée à droite. Pour que la partie argileuse de la couche à *Leptœna* se soit modelée si exacte-ment sur les inégalités du sous-sol, il faut que la plus grande tranquillité ait présidé à son dépôt, ce que prouve d'ailleurs la finesse des éléments de cette argile qui, lavée dans l'eau, donne à peine, comme résidu, quelques lé-gères traces de sable calcaire ou siliceux.

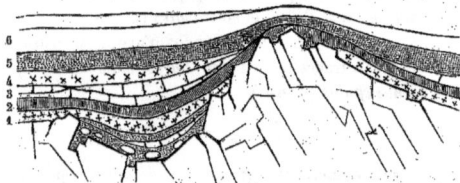

L'aspect du récif est donc, à la fin du dépôt du lias à Bélemnites, tout différent de ce qu'il était au commencement de cette période, et ces changements entraînant des conditions nouvelles d'existence, l'en-semble des espèces habitant le récif ne ressemble plus à ce qu'il était naguère. Les Gastéropodes, si nombreux, ont entièrement ou presque entièrement disparu ; une foule de Brachiopodes de taille lilliputienne et de formes étranges, des Crinoïdes non moins bizarres, telle est la com-position de cette faune si particulière que nous allons passer en revue.

CÉPHALOPODES ET GASTÉROPODES.

§ 13. — Les Céphalopodes dibranches étaient peut-être nombreux, mais leurs parties dures, cornées ou cartilagineuses ont probablement disparu. Nous en exceptons des corps tout-à-fait particuliers ayant sans doute ap-partenu à des animaux de cet ordre et que nous avons décrits, mon père et moi (1), sous le nom de *Peltarion unilobatum* et *bilobatum*, ainsi qu'un grand nombre de Bélemnites roulées et très-usées, dont la détermination est difficile, mais qui paraissent toutefois se rapporter à la *Belemnites tripartitus*

(1) Voir dans le IIIᵉ volume du *Bulletin de la Soc. Linn. de Normandie*, année 1858, notre mémoire sur la couche à *Leptœna*, et en particulier la description du genre *Peltarion*, p. 148 et suiv. J'ai depuis retrouvé des corps de même nature dans l'Oxfordien supérieur (Voir même recueil, vol. VIII, 1863, la description du *Peltarion Moreausi*.

(Schloth.). Nous y avons également recueilli deux Ammonites de petite taille, mais qui semblent provenir d'éboulis, et que nous avons rapportés avec doute aux *Amm. bifrons* (Brug.) et *mucronatus* (d'Orb.).

Les Gastéropodes sont plus rares encore ; nous n'avons pu distinguer que deux espèces avec des traces de test : un *Turbo*, sans doute espèce nouvelle, et le *Trochus eputus* (d'Orb.).

LAMELLIBRANCHES.

§ 14. — Les restes de Lamellibranches sont également très-peu nombreux; nous y avons reconnu une petite lime et une avicule de taille pygméenne, trop imparfaites pour être décrites. On y trouve également les *Harpax asperrimus* (Desl.), *pygmœus* (Desl.) et *calvoides* (Desl.) ; la *Plicatula alternans* (Desl.). Nous y avons également recueilli un échantillon du *Carpenteria pectiniformis* (Desl.), mais cette coquille était probablement remaniée de couches plus profondes. D'autres espèces, au contraire, paraissent être en place : telles sont les *Spondylus nidulans* (Desl.), *Spond. delicatulus* (Desl.) ; le *Placunopsis granulosa* (Dav.). L'*Ostrea monoptera* (Desl.), déjà signalée dans les couches à Gastéropodes, est abondante dans la couche à *Leptæna* ; enfin, nous devons citer particulièrement l'*Ostrea ocreata* (Desl.), dont la petite valve se montre en quantité considérable. Cette coquille est la plus grande qu'on ait rencontrée dans la couche à *Leptæna* ; elle est d'une épaisseur énorme et d'une forme très-remarquable. La grande valve y est au contraire très-rare, mais le fait s'explique facilement si on se rappelle que cette espèce n'a pas vécu sur place, et que toutes ces petites valves sont plus ou moins frustes, très-roulées, percées de vers et chargées de Thécidées, de Serpules et d'autres parasites.

BRACHIOPODES.

§ 15. — Les Brachiopodes sont en nombre immense dans la couche à *Leptæna*, mais ce sont des espèces d'une taille très-petite, et surtout des Thécidées dont les débris forment, avec les articulations d'Encrines, la base de la roche. Nous nous contenterons de citer le nom de ces espèces, en renvoyant pour plus de détails à deux mémoires que j'ai pu-

bliés à ce sujet (1). Ce sont, parmi les Térébratulidées, la *Ter. Darwini*
(Desl.) et *Ter. Deslongchampsii* (Dav.). Les Thécidées y offrent des espèces très-remarquables dont le faciès est tout-à-fait spécial. On pourrait dire que la création en masse de ce genre date de cette période, et
pourtant la couche où elles sont renfermées ne paraît occuper qu'une
place bien chétive dans l'échelle stratigraphique des roches composant l'écorce solide du globe. Ces espèces sont les suivantes : *Th.
sinuata* (E. Desl.), *Th. Buvignieri* (E. Desl.); peut-être cette espèce
n'est-elle qu'une variété de la *Th. Deslongchampsii* (Dav.), *Th. leptœ-
noides* (E. Desl.), *Th. mayalis* (E. Desl.), *Th. submayalis* (E. Desl.),
Th. Moorei (Dav.), *Th. rustica* (Moore), *Th. Koninckii* (E. Desl.).

Les Spiriféridées nous offrent trois représentants déjà signalés dans
les couches à Gastéropodes. Ce sont les *Spiriferina adscendens* (E. Desl.),
et *Davidsoni* (E. Desl.), et le *Suessia costata* (E. Desl.). Les Rhynchonellidées nous montrent une forme très-élégante, la *Rhynchonella egretta*
(Desl.). Enfin une dernière famille, celle qui donne à cette couche son
cachet le plus curieux, est la famille des Strophoménidées, représentée
par quatre espèces du genre *Leptœna* : les *Lept. Moorei* (Dav.), *Lept. Bouchardi* (Dav.), *Lept. liasiana* (Bouch.), enfin la *Lept. Davidsoni* (E.
Desl.), magnifique espèce de 20 à 22 millimètres de large, et que
M. Moore, qui a découvert cette couche en Angleterre, appelait
dans son enthousiasme *a noble fellow of the lias.*

ANIMAUX RAYONNÉS.

§ 16. —Parmi les Rayonnés, les Échinides, rares habituellement dans
toute la série du lias, le sont aussi dans la couche à *Leptœna.* Jamais
nous n'avons pu obtenir d'échantillon entier : ces restes sont quelques
fragments de tests et d'épines appartenant aux espèces suivantes : *Cidaris
Deslongchampsii* (Cott. M. S.), *Cidaris Moorei* (Wright), *Cid. Ilminste-
riensis* (Wright), *Pseudodiadema Moorei* (Wright), *Hemipedina Etheridgi*
(Wright).

Les débris de Crinoïdes forment, avons-nous dit, presque à eux seuls

(1) Voir mon mémoire sur les *Thécidées* et *Læptœna* des terrains jurassiques du Calvados, dans le IXe
vol. des *Mémoires de la Soc. Linn. de Normandie* et dans le IIIe vol. du *Bulletin* de la même Société, le
mémoire déjà cité de mon père et de moi sur la couche à *Leptœna* du lias.

la partie inférieure de la couche à *Leptœna;* ils consistent surtout en articulations des bras et des doigts, qui sont en nombre immense, et en articulations de colonnes, tantôt séparées, tantôt rassemblées par deux, trois, etc. ; mais on ne trouve jamais de colonnes entières, et même en longues portions. Les pièces isolées des calices sont encore nombreuses, moindres cependant que les précédentes, et appartiennent à des *Eugeniacrinus,* des *Plicatocrinus,* *Apiocrinus,* *Pentacrinus,* et sans doute à d'autres genres; il y a encore beaucoup de pièces se rapportant aux parties mobiles des *Cotylederma,* et quelques-unes à des *Comatules* et à des *Astéries;* mais il est difficile de juger la provenance de beaucoup d'autres, et surtout leur véritable place dans les calices ou dans les premières divisions des bras. Il est de toute impossibilité de recomposer les individus avec ces pièces séparées : aussi la plupart restent-elles indéterminées, mais on peut cependant faire ressortir de leur étude, quelque imparfaite qu'elle puisse être, des données très-importantes : ainsi, les *Cotylederma* sont jusqu'ici entièrement spéciaux au lias à Bélemnites. Ce sont des Crinoïdes très-singuliers, dont nous ne connaissons que les bassins. Ceux-ci avaient la forme de petites coupes, quelquefois de tubes, et adhéraient directement par leur base aux corps sousmarins sans aucune trace de tige. Ces singuliers Crinoïdes sont assez abondants à May, et nous pouvons signaler les espèces suivantes : *Cotylederma miliaris* (Desl.), *Cot. fistulosa* (Desl.), *Cot. docens* (Desl.), *Cot. vasculum* (Desl.), *Cot. Quenstedti* (Desl.). Nous avons pu également reconnaître des bassins appartenant à un *Plicatocrinus,* que nous avons nommé *Plic. mayalis* (Desl.), et des tiges que nous rapportons avec doute à l'*Apiocrinus Amalthei* (Quenst.) et aux *Pentacrinites moniliferus, Bronni, annulatus, astralis, jurensis,* figurés par Quenstedt. Nous devons ajouter que, depuis la publication de notre mémoire sur la couche à *Leptœna,* nous avons recueilli un bassin en parfait état de conservation d'une nouvelle espèce d'*Eugeniacrinus.* Nous nous proposons de le publier dans un supplément au travail précité.

Nous avons également récolté quelques bryozoaires dans la couche à *Leptœna,* entre autres un *Spiropora,* en trop mauvais état pour être décrit, et une Bérénice, qui offre de grands rapports avec la *Berenicea Archiaci* (J. Haime) ; enfin, pour terminer, nous devons signaler parmi les Spongitaires, les quatre petites espèces de *Neurofungia Haimei* (Desl.), *Neur. palmata* (F. et F.), *furcata* (F. et F.) et *irregularis* (F. et F.), qui se rencontrent également dans les couches à Gastéropodes.

D'après ce qui précède, on voit que la couche à *Leptœna* offre à May soixante-douze espèces bien caractérisées, dont quatorze seulement seraient communes à cette couche et à celle des Gastéropodes que nous venons d'étudier. Reste donc, en définitive, cinquante-huit qui n'auraient été recueillies jusqu'ici que dans ce petit niveau et dans une seule localité, de quelques mètres carrés seulement d'étendue. On voit donc combien on aurait une idée fausse de la faune de ces terrains, si on se bornait à l'étude des localités normales où la couche à *Leptœna* nous offre tout au plus une douzaine d'espèces.

Si maintenant nous additionnons les espèces recueillies dans la couche à Gastéropodes et dans la couche à *Leptœna*, représentant le lias à Bélemnites dans le récif de May et de Fontaine-Étoupefour, nous aurons, en écartant les 14 espèces communes aux deux niveaux, le chiffre énorme de 421, que des découvertes postérieures et une étude plus approfondie ne manqueront pas d'augmenter.

Ainsi donc, ce seul point nous a fourni un nombre presque double de celui de 270, assigné par M. d'Orbigny dans son *Prodrome*, pour tout son étage liasien. Si nous tenions compte enfin des nombreuses espèces qui ne se rencontrent que dans les localités normales, cette différence deviendrait bien plus grande encore. Nous pouvons donc regarder la faune du lias à Bélemnites comme une des plus riches et des plus nombreuses des terrains jurassiques, et faire ressortir, dès maintenant, les rapports et les différences de cette faune avec celles qui la précèdent et la suivent dans la série des âges ; c'est ce que nous ferons, lorsque nous aurons fait connaître la faune du récif pendant le dépôt des marnes infrà-oolithiques.

LE RÉCIF PENDANT LA PÉRIODE DES MARNES INFRA-OOLITHIQUES.

§ 17. — Nous avons vu (p. 176) qu'au commencement de cette nouvelle période, le récif de May était devenu terre ferme ; mais le rivage de la rade de Curcy étant peu éloigné, les eaux sont revenues ensuite et le récif a été submergé de nouveau, à deux reprises différentes, mais en partie seulement, c'est-à-dire au moment du dépôt des marnes moyennes à *Ammonites bifrons*, et lors de celui des calcaires supérieurs à *Amm. Murchisonæ*; nous étudierons donc séparément ces deux phases de l'existence de notre récif.

MARNES MOYENNES A AMMONITES BIFRONS.

§ 18. — Le récif n'ayant été recouvert qu'en partie à cette époque, il en résulte que les marnes à *Ammonites bifrons* n'occupent que les parties les plus déclives, presque toujours en retrait du lias à Bélemnites : de sorte que la plus grande partie du récif formait plutôt, à cette époque, une série de petits îlots dont l'arête centrale était formée de grès entourés d'une ceinture de sable, donnant lieu probablement à de petites plages plus ou moins plates. Ces petits îlots étaient séparés par de faibles bras de mer où se déposaient les marnes infra-oolithiques. L'aspect primitif du récif devait donc être très-modifié; il formait plutôt une sorte de haut-fonds ou d'îlots sablonneux, dont les contours arrondis ne devaient guère modifier la faune. C'est, en effet, ce que nous observons; et les couches, si remarquables de l'étage précédent et si différentes du type habituel, sont recouvertes par des marnes en tout semblables à celles des localités normales, et qui se reconnaissent aisément à l'innombrable quantité d'Ammonites dont elles sont lardées, à l'exclusion de presque tous les autres fossiles.

Toutefois, avant que ces parties déclives aient été comblées par le dépôt des marnes moyennes, certains points du récif, points très-restreints malheureusement pour les paléontologistes, se sont trouvés dans des conditions identiques à celles du dépôt des couches à Gastéropodes de l'étage précédent, et les mêmes conditions vitales amenant forcément une composition de faune semblable, les Gastéropodes ont pu se multiplier pendant quelque temps; leurs débris, quoique moins nombreux que ceux de la période précédente, n'en sont pas moins très-remarquables. Nous pouvons donc, grâce à cette heureuse circonstance, comparer entr'elles les deux faunes et voir combien elles sont différentes.

La classe des Céphalopodes nous offre une quantité immense d'échantillons appartenant aux espèces suivantes : *Nautilus Toarcensis* (d'Orb.), *Naut. semistriatus* (d'Orb.), *Ammonites serpentinus* (Schloth.) T. C., *Amm. bifrons* (Brug.) T. C., *Amm. Toarcensis* (d'Orb.), *Amm. radians* (Schloth.), *Amm. cornucopiæ* (Young), *Amm. Jurensis* R. (Ziet.), *Amm. mucronatus* (d'Orb.) R., *Amm. Hollandræi* (d'Orb.) T. C., *Amm. communis* (Sow.) R., *Amm. heterophyllus* (Sow.) R., *Amm. insignis* (Schlub.), *Amm. variabilis* (d'Orb.), *Amm. complanatus* (Brug.), *Amm. discoides* (Ziet.), *Amm. Zetes* (d'Orb.), *Amm. acanthopsis* (d'Orb.) A. R. On y trouve également quelques *Rhyncholites* regardées comme des becs de Nautiles, les *Belemnites tripartitus* (Schloth.), *canaliculatus* (Schloth.), *exilis* (d'Orb.) et *Tessonianus* (d'Orb.); mais ces deux dernières y sont fort rares.

Les Gastéropodes sont très-nombreux dans les petits dépôts de la base ; mais il est à regretter que la plupart des espèces ne soient pas décrites, et pour un grand nombre, je serai forcé de ne citer que le nom du genre. La famille des Strombidées ne nous a montré aucun représentant authentique. Dans celle des Muricidées, nous citerons un certain nombre de fuseaux, entr'autres une grande espèce nouvelle, ressemblant beaucoup de taille et de forme au *Fusus neocomiensis* (d'Orb.). Dans les familles des Buccinidées, nous commençons à voir paraître le genre *Purpurina*, représenté par plusieurs espèces nouvelles, dont une très-voisine de la *Purpurina Bellona* (d'Orb.), type du genre. C'est également à cette famille, mais probablement à un autre genre, qu'appartiendront les *Turbo Patroclus* et *Philiasus* (d'Orb.). La famille des Pyramidellidées est représentée par un certain nombre de petites espèces appartenant, soit aux *Eulima*, soit aux *Chemnitzia*; puis deux grandes espèces, dont l'une est la *Chemnitzia Repeliniana* (d'Orb.). Parmi les Naticidées, nous trouvons la *Natica Petops* (d'Orb.), et une autre nouvelle. Nous constatons ici l'absence complète de ce genre si particulier, à forme extérieure de *Niso*, avec un gros pli à la columelle, qui imprimait un cachet tout particulier à la faune précédente et que nous ne verrons plus se produire dans la série oolithique. Les Cérithiadées et Turritellidées sont nombreuses, mais n'offrent rien de particulier à noter. Les Alariées nous offrent un certain nombre de petites espèces. Les Littorinidées y sont bien représentées par de petites espèces nouvelles du genre *Littorina* ou *Rissoa*, par l'*Onustus heliacus* (d'Orb.), et surtout par les *Eucyclus papyraceus* (Desl.) et *capitaneus* (d'Orb.) ; nous avons vu d'ailleurs que cette espèce se trouvait également dans le lias à Bélemnites. La famille des Néritinidées nous a offert une petite espèce du genre *Neritina* et deux nouveaux *Neritopsis*. Quant aux Turbinidées, les espèces sont assez nombreuses, les unes appartiennent au genre *Trochus*, d'autres au genre *Turbo* et n'offrent rien de particulier. On y rencontre également deux Dauphinules remarquables et nouvelles, voisines de forme de la *Delphinula reflexilabrum* ; deux nouvelles espèces de *Discohelix*, l'une dextre l'autre senestre ; le *Cirrhus nodosus* (Sow.) et deux espèces nouvelles.

La famille des Haliotidées nous fournira des données importantes. Constatons d'abord l'absence des *Pleurotomaires suturaux* et *fovéolés*, qui se sont éteints dans l'étage précédent, après avoir pullulé dans les terrains triasiques et paléozoïques. Les formes qui subsistent ne sont pas moins intéressantes ; nous pouvons d'abord citer une forme spéciale aux marnes infrà-oolithiques, celle du *Pleurotomaria decipiens* (Desl.) et toute la série des formes voisines, telles que les *Pleurotomaria principalis* (Münst.), *Studeri* (Münst.), *intermedia*, etc., dont la plupart se retrouvent à la Verpillière ; enfin, le plus ancien des Pleurotomaires à bandelettes linéaires, espèce non encore décrite, mais que je possède parfaitement conservée, nous prouve qu'en même temps que les formes paléozoïques (les suturaux) disparaissaient pour toujours, en même temps aussi la forme spéciale aux séries oolithique et crétacée (c'est-à-dire des Pleur. à bandelette linéaire) était créée et venait immédiatement les remplacer. Les Fissurellidées et les Patellidées sont représentées par de petites espèces n'ayant rien de particulier à noter.

Comme dans les couches à Gastéropodes de l'étage précédent, les Lamellibranches sont moins répandus que les Gastéropodes, preuve évidente que les deux faunes que nous voulons comparer ont été produites dans des *circonstances tout-à-fait semblables*. Nous n'avons guère à citer d'autres faits pour cette classe que la disparition complète des *Cardinies* et l'arrivée des *Trigonies*, représentées par une petite espèce, la *Trigonia pulchella* (Agass.) ; enfin, une petite forme de *Pecten* semble être très-caractéristique de toute la série des marnes infrà-oolithiques ; car on la retrouve depuis le bas jusqu'en haut de cet étage, représentée tantôt par cette espèce, tantôt par une autre très-voisine, le *Pecten paradoxus*; ce dernier est plutôt spécial aux couches supérieures à *Ammonites Murchisonæ*.

Le caractère le plus remarquable de cette faune est l'absence presque complète de Brachiopodes, et ce caractère négatif n'est pas ici un accident, il se retrouve partout; dans quelque endroit de la France ou de l'étranger qu'on étudie les couches à *Ammonites bifrons*, on est toujours frappé de cette excessive pénurie de Brachiopodes : ainsi, à ces soixante-dix-huit espèces de l'étage précédent, succèdent trois petites coquilles chétives et rabougries, les *Terebratula Lycetti* (Dav.) et les *Rhynchonella Moorei* (Dav.) et *Bouchardi* (Dav.). Toute cette faune si curieuse, toutes ces formes si bien tranchées, ont été frappées de mort et, en fin de compte, deux familles entières, les SPIRIFÉRIDÉES et les STROPHOMÉNIDÉES ont disparu pour toujours.

COUCHES SUPÉRIEURES A AMMONITES PRIMORDIALIS ET MURCHISONÆ.

§ 19.—Nous avons déjà, en traitant des marnes infrà-oolithiques, signalé l'absence en Normandie des couches à *Ammonites torulosus* et *Trigonia navis*, principalement caractérisées par l'*Ammonites primordialis* type. Nous trouvons, toutefois, à la base de nos couches à *Ammonites Murchisonæ*, une quantité considérable de petites Ammonites que je ne puis par aucun caractère séparer de l'*Ammonites primordialis*. Dans les conditions normales, cette couche est formée d'un calcaire marneux jaunâtre, tendre, avec de petites oolithes ferrugineuses.

Au moment de ce dépôt, les eaux étaient très-basses quoique assez étendues en surface; notre récif, devenu alors îlot ou groupe d'îlots, offrait, en quelques points, de petites dépressions où la mer a déposé quelques sédiments. Nous pouvons citer, entre autres, deux petits bassins n'ayant chacun que quelques mètres d'étendue et que nous avons observés l'un à May, l'autre à Feuguerolles. La composition minéralogique de la roche y est toute différente, le calcaire y devient très-consistant, sonore, se délitant en plaquettes

26

très-irrégulières (May), ou bien il est rougeâtre, à cassure conchoïde ou esquilleuse, et prend même parfois (Feuguerolles) la consistance d'un marbre rose, semblable d'aspect à celui qu'on exploite dans le coral-rag du Jura. Les coquilles y sont du reste en bon état, les tests sont bien conservés ; mais la dureté de la roche empêche souvent de pouvoir les extraire. Malgré cet inconvénient, j'ai pu en recueillir une suite très-nombreuse. Il se présentait une autre difficulté : comme ces fossiles sont tout différents de ceux qu'on rencontre dans les localités normales, je ne savais à quel niveau rapporter ces couches si curieuses, où tout était nouveau pour moi. Heureusement la découverte de quelques Ammonites est venue me mettre sur la voie : à May, j'ai recueilli l'*Ammonites Sowerbyi* ; à Feuguerolles, j'ai plusieurs fois trouvé des échantillons des *Ammonites primordialis* et *Murchisonæ* ; enfin, j'ai fini par découvrir, à Fontaine-Étoupefour, en dehors de la zone du récif et dans une localité normale par conséquent, mais que sa proximité rend pour ainsi dire de caractère mixte, j'ai rencontré, dis-je, une certaine quantité de fossiles de May et de Feuguerolles, entr'autres trois espèces de Pleurotomaires identiques, c'est-à-dire les *Pleurotomaria Baugieri* (d'Orb.), et deux espèces non encore décrites, mais que leurs caractères bien tranchés empêchent de confondre avec d'autres. J'y ai recueilli également l'*Eucyclus pinguis*, l'*Astarte excavata*, l'*Opis carinata* et cette variété très-grande d'*Opis similis*, exactement pareille à celle qu'on rencontre sur le dépôt de récif.

Grâce à la découverte de ces fossiles, j'ai pu relier très-bien, malgré leur dissemblance apparente, les deux petits bassins de May et de Feuguerolles à la couche à *Ammonites primordialis* de nos localités normales, et il ne peut rester à ce sujet aucune espèce d'incertitude.

Dans le petit bassin de May, ce sont principalement les Gastéropodes qui dominent, les Lamellibranches y sont rares. Nous avons donc là une station tout-à-fait semblable à celles que nous venons d'étudier dans le lias à Bélemnites et dans les couches à *Ammonites bifrons* ; par conséquent nous pourrons comparer, avec un grand degré de certitude, les faunes de ces diverses périodes. A Feuguerolles, au contraire, les Gastéropodes sont rares et les Acéphales prédominants ; enfin,

dans un autre point des mêmes carrières, il existe un petit niveau
où l'on rencontre des Échinodermes et des Brachiopodes. Nous croyons
donc qu'en réunissant les trois petites stations, nous aurons une idée
des plus nettes de la faune de la partie supérieure des marnes infrà-
oolithiques. Voici un aperçu de cette faune.

Les Gastéropodes sont très-nombreux, mais la presque totalité reste
à décrire ; nous pouvons, toutefois, signaler les *Pleurotomaria actinomphala* (Desl.), *Baugieri* (d'Orb.), et un certain nombre d'espèces nouvelles, dont quelques-unes sont fort remarquables, entr'autres deux
appartenant à la section des Pleurotomaires à bandelette linéaire ; les
Eucyclus capitaneus (Münst.), et *pinguis* (Desl.) ; trois espèces de
Cirrhus, dont une, entr'autres, paraît former le passage de ce genre aux
Discohelix, représentés également par deux espèces. Les *Cérites*, les
Chemnitzia et autres petites espèces y sont également assez nombreuses,
mais la grande difficulté de les extraire de la roche très-dure, très-
compacte et fortement adhérente aux aspérités du test, rend leur étude
presque impossible. En somme, la plupart de ces fossiles rappellent
beaucoup la faune de Bayeux, bien qu'ils soient tous ou presque tous
spécifiquement différents.

Les Acéphales sont plus abondants, surtout en individus, car le
nombre des espèces est assez restreint ; nous citerons : les *Pholadomya
fidicula* (Sow.), *Myopsis Jurassi* (Agass.), une *Anatina*, nov. sp., *Ceromya
concentrica* (Sow.), l'*Opis carinata* (Wright.) ; trois autres espèces
rappelant les formes de Bayeux, mais doubles de taille, la *Trigonia
Ramsayi* (Lycett.), et plusieurs autres, la *Cypricardia cordiformis*
(Lycett.), *Hippopodium Bajocense* (d'Orb.), de petite taille, une autre
espèce nouvelle, plusieurs *Astarte*, entr'autres l'*Astarte excavata*, qui
est très-caractéristique de ce niveau, une grosse *Myoconcha* très-curieuse
par son ensemble ramassé et la grande épaisseur de son test, la *Gervillia
tortuosa*, la *Lima proboscidea* et autres espèces, plusieurs *Pecten* indéterminés, l'*Ostrea calceola* (Ziet.), etc.

Les Brachiopodes commencent à reparaître plus abondants ; nous
pouvons signaler de grosses *Terebratula perovalis* (Sow.) formant une variété à sommet un peu comprimé, comme dans la *Ter. plicata* (Buckm.),
la *Ter. conglobata* (E. Desl.), la *Ter. Eudesi* (Oppel) et *Ter. crithea*

(d'Orb.) (1); les *Rhynchonella Deslongchampsii* (Dav.), *quadriplicata* (Ziet.), *cynocephala* (Rich.), *frontalis* (Desl.). Signalons enfin la *Rhynchonella senticosa* (de Buch.) (2) comme la plus ancienne Rhynchonelle épineuse que nous ayons rencontrée en Normandie; M. Triger en a recueilli plus bas encore, dans la zone à *Amm. radians* et *Toarcensis*. Nous voyons donc encore ici un exemple de cette nouvelle création oolithique dont nous avons déjà montré d'autres exemples, puisque les Rhynchonelles épineuses se retrouvent jusque dans l'oxfordien supérieur; il semblerait que ces Rhynchonelles à épines eussent paru, pour ainsi dire, pour remplacer d'autres Brachiopodes également à épines, bien qu'appartenant à une autre famille, les *Spiriferina*, dont nous avons signalé les derniers représentants dans la couche à *Leptœna*.

Les Échinides sont encore rares à ce niveau. Nous devons cependant signaler la première apparition des Échinides irréguliers. Nous y avons recueilli, en effet, une espèce dont le genre et l'espèce ne sont pas encore déterminés, et que M. Perron a retrouvée au même niveau dans le minerai de fer de Pisseloup (Doubs). Parmi les Échinides réguliers, nous citerons des baguettes en massue du *Cidaris Courtaudina* (Cott.), des baguettes et portions de test du *Rabdocidaris maxima* (Desor.), enfin une portion de test de l'*Heterocidaris Trigeri* (Cott.).

COMPARAISON DES FAUNES DU LIAS A BÉLEMNITES ET DES MARNES INFRA-OOLITHIQUES.

§ 20. — Il résulte de l'ensemble des faits exposés dans les paragraphes précédents que si l'on compare entre elles les différentes faunes apparues pendant l'existence du récif de May et de Fontaine-Étoupefour, tous les faits observés nous amènent à une conclusion

---

(1) La *Terebratula crithea* offre des caractères très-mal définis; je l'avais d'abord regardée comme une simple variété de la *Terebratula perovalis* (Sow.); mais la constance de son gisement, dans toute la série des marnes infra-oolithiques, m'a fait adopter ce nom, bien que je croie toujours que ce n'est qu'une simple variété de la *Ter. perovalis*; c'est également cette espèce que les Anglais désignent sous le nom de *punctata* ou *subpunctata*, variété.

(2) La *Rhynchonella senticosa* offre ici une taille très-grande, plus du double des échantillons de Bayeux; elle y est du reste fort rare, et il se pourrait, lorsque nous aurons pu réunir une série d'échantillons en bon état, qu'elle formât une nouvelle espèce.

très-importante : la séparation profonde entre la faune du lias à Bélemnites, d'une part, et de celle des marnes infrà-oolithiques, de
l'autre.

On doit se rappeler que l'étude stratigraphique des couches composant
ces deux étages et les conditions de leur sédimentation, nous ont amené
à constater d'un côté une période d'envahissement constant des eaux,
de l'autre une phase de retrait suivie d'envahissements partiels ; en un
mot, d'oscillations fréquentes durant lesquelles les mers et les terres ont
changé plusieurs fois de limites respectives. Ces faits, exposés dans la
première partie de cet ouvrage, nous avaient amené à une conclusion
identique.

Prenons d'abord les Céphalopodes.

Les Bélemnites sont en nombre prodigieux dans le premier de ces
étages, ainsi que son nom de lias à Bélemnites l'indique suffisamment.
Elles sont, au contraire, peu nombreuses dans le second, surtout au
commencement de la période. Toutefois, l'étude des espèces elles-mêmes
offre pour nous trop d'obscurité pour que nous puissions admettre des
arguments pour ou contre la séparation des deux étages.

Les Ammonites ont été souvent invoquées pour soutenir l'opinion
contraire. On a prétendu que, depuis le lias à gryphées jusqu'à l'oolithe inférieure, les espèces avaient entr'elles tant de ressemblance,
formaient un tout si compacte, qu'on devait les considérer comme appartenant à une seule et même phase vitale. J'avoue que tout me prouve
le contraire.

Il est évident que la grande série jurassique montre, depuis le commencement jusqu'à la fin, certaines formes qui se reproduisent à peu
près à tous les niveaux, sauf quelques modifications successives ; telles
sont, par exemple, les *Fimbriatæ*, qui se suivent sans interruption à tous
les niveaux, comme les *Ammonites fimbriatus, cornucopiæ, torulosus,
Pictaviensis, Eudesi, Adeloides*, etc., etc. ; les *Heterophyllæ*, les *Den-
tatæ*, etc., etc., sont dans le même cas ; on comprend que ces espèces
sont hors de cause. Mais il n'en est pas de même des autres : ainsi, nous
voyons dominer dans le lias inférieur une forme, celle de ces nombreuses *Arietes*, dont l'*Ammonites bisulcatus* peut servir de type. On
voit reparaître une seule forme semblable dans les marnes infrà-ooli-

thiques, c'est l'*Ammonites bifrons*, mais on peut dire que c'est une exception, puisqu'elle s'y rencontre seule.

La forme qu'on pourrait dire la mieux caractérisée du lias à Bélemnites est celle des *Capricornæ*, parmi lesquelles nous citerons les *Ammonites planicosta, Valdani*, etc., etc. ; elle avait, d'ailleurs, commencé à se produire dès les plus anciens niveaux jurassiques, puisqu'elle comprend les *Ammonites planorbis*, *Jonhstoni*, *spiratissimus*, etc., etc. On n'en voit plus paraître une seule, ni dans les marnes infrà-oolithiques, ni dans les étages supérieurs. C'est donc encore une section anéantie.

Pour la remplacer, nous trouvons les *Falciferæ*, dont les formes abondent du haut au bas de la série des marnes infrà-oolithiques ; telles sont les espèces si caractéristiques de cet étage : les *Ammonites serpentinus*, *radians*, *Toarcensis*, *variabilis*, etc., qui se continuent ensuite par les *Ammonites concavus, primordialis, Murchisonæ*, et de là passent dans l'oolithe inférieure par les *Amm. Tessonianus*, *Edwardianus* et autres souvent confondues avec l'*Amm. Murchisonæ*.

Enfin nous voyons encore naître dans les marnes infrà-oolithiques une nouvelle forme, celle des *Annulatæ*, que nous retrouverons également dans le reste de la série oolithique, telles sont les *Ammonites annulatus, Hollandræi, cornucopiæ*, etc., etc.

Il est donc bien établi pour nous, qu'en comparant les Ammonites produites avant et après la ligne de démarcation ainsi posée, rien ne justifie l'assertion prétendant que les Céphalopodes de nos marnes infrà-oolithiques ont des analogies étroites avec ceux de l'étage précédent. Au contraire, si nous en exceptons certaines formes, reproduites d'un bout à l'autre de la série jurassique, et qui par cette raison même se trouvent hors de cause, nous voyons les formes bien et dûment caractéristiques du lias à Bélemnites se terminer brusquement avec une foule d'autres types spéciaux à l'étage même, ou qui avaient pullulé durant les périodes antérieures.

Nous devons, toutefois, faire ici deux exceptions assez curieuses : 1° la forme des *Amaltheæ*, comprenant les *Ammonites margaritatus* et *spinatus*, après une interruption de quatre étages, reparaît dans l'oxfordien avec les *Ammonites Mariæ*, *Lamberti*, *cordatus*, etc. ; mais le

rapprochement de ces espèces n'étant fait que d'après la nature noduleuse
de la carène, cette section est probablement tout artificielle, et la
comparaison minutieuse des lobes devient nécessaire pour décider cette
question. Il est donc très-possible qu'il y ait en réalité deux sections :
celle des *Amaltheæ,* qui seraient alors spéciales au lias à Bélemnites, et
celle des *Cordatæ,* qui auraient commencé à vivre dans l'oxford-clay. La
même exception, et ici elle est incontestable, se reproduit pour un genre
encore problématique, mais que tout fait présumer devoir appartenir
aux Céphalopodes, nous voulons parler des *Peltarions,* dont les deux
espèces d'abord connues sont de la couche à *Leptæna,* et qui se reproduisent avec une forme presque identique dans le même étage oxfordien.

Si, d'un autre côté, nous cherchons à comparer l'ensemble de ces
espèces liasiques à celles du trias, nous ne trouvons aucun rapprochement à faire. Ces dernières sont on ne peut plus tranchées et spéciales ;
elles appartiennent à une création à part, la division des *Cassianæ* ne
ressemblant en rien aux formes jurassiques.

On voit d'ailleurs, pendant la période liasique, les espèces passer peu
à peu et par une transition lente d'une assise dans une autre, depuis
l'infrà-lias jusqu'aux couches à *Amm. margaritatus ;* il n'y a donc pas
eu de créations spéciales. Au contraire, dès les couches inférieures des
marnes infrà-oolithiques, toutes ces formes liasiques disparaissent en
bloc et sont remplacées par cette masse de *Falcifères,* qui se continuent
ensuite en passant de couche en couche et d'une façon si peu tranché,
qu'on éprouve de grandes difficultés pour différencier les espèces. On ne
peut donc méconnaître, même pour les Ammonites, qu'une création
nouvelle fut produite avec ces couches que nous ne pouvons, en aucune
façon, nommer lias supérieur.

Les Gastéropodes, les Acéphales et surtout les Brachiopodes nous
donnent des résultats bien plus concluants ; en effet, comme si la nature
avait brusquement arrêté le cours de la vie, nous voyons, avec les dernières
couches du lias à Bélemnites, disparaître les *Cotyloderma,* ces Crinoïdes
bizarres qui n'ont vécu qu'un instant pendant le dépôt de la couche à
Leptæna ; parmi les polypiers, ce sont les *Cyathophyllum* dont les espèces
sont si répandues dès les plus anciens dépôts paléozoïques ; des familles

entières de Brachiopodes, toutes les Spiriféridées, toutes les Strophoménidées, une faune tout entière de Térébratules, de Thécidées et de Rhynchonelles aux formes les plus remarquables, tous les Pleurotomaires suturaux qui avaient pullulé durant les périodes triasique et paléozoïque, les
Pleurotomaires fovéolés (formes également triasiques), toutes ces Pyramidellidées que nous avons provisoirement rattachées au genre *Niso*,
tous ces *Harpax* confondus habituellement avec les Plicatules, les Cardinies, dont les innombrables espèces impriment un cachet si particulier
aux premiers dépôts jurassiques. Enfin, les espèces des genres qui se
continuent dans les périodes suivantes sont également anéanties ;
celles qui leur succèdent sont différentes et souvent même disparates.

Ainsi, dès les premières couches infrà-oolithiques, toutes ces formes
n'existaient plus ; mais, peu à peu, de nouvelles apparaissent pour les
remplacer. Parmi les Gastéropodes, se présentent tout d'abord les
Pleurotomaires à entaille linéaire, les *Purpurina* ; les Canalifères commencent à se montrer assez nombreux : leur taille grandit, leurs
genres se multiplient ; les *Trigonies* et beaucoup de genres de Lamellibranches, d'abord peu répandus et de petite taille, grandissent et
pullulent. Les Brachiopodes sont d'abord entièrement absents dans les
couches à poissons, puis trois petites espèces paraissent ; enfin, les
Térébratules biplissées deviennent très-abondantes et continueront leur
progression ascendante dans les périodes suivantes. La section des
Rhynchonelles épineuses revêtissant les caractères d'une famille éteinte,
les Échinides irréguliers commencent leur évolution vitale. Grâce à ces
additions successives, la faune est redevenue très-nombreuse à la fin
de cette période ; mais son caractère est entièrement changé et tout-à-fait
oolithique ; ce faciès se modifiera très-peu par la suite, et nous n'obser-
verons plus que des changements lents et presque insensibles jusqu'à la
fin de la grande époque jurassique.

II. Stations de Vertébrés.

§ 24. — 1° *Station des marnes infrà-oolithiques de Curcy.* — Les argiles
à poissons forment en Normandie, ainsi que nous l'avons déjà démontré
dans la première partie de ce travail, la base des marnes infrà-oolithiques,

lorsque la série est complète. Elles correspondent aux couches habituellement schisteuses, qu'on a désignées dans d'autres contrées sous les noms de marnes bitumineuses, schistes de Boll, marnes ou schistes à Possidomyes, *Possidonian schiefer*, etc., etc.

Qu'on les étudie en France, en Allemagne, ou en Angleterre, on est à peu près certain d'y rencontrer, à une hauteur qui varie suivant les lieux, un niveau dont les caractères remarquables ont de tout temps frappé les naturalistes. Lorsqu'on enlève les sédiments supérieurs, on rencontre bientôt un lit habituellement plus constant que les autres et dont la surface offre une quantité considérable de poissons et de sauriens dont les squelettes sont entiers, avec les pièces en rapport ou à peine dérangées de leur position normale.

Ce niveau de vertébrés ne se rencontre pas d'ailleurs en quelques points seulement ; ce n'est pas une exception propre à certaines localités (1), il s'étend au contraire sur un espace immense dans tout le midi de la France, dans la Franche-Comté, la Bourgogne, la Lorraine ; en Allemagne, dans le Wurtemberg ; en Angleterre, à Ilminster, Withby, Lyme Regis, etc. ; enfin, en Normandie, dans la rade de Curcy. Toujours il occupe une position identique, offrant toujours aussi ce même caractère, si précieux pour l'étude de la paléontologie, d'animaux enfouis sur la place même où ils ont vécu, avec tous les os en rapport, les écailles et les rayons des nageoires, sans que ces squelettes aient éprouvé le moindre dérangement.

§ 22. — Il est donc bien établi que ces ossements sont tous à un même niveau dont la position est très-constante partout, dans les couches formant la base des marnes infrà-oolithiques ; mais, ce qui est plus curieux encore, c'est que ces marnes, souvent très-puissantes, ne montrent cette accumulation de carcasses d'animaux qu'à une hauteur bien dé-

(1) On trouve d'autres niveaux de poissons et autres vertébrés où les animaux sont dans les mêmes conditions d'enfouissement : par exemple, dans les terrains carbonifère et permien, dans plusieurs des étages tertiaires, comme au Monte-Bolca, à Aix, etc., et sans sortir du terrain jurassique, dans le calcaire lithographique de Solenhofen ; mais, sauf le dépôt permien des schistes cuivreux qui se retrouve sur un assez grand espace, ces divers niveaux sont des exceptions, portant sur des points isolés, tandis que celui de la base des marnes infrà-oolithiques offre un grand caractère de généralité par l'immense surface sur laquelle il s'est produit.

terminée, au-dessus et au-dessous de laquelle on en chercherait vainement
des traces. Si donc on pouvait enlever les couches d'argile ou de marne qui
la recouvrent, et remettre à nu la surface où reposaient les Sauriens,
poissons, etc., le plus étrange spectacle frapperait les yeux : des milliers de
corps d'animaux couchés dans toute leur longueur, une foule d'êtres qui,
pendant leur vie, devaient se livrer des combats acharnés, sont étendus
pêle-mêle sur le même sol ; des poissons de toute taille avec de nombreuses espèces d'Ichthyosaures, des Téléosaures, côte à côte avec les
Bélemnites, avec les Géotheutis et les Teudopsis, encore munis de leur
poche à encre, avec des Ammonites montrant dans leur dernière
chambre, ou tombé à côté d'elle, les valves en rapport de l'*aptychus* qui
servait à fermer leur coquille ; et si franchissant les limites étroites des
carrières, nous supprimions, par la pensée, les obstacles qui nous empêchent de voir cette étrange nécropole dans toute son étendue, nous
verrions se dérouler sur plusieurs centaines de lieues, depuis le canal de
Bristol jusqu'au centre de l'Allemagne, une immense surface plane
s'étendant en forme de golfes, d'anses ou de rades étroites entre les
saillies formées par les anciens terrains de Cornouailles, de la presqu'île
du Cotentin, du Morvan et du plateau central des Vosges, des Alpes, et
tout le pourtour de cet immense espace, à plusieurs lieues de distance,
couvert par des milliers de carcasses des animaux habitant les mers de
cette époque.

La cause qui accumula un si grand nombre de carcasses d'animaux
n'a pas dû être de longue durée, puisque tous se rencontrent dans un
unique et mince niveau et qu'il existe, en-dessus et en-dessous, une masse
beaucoup plus considérable de marnes où l'on ne trouve rien, ou seulement des coquilles de *Possidonomya Bronni*. Sans doute, les mêmes reptiles et poissons ont dû vivre avant et peut-être après la formation de la
couche à vertébrés : on en a une preuve directe par des os, et particulièrement par des vertèbres qu'on rencontre isolément de place en place,
surtout au-dessous du niveau fossilifère ; mais, pour que ces animaux soient
ainsi rassemblés sur une seule ligne, il faut nécessairement admettre qu'ils
sont morts tout d'un coup, ou du moins dans un espace de temps très-court,
et que leurs cadavres, amenés au rivage, se sont accumulés ainsi en
nombre immense. Une pareille extermination d'animaux, faite dans un

instant et sur un espace de plus de deux cents lieues, confond l'imagination : quelle cause a pu produire une mortalité aussi grande
parmi les êtres de cette époque? On en a souvent cherché l'explication
dans l'irruption subite de sources thermales ou de gaz méphitiques, qui
auraient empoisonné les eaux : une pareille cause pourrait bien amener un
pareil résultat, mais il resterait à expliquer l'intensité du phénomène sur
une aussi gigantesque échelle. Comment un même agent méphitique,
quelque délétère qu'on le suppose, aurait-il pu empoisonner les eaux
dans une étendue aussi considérable que celle du bassin anglo-parisien?
comment une émission de gaz ou de source thermale eût-elle pu s'étendre
tout d'un coup de l'extrémité occidentale de l'Angleterre jusque dans le
Wurtemberg, et de la Normandie jusqu'à l'îlot du Var? Nous n'en chercher-
rons pas l'explication. Avec les causes habituelles, l'imagination reste
confondue en face de l'intensité du phénomène. Pour oser hasarder
une explication, il faudrait avoir étudié attentivement et sur place tous
les points où cette action destructive s'est étendue; cette cause peut
d'ailleurs être multiple et ne pas avoir été identique partout. Nous nous
bornerons donc à rechercher l'explication du fait dans la rade de Curcy.

§ 23. —Nous avons déjà vu que les poissons et sauriens de cette dernière
localité ne se rencontraient pas dans une couche continue comme celle
des argiles schisteuses de Boll, mais qu'au contraire les restes de ces vertébrés se trouvaient renfermés dans des nodules de calcaire plus ou moins
dur, les *miches* des ouvriers, formant une ligne horizontale régulière au
milieu des argiles. Nous devons d'abord bien préciser la forme des nodules ossifères, et leur relation avec l'argile schisteuse ambiante. Tous
les corps organisés n'y sont pas englobés de la même manière. Les
plus petits sont généralement au centre de la miche dont la forme est alors
presque lenticulaire, peu ou point allongée, avec une surface courbe,
aussi bien en-dessus qu'en-dessous. Vers les bords, en haut et en bas,
des lignes de reliefs et de retraits alternatifs correspondent à de très-
nombreuses lignes de sédimentation, grâce auxquelles on peut fendre
ces miches avec presque autant de facilité que de véritables schistes.
Tels se présentent généralement les nodules calcaires renfermant des
poissons de petite et de moyenne taille, des *Aptychus*, et surtout ces

Céphalopodes mous, *Teudopsis*, *Geotheuthis*, etc. , dont les restes, si parfaits , montrent encore la poche à encre, les empreintes des muscles, des yeux , des bras, des nageoires cutanées , etc., ce qui prouve que ces animaux ont été saisis très-vivement et avant que la décomposition ait eu lieu. Dans ce cas, les miches les débordent, leur base et leur pourtour sont recouvertes et entourées de l'argile déposée en feuillets minces parfaitement horizontaux et réguliers , annonçant un dépôt d'une extrême tranquillité , arrêté au niveau de l'obstacle, sans s'infléchir pour passer au-dessus , disposition représentée par le croquis ci-joint.

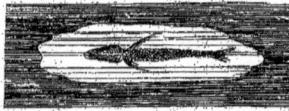

Au contraire, lorsque le corps organisé est de grande taille, un Ichthyosaure ou un Téléosaure, par exemple, les ossements sont presque toujours en partie dans la miche, en partie dans l'argile ; habituellement aussi la miche offre une forme allongée dans le sens du grand axe de l'animal ; elle est presque toujours séparée en plusieurs portions , ou plutôt nous voyons , en réalité, plusieurs miches en série , englobant des portions de l'animal et laissant entre elles des espaces comblés par l'argile , où les ossements ne sont plus enveloppés par la matière pierreuse. Dans ce cas, la forme des miches n'est plus la même que dans le premier ; elles sont entièrement planes en dessous ; et , comme elles se sont moulées sur l'argile sédimentée en couches parfaitement horizontales, la surface inférieure ou du moins celle qui est en dehors de la zone ossifère est entièrement plane, à tel point qu'une vertèbre, par exemple, est quelquefois pour ainsi dire coupée en deux ; la portion supérieure dans la miche, l'inférieure dans l'argile ; les bords

N.° 36.

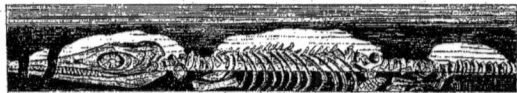

offrent aussi, mais seulement en dessus, les petits reliefs étagés qu'on observe sur les deux faces supérieure et inférieure dans les miches de la première espèce. Ainsi, une portion de l'animal est enfoncée dans l'argile, et la partie supérieure seulement est pénétrée de calcaire. Ce que nous venons de dire sera plus facile à comprendre en jetant les yeux sur la fig. 34.

§ 24. — Un phénomène à peu près semblable, et dont nous devons la connaissance à M. Hébert, se passe journellement sur les bords de la rivière la Marne. Lorsque les eaux sont basses, les rives forment de petites plages vaseuses sur lesquelles viennent s'échouer tous les corps flottants ; ceux-ci sont bientôt recouverts, par chaque petit flot, d'une mince pellicule de matière sédimentaire qui se durcit et forme une sorte de croûte tout en s'épaississant de plus en plus, au point de représenter la forme d'une boule irrégulière. Le plus petit flot suffit pour retourner l'objet, et il se forme alternativement en dessus et en dessous une couche sédimentaire nouvelle ; lorsque le corps, par suite des additions successives de vase, est trop lourd pour surnager, il tombe au fond ou s'échoue et se fixe au bord de la rivière. A ce moment, chaque nouveau flot corrode légèrement les côtés de cette boule vaseuse qui offre des saillies et des retraits alternatifs, semblables à ceux que nous observons dans nos miches des marnes infrà-oolithiques ; ils sont enfin recouverts par des sédiments nouveaux et restent enfouis jusqu'au moment où une cause quelconque les met à découvert.

Ces corps ayant été saisis flottants, lorsque leurs parties molles n'avaient subi que peu ou point l'effet de la putréfaction, il s'ensuit que si on ouvre un de ces nodules vaseux on trouve une empreinte parfaite du corps organisé, tel qu'il était au moment où il a été recouvert de son linceul vaseux. Presque constamment, quand ces nodules sont restés long-temps enfouis, les corps contenus se sont plus ou moins aplatis, ce qui est facile à expliquer. En effet, par suite d'un séjour plus ou moins long au milieu de la vase, les parties molles se sont décomposées, il en est résulté un vide ; la pression augmentant sans cesse à mesure que de nouvelles couches sédimentaires s'ajoutent aux anciennes, les nodules s'affaissent de plus en plus, et les deux surfaces du vide intérieur finissent par se rapprocher et offrir les empreintes aplaties que nous connaissons.

Ces nodules vaseux sont, comme on le voit, dans le même état que ceux dont nous cherchons à expliquer la formation ; aussi, en voyant des effets identiques, il est tout naturel de croire que la cause productrice doit être la même, et jusqu'à preuve du contraire, c'est dans un pareil ordre de faits que je chercherai l'explication des dépôts noduleux répandus d'une manière si uniforme à la base des marnes infrà-oolithiques.

§ 25.—Lors du dépôt des argiles à poissons, les mers, ainsi que nous l'avons déjà vu, étaient très-peu profondes, au moins dans notre pays : les eaux devaient donc occuper une sorte d'anse ou de rade, dont nous avons ailleurs tracé les limites et dont les rivages étaient partout formés par les sédiments encore plus solidifiés de la période précédente, c'est-à-dire du lias à Bélemnites. La mer avait, par suite, abandonné une grande étendue de pays, peut-être même est-il arrivé un moment où il n'y a eu qu'une sorte de lac salé ou saumâtre à peine ouvert du côté de la grande mer : ce qui nous expliquerait la rareté relative, dans la rade de Curcy, des Céphalopodes cloisonnés au commencement de la période des marnes infrà-oolithiques. Dans une pareille rade, les eaux devaient être fort peu agitées; ce que prouve, du reste, la parfaite tranquillité avec laquelle s'est effectué le dépôt de nos argiles à poissons. Le niveau des mers, baissant encore, a fini par laisser peu d'espace, ou même par mettre presque à sec les légions de poissons et de reptiles qui s'ébattaient dans ces eaux tranquilles ; alors la majeure partie de ces animaux, ceux qui n'ont pu gagner un refuge dans les parties déclives, ne rencontrant plus les conditions nécessaires à leur existence et peut-être même enfermés dans un lieu étroit sans communication avec la mer, durent mourir faute d'espace, et leurs cadavres flottants sur les eaux, vinrent s'échouer au rivage en nombre immense. Ils se trouvèrent alors, quoique sur une plus grande échelle, dans les mêmes conditions que les corps flottants de la Marne, et furent ensevelis d'une manière semblable ; roulant sur ce fond vaseux, les boules grossirent de plus en plus, enlevant avec elles quelques très-petits corps organisés épars sur le fond : de jeunes Ammonites, des écailles de poissons, de petits graviers, etc. ; les plus petits furent ainsi charriés jusqu'au rivage, les plus gros rencontrant le fond à une distance plus ou moins éloignée se fixèrent tout d'abord : de sorte que l'aspect de la

rade de Curcy devait, à ce moment, offrir des eaux croupissantes interrompues çà et là par ces amas de matières vaseuses, des arbres flottants, etc. Telle est l'origine, à mon avis, la plus probable de cette
accumulation d'animaux enfouis pêle-mêle. L'explication de leur gisement dans des nodules calcaires me semble toute naturelle et devoir
être attribuée à la même cause formant encore, de nos jours, des
miches vaseuses sur les bords de la Marne.

Quant à la nature calcaire des miches de Curcy et de la Caine, il se
présente plusieurs explications; mais la plus plausible, suivant moi,
serait d'admettre que les nodules entourant les animaux étaient formés
de matières plus riches en éléments organiques que le reste de l'argile.
Ces éléments organiques, en se décomposant, ont dû former une masse
plus poreuse que les argiles ambiantes, et partant, les eaux chargées
de carbonate de chaux ont dû les pénétrer plus facilement que le reste
de la masse. Il y a plus, les vides, formés depuis par la décomposition des parties animales autres que les os, ont été remplis par
un dépôt cristallin de carbonate de chaux pure, qui a rendu ces
nodules plus consistants et a préservé en partie les ossements de cet
aplatissement que présentent par exemple les vertébrés de Boll,
non enfermés dans des nodules calcaires; aussi les animaux de Curcy
sont-ils pour l'étude d'un intérêt bien plus grand que ceux du Wür-
temberg, puisque leurs différentes pièces ne sont pas écrasées et qu'on
peut par suite en saisir les rapports avec la plus grande facilité.

Les lignes précédentes sont presque textuellement extraites d'une
lettre que j'avais écrite à mon père en 1862 et qui a été imprimée, ainsi
que la réponse, dans le VIIe volume du *Bulletin de la Société Linnéenne
de Normandie*, p. 231 et suivantes, et auxquelles nous renvoyons pour
plus de détails.

§ 26. — Cette curieuse station a été bien souvent visitée par les géologues, et mon père a eu plusieurs fois l'occasion d'en faire mention,
principalement dans la première partie de son grand travail sur les
Téléosauriens (1). M. Morière a donné également, l'année dernière (2),

(1) Voir *Mémoires de la Société Linnéenne de Normandie*, t. XIII, troisième mémoire, p. 76.
(2) VIIIe vol. du *Bulletin de la Société Linnéenne de Normandie*, p. 307 et suivantes, note sur une
agglomération considérable de moules (*Mytilus Gryphoides*) trouvée dans le lias supérieur, à la Caine.

une note sur une agglomération considérable de moules trouvées dans la carrière de la Caine; mais nous différons d'opinion, mon collègue et moi, sur la manière dont elles ont été enfouies, et je ne puis admettre que l'arbre sur lequel elles étaient établies ait été placé en dessus et que les moules sont ensuite tombées, en, se détachant de l'arbre, et aient formé autant de centres d'attraction pour la chaux carbonatée. Pour moi, la chose s'est passée d'une manière toute différente : l'arbre a flotté pendant un temps plus ou moins long, il est venu ensuite s'échouer non loin du rivage; il a été alors recouvert par cette énorme quantité de moules, qui s'y sont fixées par leur *byssus*. On sait fort bien que les moules, habitant nos côtes, sont très-souvent enfouies dans une sorte de boue sableuse et que l'extrémité coupante seule de leurs valves saille hors de la vase; ainsi plongées à moitié dans la vase et serrées les unes contre les autres, elles n'en continuent pas moins de vivre et de se multiplier. Les choses ont dû se passer de la même façon pour l'arbre de la Caine, le tronc recouvert de moules a été envahi peu à peu par des sédimentations vaseuses qui ont donné à l'ensemble la forme que l'on voit encore aujourd'hui sur la pièce déposée au musée de Caen ; cela est si vraisemblable que l'on voit parfaitement des traces d'érosions partielles faites sans doute par de petits courants au travers du dépôt vaseux, absolument comme cela se passe encore de nos jours le long des pièces de bois échouées au bord de nos fleuves ou sur le littoral de la mer. Quant à la chaux carbonatée, elle a certainement fait son apparition après la sédimentation de l'ensemble au milieu des argiles; car, s'il en était autrement, les moules elles-mêmes seraient enveloppées, aussi bien en dehors qu'en dedans, par des cristaux de chaux carbonatée. La gangue extérieure est au contraire évidemment d'origine vaseuse, tandis que l'intérieure est survenue lorsque la matière organique de l'animal des moules, étant disparue, il en est résulté un vide que les eaux chargées de carbonate de chaux ont peu à peu diminué, en déposant des couches concentriques de cristaux jusqu'à ce qu'il fût entièrement comblé; la forme irradiante des cristaux ne peut laisser aucun doute à cet égard.

Nous terminerons l'étude de cette station remarquable en donnant quelques renseignements sur les fossiles qui y ont été découverts.

§ 27.—Les reptiles appartiennent à deux familles: les *Ichthyosauriens*
et les *Téléosauriens*. Quatre ou cinq Ichthyosaures presque entiers y ont
été recueillis; ils sont généralement d'une taille assez petite, mais d'une
admirable conservation et nullement écrasés comme ceux de Boll.
L'École des Mines possède la tête la plus grande que l'on y ait encore rencontrée, mais il y manque le bout du museau. M. Tesson avait recueilli
deux têtes et une portion de corps qui font maintenant partie de la collection du *British Museum*; enfin, le musée de Caen en possède un en
entier, et mon père un autre. La tête de ce dernier exemplaire est intacte,
les yeux admirablement conservés; on y voit également l'empreinte du
palais; et celle de l'extrémité des pattes antérieures, en forme de palette,
montre encore la trace du prolongement cutané qui leur donnait l'aspect
d'une nageoire de cétacé. Ces pièces remarquables paraissent appartenir
toutes à une seule espèce, l'*Ichthyosaurus tenuirostris*.

Les Téléosauriens y sont représentés par trois espèces; celle qui a
fourni les plus belles pièces est sans contredit le *Teleosaurus temporalis*,
que mon père a décrit récemment dans la première partie de son mémoire sur les Téléosauriens, p. 84 et suivantes. On y verra que cette
espèce, très-remarquable par la forme des arcades temporales, était assez
abondante dans la rade de Curcy; les pièces étaient d'une conservation
qui ne laisse rien à désirer, à ce point qu'on a pu désarticuler une des
têtes, introduire dans les trous, pour le passage des vaisseaux et des
nerfs, des soies de cochon, ce qui permettait d'étudier les canaux et la
manière dont ils s'abouchaient avec ceux d'autres os, leurs voisins,
dans la constitution du crâne; et en faire, en un mot, une ostéo-
logie de détail comme pour un animal encore vivant. Depuis la publication de ce mémoire, j'ai eu l'occasion de voir récemment des
échantillons provenant de Wurtemberg, et dont la forme des arcades
temporales ne permet pas de douter que cette espèce ne soit identique
avec le *Teleosaurus Bollensis*. Les deux autres Téléosaures de Curcy
ne sont signalées que par quelques fragments ne permettant pas d'en
faire une étude complète: ce sont les *Teleosaurus oplites* (Desl.) et *Tel.
atelestatus* (Desl.). Quant au *Teleosaurus Chapmanni*, dont la taille était
double de celle du *T. temporalis*, nous n'avons pu jusqu'ici en rencontrer

28

de représentants en Normandie, bien que ce soit la plus répandue à Boll et en Angleterre.

Nous ne connaissons que quelques dents de poissons cartilagineux appartenant aux *Hybodus reticulatus* et *lœviusculus*.

Les autres poissons sont bien plus nombreux et conservés dans leurs plus petits détails : les écailles, les rayons de la queue et des nageoires se détachent en brun foncé sur une gangue de couleur claire. Ce sont certainement les plus beaux et les mieux conservés que l'on connaisse, sans en excepter ceux de Solenhofen et du Bugey ; ils appartiennent aux espèces suivantes : *Tetragonolepis Magnevillei* (Agass.), *Tetr.*, sp. ind. ; *Tetr. pholidotus* ; *Lepidotus Elvensis*, *Lep. undatus*, *Lep. rugosus* ; *Pachycormus curtus*, *Pach. Bollensis* ; *Sauropsis longimanus* ; deux autres espèces indéterminées ; *Leptolepis Bronni*, *Lept. Jægeri*, *Lept. longus*.

Les mollusques céphalopodes ne sont pas moins remarquables ; la plupart sont des dibranches d'une admirable conservation, où l'on peut encore reconnaître la poche à encre, le foie et même des traces des intestins ; enfin, les membranes qui formaient les nageoires postérieures du corps sont parfois parfaitement reconnaissables. Ces magnifiques restes d'animaux mous appartiennent aux *Teudopsis Bunelli* et *Caumonti*, aux *Geotheutis Agassizii*, *Bollensis*, et sans doute à d'autres espèces. On y a rencontré aussi, mais bien plus rarement, quelques coquilles de Tétrabranches, quelques *Ammonites radians*, une *Ammonites serpentinus* montrant l'*Aptychus* dans sa dernière chambre, et enfin quelques *Aptychus* isolés, *Aptychus cuneatus*, *A. canaliferus*, *A. lamellosus*.

On y a recueilli également quelques petits Gastéropodes indéterminés, et quelques Lamellibranches écrasés et en mauvais état de conservation, tels que l'*Avicula substriata*, la *Possidonomya Bronni*, l'*Inoceramus amygdaloïdes*, le *Mytilus gryphoides* que nous avons vu recouvrir par milliers un tronc d'arbre, découvert par M. Morière. Enfin, les miches et l'argile ambiante sont quelquefois pénétrées de parties blanchâtres irrégulièrement branchues, qui nous ont paru être des impressions de plantes marines se rapportant aux *Algacites granulatus* et au *Fucoides Bollensis* de M. Quenstedt.

STATION D'ALLEMAGNE DANS LE FULLER'S-EARTH.

§ 28. — Une autre station de vertébrés, principalement de sauriens, et non moins remarquable par des pièces paléontologiques qu'elle a fournies, existe vers la partie supérieure du calcaire de Caen, que nous avons vu représenter le fuller's-earth dans les arrondissements de Caen et de Falaise. Les ossements ont été déposés également à un même niveau et dans une seule couche, que les ouvriers appellent le *gros banc*. Les animaux y sont également presque entiers ou peu disloqués ; mais ils se trouvent au milieu de la roche même ou non enveloppés dans des nodules, comme ceux que nous venons de décrire.

Quoique le banc à sauriens du calcaire de Caen occupe en Normandie une surface beaucoup plus étendue que celui des marnes infrà-oolithiques, il est loin d'avoir la même importance comme horizon géologique. On ne le retrouve pas, en effet, dans d'autres contrées (1), et en Normandie même, il n'existe que dans les arrondissements de Caen et de Falaise, encore n'est-il très-fossilifère que dans la première de ces régions.

Les sauriens du calcaire de Caen sont connus depuis long-temps ; et quelques-unes de ces pièces remarquables, décrites par Cuvier dans son grand ouvrage sur les ossements fossiles et ensuite par Geoffroy Saint-Hilaire dans quelques mémoires détachés, ont acquis une grande célébrité aux localités d'Allemagne et de Quilly, où ces précieux débris avaient été recueillis. Cuvier les avait d'abord considérés comme de véritables *Crocodiles*, et ils sont figurés ainsi, dans son grand ouvrage, sous le nom de Crocodiles de Caen. Geoffroy Saint-Hilaire, frappé des caractères insolites que présentaient la tête, les écailles ventrales et dorsales, et enfin le corps des vertèbres, concaves aux deux extrémités et non concavo-convexes comme dans les véritables crocodiles, en a fait un genre particulier, sous le nom de *Teleosaurus*. Depuis cette époque, le nombre des espèces de ce genre s'est considérablement accru, et mon

(1) Il est probable, toutefois, que ce même niveau se retrouvait dans les environs de Poitiers, si on en juge d'après quelques débris recueillis depuis quelques années seulement.

père a créé dernièrement une famille à part, sous le nom de Téléosauriens.

D'autres débris de grands animaux, appartenant à diverses familles de
Sauriens, ont été recueillis depuis cette époque, presque tous à Allemagne ; d'autres à la Maladrerie, à Quilly, aux Ocrets, à Bazoches, etc.,
et toujours au même niveau, dans un même strate, le gros banc, dont
nous avons fixé la position exacte dans notre première partie, en traitant
du fuller's-earth, p. 123 et suivantes, et à laquelle nous renvoyons pour
plus de détails. J'emprunte au travail récent de mon père (1) les lignes
suivantes sur les particularités que présente leur gisement:

§ 29. — « Tous les sujets sont presque entiers ou peu disloqués ; si
« on ne les recueille pas toujours dans cet état, c'est que, par suite du
« mode d'exploitation, les carriers coupent parfois en deux, et souvent
« sans s'en apercevoir, un spécimen de ces fossiles, en enlèvent une
« partie, et ne remarquent que leur pierre contient des os que lors-
« qu'ils viennent à la scier ou à la tailler. Il se passe souvent plusieurs
« années avant que l'ordre qu'ils observent, dans l'extraction des pierres
« de leurs carrières, les ramène à extraire le bloc où se trouvait le reste.
« C'est ce qui est arrivé pour l'un des spécimens les mieux conservés.
« Je m'étais procuré la portion antérieure (que je possède encore) ;
« trois ou quatre ans après, M. Vautier acheta, des mêmes carriers, la
« portion postérieure qu'ils venaient d'extraire récemment ; car, en
« rapprochant les deux pièces, nous reconnûmes, sans pouvoir en
« douter, qu'elles provenaient du même animal.

« On se demandera peut-être pourquoi les carriers, avertis de la pré-
« sence des os, n'en poursuivent pas alors la découverte, puisqu'ils
« retirent un certain profit de leur vente? C'est qu'alors ils ne le peuvent
« pas, car il leur faudrait déblayer une grande épaisseur des bancs
« situés au-dessus ; ils remettent pour le moment où leur exploitation
« nécessitera de nouveaux découverts ; alors ils attaquent à la fois une
« certaine étendue, enlevant les pierres banc par banc, et enfin arrivés

(1) Mémoire sur les Téléosauriens, 1re partie, p. 76 et suivantes (Extrait du XIIIe volume des Mémoires de la Société Linnéenne de Normandie, année 1864).

« à l'endroit où il est resté des traces des os, ils peuvent enlever la
« pierre ossifère sans perte de temps ni de matériaux propres à être
« vendus ou travaillés.

« Il ne faut pas croire qu'il soit très-facile de s'assurer toujours, au
« fond d'une carrière obscure, éclairée par une mince chandelle,
« qu'une pierre contient des os. S'il se présente sur la tranche des bancs,
« qui sont d'une homogénéité remarquable, quelque coupe d'ossements,
« il faut une grande habitude pour les y reconnaître. Ce n'est, le plus
« souvent, que lorsque les blocs sont extraits que les carriers, en les
« débitant, y rencontrent des os. La couleur rouillée de ceux-ci tranche
« alors très-bien sur le fond blanc-jaunâtre de la pierre ; mais si le *pic*
« des ouvriers rencontre les os, il pulvérise la portion atteinte, la réduit
« en poussière blanchâtre, et la partie osseuse ne se distingue plus du
« tout.

« Revenons à la hauteur ou niveau du gisement des ossements. Si
« l'on n'en eût trouvé que très-rarement et en petit nombre, leur po-
« sition stratigraphique relative n'eût probablement pas attiré l'atten-
« tion ; mais le nombre est au contraire très-considérable, surtout dans
« les carrières d'Allemagne. On en a trouvé aussi, au même niveau, tou-
« jours dans le strate appelé par les ouvriers le *gros banc,* à la Mala-
« drerie, village distant d'environ 4 ou 5 kilomètres, et séparé par la
« vallée de l'Orne ; à Vaucelles, faubourg de Caen, dont les carrières à
« ciel ouvert, maintenant abandonnées, sont sur le prolongement de
« celles d'Allemagne. Sans connaître, à beaucoup près, le nombre des
« principaux amas d'ossements recueillis depuis une quarantaine d'années
« (car il y en a eu un certain nombre vendus à des étrangers qui visitaient
« ces carrières, ou à des amateurs qui n'ont pas fait connaître leur acquisi-
« tion), il y en a au moins vingt-cinq ou trente parvenus à ma con-
« naissance ; or, la surface où ils ont été trouvés, correspondant à
« celle des carrières, n'équivaut certainement pas à un demi-kilomètre
« carré. Si l'on considère maintenant les temps antérieurs où ces car-
« rières étaient déjà exploitées, remontant au moins à huit ou dix siècles,
« pendant lesquels on ne donnait aucune attention à ces ossements ;
« calculant enfin, en prenant pour base le nombre de ceux que l'on a
« recueillis depuis quarante ans, on trouverait à peu près quatre cent

« cinquante Téléosaures gisant dans un aussi petit espace, sans compter,
« bien entendu, tous les autres fossiles trouvés en même temps qu'eux.
« Les environs d'Allemagne, c'est-à-dire le *gros banc* de ses carrières,
« seraient donc une véritable nécropole de Téléosauriens. Mais ce n'est
« pas tout, tant s'en faut : une surface beaucoup plus considérable que
« celle des carrières réunies, et encore intacte, n'a pas été découverte et
« probablement ne le sera jamais ; il n'y a pas de raison de croire qu'il
« n'y eût autant de fossiles que sur celles qui ont été exploitées. Tous
« ces débris d'animaux sont placés au même niveau. Quelle cause a pu
« rassembler sur un espace aussi restreint cette formidable armée de
« reptiles, s'ils n'avaient tous été frappés de mort en même temps ? Seu-
« lement on ne peut guère supposer ici, comme pour l'étage du lias
« supérieur de Curcy, une sorte d'empoisonnement subit des eaux où
« vivaient ces reptiles et leurs contemporains. »

§ 30. — Je crois qu'on peut facilement se rendre compte de cette accumulation de débris, sans avoir besoin de supposer l'anéantissement
d'un seul coup de cette énorme quantité de reptiles. L'action continue
d'un courant passant toujours dans la même direction, et peut-être de re-
mousdans les points les plus fossilifères, me paraît suffire pour l'expliquer.
Ainsi on ne trouve que fort rarement des animaux tout-à-fait complets, le
plus souvent ce ne sont que des portions du corps, la tête avec une partie
du squelette dermique, ou bien des portions de colonne vertébrale avec
les écailles supérieures et inférieures ; quelquefois même ce ne sont que
des dents, des vertèbres ou des écailles isolées. Les pièces des membres
sont plus rares, et jamais jusqu'ici on n'a pu trouver les phalanges des
doigts de ces Téléosaures. On peut donc être certain que ces animaux
ne sont pas morts sur la place qu'ils occupent actuellement et qu'ils ont
été charriés à l'état de cadavres. Le courant, d'après notre hypothèse,
devait s'emparer de toutes ces charognes flottantes et les transporter
vers le point occupé maintenant par le village d'Allemagne, où nous
avons supposé qu'il existait un remous et où ces corps flottants étaient
alors déposés. En route, les parties les plus extérieures, qui tenaient
moins au corps que les autres, devaient tomber les premières ; c'est ce
qui nous expliquerait la rareté, ou même l'absence complète des os des

membres, et surtout des doigts. Toutes ces petites pièces tombaient donc
sur le trajet du courant, comme nous le prouvent ces vertèbres et ces
écailles isolées qu'on rencontre de place en place. Le squelette dermique
était probablement retenu fortement par une peau épaisse et très-dure,
peut-être même renforcé par des parties cornées comme dans un grand
nombre de nos sauriens actuels : aussi les portions de colonnes verté-
brales, les côtes, en un mot, le corps lui-même de l'animal, retenu par
cette peau épaisse que la putréfaction entamait difficilement, sont-ils
généralement très-complets. Les têtes n'offrent que rarement les deux
mâchoires : tantôt l'une ou l'autre manque ; enfin, la putréfaction ayant
complètement disloqué plusieurs des cadavres charriés, il est arrivé que
la peau seule du ventre a continué sa route : c'est ce qui est démontré
par une pièce achetée récemment par M. Sœman à la vente Abel Vautier.
Cette pièce n'est formée que d'un plastron, qui n'a pu ainsi être enfoui
isolément qu'après que le reste du cadavre sera tombé probablement
pièce par pièce sur le trajet du courant. Enfin, on trouve un certain
nombre de débris de poissons ganoïdes et placoïdes, mais jamais des
animaux entiers comme ceux de Curcy ; ce sont des rayons de nageoire,
des écailles ou des dents isolées ; et, en effet, ces poissons, dont les pièces
tiennent beaucoup moins à la peau que les os des sauriens, ont dû se
disloquer et leurs os, ainsi que leurs écailles, se disséminer long-temps
avant d'avoir atteint le point du remous où se sont arrêtés les ossements
de sauriens.

Quant à la cause qui a déterminé la mort de ces reptiles, on ne peut
l'expliquer ; mais il est certain qu'une partie d'entr'eux ont servi de proie
à d'autres sans doute de taille plus considérable, tels que les grands
Ichthyosaures, les Pœkilopleuron, les Mégalosaures, etc. Mon père possède, entr'autres, une tête isolée du *Teleosaurus cadomensis*, mutilée
bien certainement par le fait d'un de ces voraces animaux ; car elle montre
les traces bien manifestes de dents qui ont fait des trous et des entailles
sur le museau. On voit donc que les conditions d'enfouissement des sauriens de notre calcaire de Caen diffèrent du tout au tout de celles qui ont
amené une cause analogue dans la rade de Curcy. Dans le calcaire de
Caen, les animaux sont morts par des causes accidentelles, leurs cadavres, rencontrés par un courant, ont été transportés vers un même point

où ils se sont peu à peu accumulés. Dans la rade de Curcy, au contraire, tous ces animaux sont morts sur place et probablement dans un seul moment. Leurs cadavres, amenés au rivage, se sont recouverts d'une boule vaseuse, qui a conservé les plus petits détails, comme les empreintes de la peau des membres des sauriens, des bras, des yeux et même des muscles de certains Céphalopodes, et qui a permis de retrouver des poissons avec toutes leurs écailles en rapport, comme s'ils sortaient à l'instant même de cette mer absente de nos contrées depuis un nombre incalculable de siècles.

Passons maintenant une revue rapide des animaux formant cette curieuse faune.

§ 31. — La famille des Téléosauriens renferme les animaux les plus remarquables. Le type lui-même du genre *Teleosaurus* est le *Tel. cadomensis*. Cet animal ne ressemblait que très-incomplètement de forme à nos crocodiles actuels, même par la cuirasse et le plastron conformés d'une façon bien différente ; la brièveté excessive des membres antérieurs, la longueur démesurée de ses membres postérieurs, son énorme ventre cuirassé, et au contraire sa tête très-petite eu égard au reste du corps, avec ses mâchoires faibles, garnies de dents divergentes, très-nombreuses et très-grêles, en faisaient un animal d'un aspect tout-à-fait étrange, mais admirablement conformé pour la natation. Ses caractères sont même tellement particuliers que nous le considérerions volontiers comme formant à lui seul un genre distinct. C'était le plus répandu de ces sauriens, si on en juge d'après la grande quantité de pièces existant soit au musée de Caen, soit dans la collection de mon père, et qui permettront de reconstituer l'animal dans son entier. Une seconde section, ou mieux même un autre genre non encore créé, comprend les Téléosaures à museau allongé ; ceux-ci étaient beaucoup plus forts que les premiers ; leurs dents étaient proportionnées et ressemblaient davantage à celles des vrais crocodiles. Ils étaient également d'une taille bien plus considérable, et leur tête seule mesure plus d'un mètre de longueur. On en connaît jusqu'ici deux espèces au moins, le *Teleosaurus megistorhynchus*, une de celles que Cuvier a décrites. Le musée de Caen en possède une mâchoire inférieure intacte, une grande partie de la mâchoire supérieure, et un certain nombre d'écailles et de vertèbres. L'autre sera décrite prochainement par mon père ; le musée de Caen en possède la presque totalité des écailles dorsales, et mon père a acquis récemment la tête complète de cette magnifique espèce, ainsi que quelques vertèbres et une portion du bassin. Le genre *Sténéosaure* se reconnaît à ses mâchoires très-courtes et très-robustes. Trois espèces au moins existent dans le musée de Caen, entre autres une magnifique tête entière avec ses deux mâchoires, acquise récemment à Allemagne, et que mon père décrira dans la troisième partie de son grand travail, sous le nom de *Steneosaurus Calvadosi.*

Nous croyons enfin pouvoir rapporter à cette même famille des Téléosauriens le gigantesque animal décrit par mon père, sous le nom de *Pœkilopleuron Buklandi.* Ce monstrueux Saurien, dont la taille devait atteindre une vingtaine de mètres, avait ses vertèbres conformées comme celles des Téléosaures, des pattes armées de griffes proportionnées à sa taille ; mais, si c'est un Téléosaurien, il différait des autres par l'absence de squelette dermique ; c'était alors un Téléosaurien nu ; ses dents très-longues, pointues et à stries saillantes, annoncent un animal très-carnassier ; malheureusement on ne connaît pas encore le crâne de ce formidable reptile.

La famille des Mégalosauriens y était certainement représentée par le genre *Megalosaurus :* des dents de grande taille, arquées, comprimées et denticulées sur leurs bords, ne peuvent laisser aucun doute à ce sujet.

On y a également recueilli des débris de deux autres sauriens d'une très-grande taille ; ce sont des vertèbres et ossements des membres, appartenant les uns à un Ichthyosaure, les autres à un gigantesque Plésiosaure.

Les reptiles n'étaient pas d'ailleurs les seuls animaux de grande taille qui habitaient ces mers : on trouve également des dents de nombreux poissons placoïdes, parmi lesquels nous pouvons citer les *Psammodus longidens,* dont deux magnifiques séries de dents, restées dans leurs rapports, et appartenant à mon père, ont été figurées dans le grand ouvrage d'Agassis ; le *Pristacanthus securis,* représenté par des rayons de nageoire très-singuliers en forme de scie ; le *Leptacanthus longissimus,* offrant des rayons de nageoire allongés, mais sans dents ; divers rayons de nageoire ou ichthyodorulites, appartenant au genre *Asteracanthus*; des dents des *Hybodus crassiconus, Hyb. obtusus, Hyb. inflatus*; une mâchoire entière du *Gyrodus radiatus*; enfin, on y trouve fréquemment des dents de l'*Hybodus raricostatus* et des portions de mâchoire de Chimère, *Ischyodon Tessoni*, etc.

Les Ganoïdes y existaient également; mais leurs débris sont beaucoup plus rares, et on ne constate leur présence que d'après des écailles isolées qu'on peut rapporter à des poissons du genre *Dapedius, Tetragonolepis*, ou genres voisins.

Enfin, on rencontre encore dans le gros-banc quelques débris de mollusques, mais en très-mauvais état de conservation, entr'autres quelques *Aptychus*.

III. Stations de Spongitaires et d'Échinodermes dans la partie supérieure de la grande oolithe.

STATION DE SPONGITAIRES ET D'ÉCHINIDES DE S¹-AUBIN DE LANGRUNE.

§ 32. — La petite falaise de St-Aubin de Langrune est entièrement formée de calcaires gris-bleuâtre très-spongieux, et tout pénétré d'une argile grise ou jaunâtre. Elle s'étend uniquement dans ces couches argileuses que nous avons vues former constamment la base des couches de rivage de Langrune, et qui portent à Ranville le nom de glaise. Elles prennent ici des caractères anormaux et offrent une puissance beaucoup plus considérable que dans les autres localités.

Nous avons expliqué, p. 146 et suiv., comment le dépôt de cette glaise avait pu s'effectuer au moment où les couches profondes de Ranville allaient faire place aux couches de rivage de Langrune. Nous avons également démontré qu'en certains points il s'était formé de petits estuaires où les eaux étaient tranquilles, peu profondes et le fond un peu vaseux. Les Oursins affectionnent beaucoup un fond de mer semblable: aussi trouvons-nous, à la base de la falaise de St-Aubin de Langrune, une grande quantité de ces animaux, qui ont dû rencontrer ici des conditions très-favorables à leur existence, si l'on en juge également par la taille à laquelle ils parviennent. On peut constater de même qu'ils ont vécu en place et qu'ils n'ont été nullement dérangés; car on trouve les baguettes à côté du test ; ces baguettes sont entières et n'ont été nullement roulées. J'y ai également recueilli une belle espèce d'Astérie, le *Crenaster Cottaldina* (d'Orb.), avec toutes ses pièces en rapport. En même temps que les Oursins, on y voit une énorme quantité de petits Bryozoaires, de petits Spongiaires et un certain nombre de *Brachiopodes*, des *Limes*, des *Pectens*, quelques *Huîtres*, quelques *Trichites nodosus* ; en un mot, toutes les espèces de la glaise de Langrune, et qui affectionnent des eaux tranquilles, légèrement vaseuses et peu profondes.

Les Oursins qu'on peut recueillir dans cette couche remarquable appartiennent aux espèces suivantes, déterminées par M. Cotteau : *Hemicidaris Luciensis* (d'Orb.), très-gros échantillons ; *Hemicid. pustulosa* (Agass.), rare et magnifique espèce qu'on n'a jamais rencontrée que dans cette localité ; *Acrocidaris striata* (Agass.), *Pseudodiadema subcomplanatum* (d'Orb.), *Hemipedina minor* (Cott.), *Stomechinus serratus* (Desor.), *Holectypus depressus* (Desor.), *Echinobrissus clunicularis* (d'Orb.), *Pygaster laganoides* (Agass.).

La partie inférieure de la petite falaise, et seulement la portion la plus éloignée du village, nous montre cette couche à Oursins, qu'on peut suivre également à mer basse, lorsque les vents du nord-ouest n'ont pas accumulé des sables et des galets qui presque toujours recouvrent ce banc.

§ 33. — Le reste de la falaise montre un dépôt plus curieux encore. C'est du calcaire impur, d'un aspect spongieux, fortement pénétré de glaise tenace, grise, remplie de débris de Bryozoaires et de coquilles. De place en place, on aperçoit de gros amas de Spongitaires appartenant à une seule espèce, *Cupulospongia magna* (d'Orb.), que nos ouvriers appellent *Tripards*, à cause de ses bords festonnés et par allusion à ce mets favori des Caennais appelé *tripes*. Ils forment, à différentes hauteurs dans la falaise, de longues traînées qu'on pourrait presque appeler des bancs, si elles n'étaient pas fréquemment interrompues. Ces amas sont tout-à-fait indépendants des couches qui les coupent et dont ils arrêtent la continuité ; quelquefois plusieurs stations s'échelonnent les unes au-dessus des autres. Rien de plus remarquable que l'aspect de ces gros

Spongitaires : on voit qu'ils ont vécu en place pendant toute la période où s'est formé ce dépôt ; à mesure que la sédimentation s'effectuait, ils étaient ensevelis par le progrès des vases : changeant alors de place, ils s'installaient tantôt dans un point, tantôt dans un autre, s'étalaient ensuite partout jusqu'à ce qu'une nouvelle assise de vase ou de calcaire vînt les recouvrir.

On voit ainsi quelquefois jusqu'à sept ou huit de ces générations de Spongitaires empilées les unes au-dessus des autres. Il a fallu un temps considérable pour accumuler des sédiments fins sur une hauteur de 15 à 20 pieds ; cela nous prouve que ce point est resté pendant long-temps dans cette situation. Il était probablement entouré par des bancs de sable et protégé long-temps par eux contre l'agitation des vagues ; puis, peu à peu, il a fini par s'aplanir et s'ensabler. La formation du dépôt de Langrune a détruit l'estuaire et terminé l'existence de ces bancs si curieux de Spongitaires.

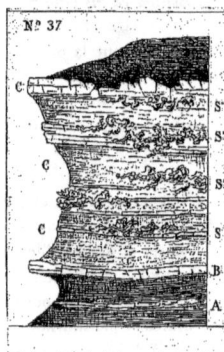

§ 34. — La coupe suivante, prise d'un cap de cette petite falaise, montre parfaitement les relations de la couche à Oursins, et des couches à Spongitaires. En A se voient les couches marneuses à Oursins. B, banc calcaire où j'ai recueilli une Astérie entière. C, C, C, marnes calcaires à Spongitaires. S, S', S'', S''', amas produits, à plusieurs hauteurs, de *Cupulospongia magna* ou tripards des ouvriers, interrompant la continuité des bancs. D, diluvium.

Les assises à Spongitaires renferment, en outre, une grande quantité de coquilles fossiles, principalement des Brachiopodes. On y trouve un grand nombre de grosses *Lima*, de *Pecten vagans*, *P. annulatus*, *P. Luciensis*, d'*Ostrea costata* et *Bathonica*, de *Terebratula cardium* très-grosses, *Ter. bicanaliculata*, *Ter. coarctata*, *Ter. flabellum*, *Ter. digona*, de *Rhynchonella concinna* et *obsoleta*.

Les grands Spongitaires eux-mêmes servent de base à une foule de productions animales, telles que des *Serpules*, de petits *Spirorbes*, des *Spongitaires* et *Bryozoaires* de petite taille, des *Ostrea costata*, etc. On y voit encore le *Spondylus consobrinus* (Desl.) et *Haimei* (Desl.); une Plicatule, de la division des *Reticulatæ*; la *Plicatula retifera* (Desl.) y est excessivement abondante (1) et recouvre quelquefois de sa valve adhérente une grande partie de la surface des *Cupulospongia*. L'argile, déposée dans l'intérieur en forme de coupe de ces grands Spongitaires, fourmille de petites espèces très-remarquables, principalement de très-jeunes coquilles qui devaient trouver un abri contre l'agitation des eaux dans ces cupules, protégées encore par les replis nombreux du Spongier. Un simple lavage dans l'eau courante suffit pour obtenir avec la plus grande facilité ces jolis petits fossiles; ce sont des Bryozoaires, de jeunes Spongitaires, de petites Limes, mais surtout un nombre immense de jeunes Brachiopodes, des *Ter. cardium, coarctata, digona, flabellum*, etc., etc., et enfin des coquilles qui n'atteignent jamais qu'une taille lilliputienne; c'est ainsi qu'on peut obtenir des milliers d'échantillons, en valves séparées ou en rapport, de la charmante petite *Thecidea triangularis* avec les détails les plus délicats de sa fragile charpente brachiale. On y rencontre encore en assez grand nombre la *Terebratulina hemisphærica*, une toute petite *Terebratelle* lisse non encore décrite; enfin, la *Crania Ponsorti*.

Cette station de Spongitaires est donc remarquable à plus d'un titre : aussi la petite falaise de St-Aubin de Langrune mérite-t-elle la visite des paléontologistes.

4° STATION DE PENTACRINITES DE SOLIERS.

§ 35. — Elle existe également à la partie supérieure de notre grande oolithe et a été découverte à Soliers, à deux lieues au sud de Caen, dans une petite carrière ouverte, en 1850, pour l'empierrement des routes. Malheureusement, elle a été presque aussitôt rebouchée et il n'en reste actuellement aucune trace. La roche était un calcaire dur

(1) C'est sans doute cette coquille que d'Orbigny a prise pour une Cranie et décrite comme telle dans son *Prodrome*, sous le nom de *Crania radiata*.

en plaquettes, assez semblable d'aspect à certaines variétés du calcaire
à Entroques. A leur surface se trouvaient, en très-grande abondance, des
débris de *Pentacrinite* non encore décrit, et leur intérieur est formé
presque entièrement par des débris disjoints de cette même Encrine.

J'allai, vers cette époque, visiter avec mon père cette station remarquable, et je transcris textuellement le résultat de notre visite, con-
signé dans les comptes-rendus des séances de la Société Linnéenne de
Normandie, page xlv du VII° volume des *Mémoires* de cette Société :

§ 36. — « A une certaine distance de la carrière, un chemin empierré
« nouvellement était pour ainsi dire pavé de fragments de pierre remplis
« de ces Pentacrinites. M. Eudes-Deslongchamps y recueillit bon nombre
« de têtes de Crinoïdes ayant, en place, les diverses plaques pelviennes
« auxquelles étaient attachés les bras et leurs subdivisions, tantôt en-
« tières, plus fréquemment cassées ou déjetées, comme si la tête de
« l'encrine, étant ouverte, eût reposé par sa face buccale sur un sol
« plat et y eût été aplatie et contournée de diverses manières. Plusieurs
« de ces têtes tenaient encore à des bouts de colonnes ; il y en avait
« beaucoup de celles-ci garnies ou non de bras auxiliaires ; mais il
« y avait surtout à profusion de ces bras auxiliaires qui formaient sur et
« dans l'intérieur de la pierre une sorte de réseau fort irrégulier, dont les
« mailles étaient remplies de petites articulations innombrables et d'une
« sorte de sable d'un jaune d'ocre plus ou moins foncé, comblant les
« interstices ; le tout lié par un ciment calcaire excessivement dur. Dans
« ces pierres à Encrines, il n'y avait pas la plus petite trace de coquilles
« quelconques ou de polypiers ; le sable, même étudié à la loupe, ne
« paraissait pas formé par des détritus de coquilles.

« La carrière, très-peu étendue et à peine profonde de deux mètres,
« était abandonnée et en grande partie déjà comblée ; il restait ce-
« pendant, sur un des côtés, un bout de l'excavation faite dans le sol, où
« l'on pouvait voir la tranche des bancs traversés. A côté de l'excavation,
« étaient quelques toises de plaquettes, et sur quelques-unes il y avait
« des bras auxiliaires isolés dont la longueur était de plus de 20 cent.
« M. Eudes-Deslongchamps y recueillit un Pentacrinite parfaitement
« entier, montrant sa tête, sa tige et l'endroit où cette tige tient à une

« sorte de racine ou rhizome crinoïdien, si l'on veut, couché dans la
« pierre et faisant saillie à sa surface, quoiqu'il y soit recouvert de sable
« aggluting et d'articulations de bras détachées.

« En examinant la coupe de la carrière, on peut voir en place les
« plaquettes à encrines : elles formaient une couche continue, horizon-
« tale, ayant de 10 à 20 centimètres d'épaisseur, reposant sur des pla-
« quettes à tissu uniquement sableux et recouverte des mêmes pla-
« quettes ; ni les supérieures, ni les inférieures, n'ont montré la moindre
« trace de coquilles.

« Il n'y a pas à douter que tous ces Pentacrinites ont vécu là, rassem-
« blés, formant une petite forêt, une espèce d'oasis, qu'on me passe
« l'expression, au fond d'une mer probablement profonde, sur un sol
« sableux qui paraissait dépourvu, ailleurs qu'à la place occupée par les
« Pentacrinites, de toute espèce d'autres animaux ; que ces Pentacri-
« nites ont vécu là pendant un temps assez long ; que les débris de ceux
« qui mouraient jonchaient le sol dont ils augmentaient l'épaisseur ;
« que ces Crinoïdes ont ainsi pullulé pendant plusieurs générations suc-
« cessives, augmentant sans doute à la circonférence l'étendue de l'oasis
« qui les portait, et cela tant que les circonstances favorables au main-
« tien de leur existence ont persisté ; mais que, tout à coup, ces circon-
« stances ayant été modifiées, ils sont tous morts et ont été enfouis sur
« place par un dépôt de matière calcaire sous forme de sable, de vase
« ou autre. Il ne peut y avoir de doute que les individus qui étaient vi-
« vants et en plein développement ont été subitement tués et enfouis ;
« car l'on sait que le moyen d'union, ou la matière molle qui retient
« en place et nourrit les innombrables pièces calcaires composant les
« Crinoïdes articulées, devait se pourrir et se détruire très-facilement ; de
« là, la désagrégation et la dispersion de toutes ces pièces, tandis qu'ici
« les Pentacrinites de la surface des plaquettes sont à peine disloquées
« dans quelques-unes de leurs parties.

« Une question importante, relative à l'existence des Pentacrinites,
« se trouve résolue par le groupe intéressant de Soliers ; c'est-à-dire
« que ces Échinodermes adhéraient, par l'extrémité inférieure de leurs
« colonnes, qu'ils n'étaient pas libres et ne nageaient point vaguement
« dans les mers : s'il en eût été autrement, comment s'expliquer cette

« accumulation d'individus sur un espace très-circonscrit? D'un autre
« côté, un de ces échantillons montre l'extrémité inférieure de sa co-
« lonne, naissant d'une espèce de rhizome ou stolon, couché sur
« la pierre où il fait une légère saillie , quoiqu'il soit recouvert
« d'une faible couche de sable agglutiné. M. Eudes-Deslongchamps ne
« serait pas éloigné de penser, d'après ce fait, le seul qu'il ait pu re-
« cueillir, que les Pentacrinites de Soliers fussent unis les uns aux autres
« par ces sortes de rhizomes, ou plutôt qu'ils naissaient comme des
« bourgeons, en venant se développer au dehors; ils semblaient alors
« être des individus isolés ; en un mot, ce serait quelque chose d'ana-
« logue au *Zoanthus Ellisii*, figuré pl. Iʳᵉ, fig. 1, de l'ouvrage d'Ellis et
« Solander sur les Zoophytes.

« Ce qui domine sur nos plaquettes, ce sont les bras auxiliaires dé-
« tachés de la tige, mais ayant toujours toutes leurs pièces articulées ;
« ils sont cylindriques ; les plus gros ont à peu près 2 millimètres de
« diamètre ; les plus petits presque 1/4 de millimètre avec tous les in-
« termédiaires possibles. Puis viennent les têtes munies de leurs bassins,
« bras, doigts et tentacules, en général étalés et tournés comme on l'a
« dit plus haut, mais plus ou moins tourmentés , déviés, contournés et
« enchevêtrés avec des bras accessoires isolés. On trouve plus rarement
« sur ces plaquettes des bouts de colonnes ; les plus fortes ont presque
« 1 centimètre de diamètre, et leurs articles sont en étoile dont les an-
« gles saillants sont très-aigus ; chaque article porte cinq bras accessoires,
« plus ou moins longs, souvent restés en place et formant par leur en-
« semble comme un gros pinceau aplati par le tassement des dépôts
« qu'il a eu plus tard à supporter. Parmi ces tronçons de colonnes,
« garnis de leurs nombreux bras auxiliaires, M. Eudes-Deslongchamps
« en a vu quelques-uns dont les articles allaient en diminuant et finis-
« saient en pointe ; les bras accessoires diminuaient de diamètre, à me-
« sure que les articles s'amincissaient ; il y a tout lieu de croire que ces
« bouts de tiges étaient dépourvus de bassins, de bras , enfin de la tête
« du Pentacrinite. On doit faire observer que ces singuliers bouts de
« colonnes n'étaient point, à leur plus grosse extrémité, plus grêles que
« la plupart des autres, c'est-à-dire qu'ils avaient dans ce point au moins
« un demi-centimètre de diamètre. Est-ce qu'il y aurait eu des colonnes

« sans tête ; des sujets pour ainsi dire stériles, comme on en voit, par
« exemple, sur certains prêles dont les tiges fertiles se terminent par les
« organes reproducteurs et ne sont accompagnés que d'un petit nombre
« de rameaux, tandis que les tiges stériles sont terminées par de nom-
« breuses touffes de rameaux verticillés ? M. Eudes-Deslongchamps n'ose
« s'arrêter à cette idée : il faudrait qu'elle fût confirmée par de nouveaux
« faits pour qu'elle puisse être donnée d'une manière affirmative. »

§ 37. — Depuis, on n'a retrouvé nulle trace d'un pareil banc, au milieu
de cet immense espace (la plaine de Caen) recouvert par la partie supérieure de la grande oolithe ; il est donc à croire que cette station de
Pentacrinites était isolée et de peu d'étendue, car on ouvre journellement,
pour l'empierrement des routes, des carrières tout près de celle qui a
fourni les fossiles remarquables dont nous venons de parler, et on n'en
a retrouvé aucun indice.

CHAPITRE II.

DISLOCATIONS SUBIES PAR LES COUCHES JURASSIQUES INFÉRIEURES DE LA NORMANDIE POSTÉRIEUREMENT A LEUR DÉPOT.

1. Failles des falaises du littoral du Bessin et formation de la baie des Veys.

§ 38. — Si nous suivons les falaises bordant la partie occidentale
du littoral, dans le département du Calvados (Voir pl. I, coupe A),
nous voyons que, depuis l'embouchure de l'Orne jusqu'à Arromanches,
les couches des divers étages n'ont point été dérangées de la position qu'elles occupaient lorsqu'elles se sont déposées ; et, sauf quelques
légères ondulations, elles sont sensiblement horizontales avec un léger
plongement vers l'est, c'est-à-dire vers le centre du bassin.

Mais déjà non loin d'Arromanches, entre ce village et Tracy, nous
observons une faille qui interrompt brusquement la continuité des
bancs. En sortant de Port-en-Bessin, nous en voyons une seconde qui

30

fait butter l'oolithe blanche contre le dépôt du fuller's-earth (le calcaire
marneux). A partir de ce point, les couches se relèvent peu à peu,
de manière que la partie supérieure de l'oolithe blanche, placée au-
dessous du niveau de la mer, à Port-en-Bessin, le dépasse d'une
dixaine de mètres en arrivant au moulin de Ste-Honorine-des-Perthes.
Si l'on continue sa route vers Colleville-sur-Mer, on voit de nouveau l'oolithe blanche plonger de plus en plus, et redescendre enfin
au-dessous du niveau de la mer. Dans ce parcours, d'ailleurs, la falaise
est encore fracturée par plusieurs failles de peu d'importance. Il existe
donc un bombement général bien manifeste, dont l'axe est au point
dit les Hachettes, à peu près à moitié route de Port à Ste-Honorine.

Mais ce n'est pas tout : si l'on s'avance, à marée basse, sur les rochers
bordant la falaise dans toute son étendue, on reconnaît qu'avant d'arriver aux Hachettes on marche sur des couches inférieures à celles qu'on
avait observées jusque-là ; c'est l'oolithe ferrugineuse, très-remarquable
par de grandes *Ammonites Humphriesianus, Parkinsoni* et autres, disposées à plat et que la mer a rongées, de manière que les concamé-
rations intérieures, avec leurs cloisons formées de cristaux blancs de
chaux carbonatée, paraissent comme si on les avait sciées pour montrer
l'arrangement interne. Ces grandes Ammonites disparaissent elles-
mêmes, et les pieds se heurtent bientôt sur de nombreux silex noirs
que la mer n'a pu entamer et qui font partout des saillies au-dessus de
la roche, rendant la marche très-pénible et même dangereuse,
parce qu'une foule de *Fucus* et autres plantes marines cachent ces
aspérités et font que la route est très-glissante. Ces silex nous annoncent
la matière des géologues normands, c'est-à-dire les couches à *Amm.
Murchisonæ*. Puis on voit revenir le conglomérat à grosses oolithes,
puis la couche ferrugineuse elle-même formant de nouveau le sol sous
la mer jusqu'en face de Ste-Honorine-des-Perthes.

§ 39. — Il y a donc eu, en avant des falaises et sur l'espace maintenant
occupé par la mer, un second bombement plus considérable que le
premier, dont l'axe se trouve exactement au même point (les Hachettes),
et qui a dû faire butter l'oolithe ferrugineuse et même, au point le
plus élevé du bombement, les couches à *Ammonites Murchisonæ* contre

l'oolithe blanche, roche la plus inférieure que nous ayons vue affleurer au niveau de la mer dans le premier bombement. Il a donc dû exister une grande faille générale, parallèle à la direction même de la falaise :

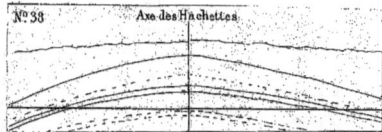

c'est ce que nous tâcherons de faire comprendre au moyen du diagramme n° 38 où la direction des roches, dans le premier bombement, est marquée par des lignes pleines, et ponctuées pour le second. Cette faille existe effectivement, et trois petits mamelons isolés, appuyés contre la falaise, le prouvent de la façon la plus nette. En effet, la mer rongeant continuellement les falaises, est arrivée jusqu'à la ligne de la faille, en enlevant toute la partie située en avant de cette ligne; mais, comme si

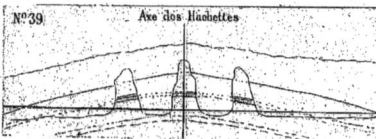

elle avait voulu laisser des témoins de l'état antérieur de ces escarpements, elle a respecté trois mamelons, agissant en grand, comme les terrassiers le font en petit, lorsqu'ils laissent des jalons pour indiquer la hauteur des terres qu'ils ont enlevées. Nous représentons, fig. 40, vue de face, la coupe

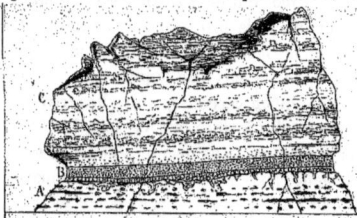

exacte du premier de ces jalons, nous offrant, à partir de la base A, 1 mètre environ de calcaire marneux pénétré de chlorite et de silice, c'est-à-dire la mâlière avec de nombreux silex, tantôt disséminés en lignes, tantôt en véritables couches. Ce premier dépôt appartient à la partie supérieure des marnes infrà-oolithiques (couches à *Amm. Murchisonæ*). Au-dessus B paraît d'abord le conglomérat à grosses oolithes, puis l'oolithe ferrugineuse dont l'ensemble n'atteint pas 1 mètre ; le tout est surmonté C par 4 mètres environ d'oolithe blanche.

Vu de profil, le premier jalon A montre la disposition indiquée par la fig. 41 et nous fait

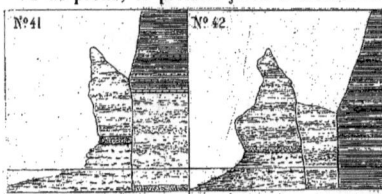

comprendre ses rapports avec la falaise B. On y voit que l'oolithe blanche *o b* du jalon butte en partie contre l'oolithe blanche *o' b'* et le fuller's-earth F de la falaise.

Le second jalon nous donnerait une coupe à peu près semblable.

Le troisième jalon (fig. 42) nous offre une nouvelle complication. On peut juger d'abord que l'oolithe ferrugineuse y est très-réduite ; qu'elle n'a guère plus d'épaisseur que le conglomérat de sa base, habituellement d'une puissance beaucoup plus faible. Nous verrions même, plus loin, l'oolithe ferrugineuse disparaître entièrement et le conglomérat seul persister ; mais un fait important à noter, c'est que les relations de ce dernier jalon avec la falaise ne sont plus les mêmes que les deux premiers ; car il est évident que la falaise a été coupée en deux par une autre faille parallèle, comme la première, à la direction même de la côte, de sorte que l'oolithe ferrugineuse de ce troisième mamelon se trouve en contact avec l'oolithe blanche, et que cette dernière l'est elle-même avec le fuller's-earth ; ce qui donne, comme résultat définitif, une différence de niveau d'une douzaine de mètres entre le premier jalon et la falaise elle-même, puisque la seconde ligne de faille éprouve le même sort que la première, et que la mer l'a déjà entamée, de manière qu'en certains points elle arrive au troisième plan où la côte ne serait plus formée que de fuller's-earth. Nous avons insisté sur ces faits parce que, dans quelques années, sans doute, le travail incessant des vagues aura rendu ce point méconnaissable ; c'est donc de l'histoire que nous faisons ici par avance pour la falaise des Hachettes et particulièrement pour ces trois jalons, restes d'une étendue très-grande de roches que les efforts incessants d'une

mer largement ouverte, battant presque constamment avec furie ces
falaises si remarquables, aura bientôt fait disparaître.

Et, d'un autre côté, si nous abandonnons le littoral en nous avançant
vers l'intérieur des terres, il nous est très-difficile de reconnaître s'il y a
des failles, parce qu'aucune coupe de grande étendue ne nous permet
de le vérifier directement; toutefois, des collines assez élevées, terminées en plateaux, et séparées par de larges dépressions également
planes, font naturellement supposer que les couches de cette contrée
ne sont pas partout continues; et l'on ne peut guère comprendre, sans
admettre de failles, ces différences de niveau qui font paraître l'oolithe
ferrugineuse sur le même plan horizontal que le fuller's-earth. Il est donc
à peu près certain qu'il existe aussi des failles et probablement assez nombreuses dans toute la région si fertile et si riche constituant la vallée
d'Aure et la partie occidentale du Bessin. Enfin, un dernier phénomène
fort curieux, sur la cause duquel on a souvent disserté, vient donner à
l'hypothèse de larges brisures un caractère de grande vraisemblance. La
rivière d'Aure, après avoir coulé pendant long-temps, diminue peu à peu
de volume et finit par se perdre, sans cause appréciable, au milieu des
prairies, dans un point appelé la fosse du Souci; mais, au-dessous des
falaises du littoral et principalement à Port-en-Bessin et à Ste-Honorine,
on voit sourdre en plusieurs points, à travers le sable et les galets de
la plage, ici un filet d'eau douce, là des volumes d'eau considérables
produits par les eaux de cette rivière qui, après avoir filtré dans les
profondeurs, se rendent ainsi à la mer. Ce fait n'est malheureusement
que trop connu, car dans certaines circonstances, il a donné lieu à
des accidents déplorables. Les eaux, venant ainsi sourdre sur la plage,
creusent parfois des abîmes recouverts seulement d'une couche de
sable offrant l'apparence trompeuse d'un sol solide; il y a quelques
années, trois jeunes gens ont été engloutis dans un de ces gouffres. Il est
à croire que les eaux de la rivière d'Aure, se perdant ainsi dans le vide
creusé par une ou plusieurs de ces fractures, ont sans doute élargi peu
à peu les parois des failles, que le peu de consistance de la roche formée
de calcaire marneux ou même des argiles du lias, rendent faciles à
entamer. Ce travail souterrain des eaux mine donc sans cesse le sous-
sol et creuse sans doute peu à peu des excavations analogues à celles

qui ont présenté un caractère de généralité très-remarquable durant la période diluvienne, et auxquelles on a donné le nom de *cavernes à ossements*. Il est probable encore que, pour compléter la ressemblance, les parois de ces conduits souterrains sont chargés de stalactites ; ce fait est d'autant plus vraisemblable, qu'une foule de sources viennent sourdre en beaucoup de points le long des falaises du Bessin, qu'elles sont fortement chargées de carbonate de chaux, et qu'elles donnent lieu à des fontaines incrustantes dont l'aspect est des plus pittoresques ; elles pourraient presque, par la beauté de leurs produits, rivaliser avec ceux de la fontaine de S¹ᵉ-Allyre, en Auvergne, dont les incrustations se voient dans tous les musées.

Ces considérations nous ont un peu éloigné de notre sujet, mais elles nous montrent que les diverses couches du système oolithique inférieur sont loin d'être, dans le Bessin, à l'état où elles ont été déposées primitivement. Nous pouvons donc conclure qu'il y a eu, à une époque dont nous chercherons plus loin à préciser la date, une forte dislocation déterminant un exhaussement assez considérable et dont l'action paraît s'être produite sur une grande partie du Bessin. Cette action a relevé les couches jurassiques inférieures dans l'espace étendu depuis l'embouchure de la Seulles jusqu'à Colleville-sur-Mer. Elle est surtout bien manifeste dans les falaises de la côte, et l'axe du soulèvement peut être considéré comme passant par le point des Hachettes, juste à l'endroit où se reproduit la grande faille parallèle à la falaise, et qui couperait, suivant une ligne perpendiculaire, la direction de l'axe du soulèvement.

En suivant ensuite la partie de falaise comprise entre Sᵗᵉ-Honorine-des-Perthes et Grandcamp, nous voyons l'oolithe blanche s'abaisser graduellement ; et, au point où le petit ruisseau du Buquet vient se rendre à la mer, elle est sensiblement au niveau de celle-ci. Le fuller's-earth se voit seul ensuite, et la falaise disparaît pour quelque temps, remplacée par une côte herbeuse, en pente douce ; disposition très-facile à comprendre : les sources, ravinant continuellement les argiles du fuller's-earth, entament partout la roche, et la falaise n'a pu se maintenir, tandis qu'elle est restée à pic, lorsqu'elle est formée par des roches dures comme l'oolithe blanche ou la grande oolithe, que les sources ne peuvent facilement entamer.

Le fuller's-earth disparaît lui-même sous la mer, vers la pointe de la Percée, où la grande oolithe forme seule la totalité de la falaise et acquiert 35 à 40 mètres d'élévation. Le fuller's se relève ensuite pendant quelque temps un peu au-dessus du niveau de la mer, jusqu'à Englesqueville ; où la grande oolithe occupe de nouveau toute la falaise. A St-Pierre-du-Mont, on voit un nouveau relèvement du fuller's-earth. Enfin, à partir de ce point jusqu'à Grandcamp, la grande oolithe plonge de plus en plus, en même temps que la hauteur de la falaise diminue, et à Grandcamp même, sa surface supérieure est au niveau de la plage, où elle forme les grands rochers étendus sous la mer et qu'on peut suivre à une très-grande distance lors des grandes marées.

Depuis St-Pierre-du-Mont, la falaise montre des failles de plus en plus nombreuses jusqu'à Grandcamp, où des couches puissantes de gravier d'une époque incertaine, mais que nous supposons avoir été déposées vers la fin de la période tertiaire, recouvrent la grande oolithe, couronnent toutes les petites buttes, et forment le sous-sol des dunes jusqu'à l'embouchure des Veys.

Nous avons donc reconnu que, depuis Ste-Honorine-des-Perthes, les sédiments jurassiques ont été continuellement en plongeant vers l'ouest : nous avons vu disparaître successivement l'oolithe inférieure, puis le fuller's-earth et enfin la grande oolithe elle-même.

Ce plongement ne peut être normal puisque, si l'on observe la succession des couches jurassiques depuis l'embouchure de la Seine, on le voit constamment se diriger vers l'est. Le bombement des Hachettes est donc un véritable axe anticlinal, à droite et à gauche duquel les couches plongent d'une part vers l'ouest, de l'autre vers l'est.

Si maintenant nous passons de l'autre côté de l'embouchure des Veys, nous ne retrouverons plus aucun des sédiments observés dans les falaises du Bessin. Ce sont des roches beaucoup plus anciennes, remplies de Gryphées arquées, qui affleurent dans le département de la Manche. Il a donc existé, en ce point, une faille d'une grande étendue, dont M. de Caumont (1) a déjà signalé la présence, et qui

_____

(1) Voici ce que dit à ce sujet M. de Caumont, dans sa *Fuille de route de Caen à Cherbourg*, publiée en 1860 : « La baie des Veys doit être le résultat d'une grande faille. Effectivement, sur la rive droite de « la Vire, à l'extrémité nord de la baie, nous voyons les falaises de Vierville, de St-Pierre et de Grand-

coïncide avec la direction même de la rivière. Son action a été très-puissante, puisqu'elle a abaissé considérablement les couches jurassiques dans le Calvados et les a relevées assez, dans le département de la Manche, pour faire butter l'un contre l'autre les sédiments de la grande oolithe d'une part, et du lias inférieur de l'autre.

Cette grande faille n'a pu se produire, sans que des dislocations plus ou moins profondes n'aient brisé, de part et d'autre, les roches ainsi juxta-posées : aussi avons-nous vu déjà que, vers Grandcamp, une foule de petites failles ont fracturé la falaise de la grande oolithe. Il en est de même de l'autre côté. La petite falaise de lias à Gryphées arquées qui borde le littoral, auprès du hameau du Grand-Vey, et dont nous donnons un dessin dans la coupe 39, nous offre cinq failles successives dont la cause productrice a dû être, du reste, assez faible,

N° 43.

Ham. du Vey

puisqu'elle n'a intéressé que les couches du lias à Gryphées. L'extrémité nord de la falaise est terminée par un dépôt de gravier, probablement formé à la même époque que celui de Grandcamp, et qui, n'ayant pas participé aux fractures du reste de la falaise, doit, conséquemment être postérieur à la formation de toutes ces failles, générales ou partielles.

Le lias inférieur des environs montre un grand nombre de petites failles semblables, et l'une d'elles est très-facile à observer sur la ligne du chemin de fer de Cherbourg, entre les stations de Carentan et de Ste-Mère-Église. Nous devons rappeler également que nous en avons déjà

« camp s'abaisser et former, à Maisy, le fond de la mer, tandis que sur la côte du Cotentin, opposée à
« celle de Maisy, au-delà de la baie, nous trouvons, à Ste-Marie-du-Mont, des falaises en lias : d'où il
« suit que deux roches, dont l'une, l'oolithe de Caen, et l'autre bien plus ancienne, le lias, se trouvent
« à peu près au même niveau. Le lias atteint d'ailleurs, à peu de distance de la côte, à Ste-Marie-du-Mont,
« une hauteur de 31 mètres au-dessus du niveau de la mer. En voyant le parallélisme de deux roches d'un
« âge si différent, il faut absolument admettre, comme je l'ai dit il y a long-temps, qu'une faille ou en-
« foncement considérable a causé l'abaissement de la grande oolithe à Grandcamp et à Maisy (Calvados),
« tandis que la formation du lias est demeurée en place. Cette faille, dont nous n'essaierons d'indiquer
« ni l'époque ni les causes, eut probablement pour résultat la formation de la baie du grand Vey et la
« largeur disproportionnée de l'embouchure de la Vire et de la Taute. »

signalé, p. 29 de notre 1re partie, une plus considérable que les autres, qui s'est produite auprès d'Étaville. de l'autre côté de Ste-Marie-du-Mont. Le lias inférieur, relevé vers Ste-Marie, s'abaisse entre St-Martin et Étaville, de façon qu'on voit au jour les couches du lias à Bélemnites ; et, dans les prairies d'Étaville, ce dernier étage finit même par butter contre les couches inférieures à *Amm. bifrons* des marnes infra-oolithiques. De l'autre côté d'Étaville, en se dirigeant vers Blosville et Cretteville, les couches semblent n'avoir plus été disloquées et se relèvent normalement avec une pente régulière, vers les bords du bassin.

§ 40. — Le résultat produit par la grande faille de la baie des Veys a donc été de relever les couches dans le département de la Manche et de les abaisser dans celui du Calvados, de manière que les sédiments de la grande oolithe viennent butter contre ceux du lias inférieur ; ce qui fait en ce point une différence finale de niveau de près de 100 mètres. Il est vrai que, de chaque côté, une foule de petites failles partielles, en disloquant le terrain, ont favorisé l'action de cette grande brisure. Aussi est-il probable que sur les deux lèvres de la faille ce ne sont pas la grande oolithe et le lias à gryphées qui soient ainsi juxta-posés, et que, de part et d'autre, il doit exister, dans l'espace actuellement sous les eaux de la mer, un certain nombre de failles partielles parallèles à la direction générale, remontant d'un côté les couches et les abaissant progressivement de l'autre, de façon que l'oolithe inférieure et le lias à Bélemnites soient en réalité juxta-posés au milieu même de la baie (1) ; mais il est probable aussi que l'immense quantité de sable et de tangue accumulés dans ce point, sur les couches jurassiques, empêchera toujours de vérifier directement les relations précises des couches jurassiques dans la baie elle-même. Aussi avons-nous laissé indécises, dans notre diagramme B de la pl. I, les relations directes des couches de chaque côté de la grande faille de la baie des Veys.

(1) En explorant les grèves le long de la plage du grand Vey, j'ai recueilli un certain nombre de fossiles roulés par la mer et probablement arrachés aux fonds de roche. Parmi ces fossiles, j'ai positivement reconnu des Bélemnites, une *Terebratula quadrifida* très-bien caractérisée, enfin une *Terebratula Philipsii*. Ces coquilles, très-caractéristiques du lias à Bélemnites et de l'oolithe inférieure, prouveraient que ces roches doivent exister sous la mer, et probablement à peu de distance.

C'est donc à partir de la falaise des Hachettes que les couches plongent vers l'ouest. Il est à croire que l'action puissante qui les a fait enfoncer, auprès de Grandcamp, a réagi violemment sur toute la masse de sédiments formant cette partie du Bessin, et produit par contre une poussée d'une incroyable puissance qui a relevé les couches et formé l'axe de bombement des Hachettes, en fracturant les couches et donnant lieu à cette quantité de failles intéressant la falaise et la campagne environnante.

§ 41.—Une autre question se présente alors naturellement : Peut-on préciser l'époque à laquelle ces failles se sont produites ? Nous pensons pouvoir répondre par l'affirmative ; mais, pour cela, il nous faut considérer un instant la constitution géologique du centre de la presqu'île du Cotentin.

On sait que les niveaux jurassiques les plus récents composant le sol de la presqu'île du Cotentin appartiennent aux marnes infrà-oolithiques. A partir de ce moment, et pendant toute la grande période crétacée, ce pays était exondé et formait une portion continentale, ou une grande île dont dépendait également le massif breton ; mais tout d'un coup, et sans qu'au premier abord on puisse s'expliquer ce retour des eaux, on voit que tout-à-fait à la fin de la période crétacée, au moment même où se formait le dépôt de la craie supérieure ou de Maëstricht, la mer est revenue, non plus en retrait des rivages jurassiques, mais au contraire en se creusant un bassin tout nouveau et au milieu même des sédiments les plus épais de la période du lias.

Depuis cette époque, le centre de la presqu'île du Cotentin a toujours été occupé par les eaux, ce que prouvent de la manière la plus évidente des dépôts tertiaires très-riches en fossiles et appartenant aux diverses périodes éocène, miocène et pliocène, et aussi à l'époque actuelle. Le lit de cet ancien bassin des mers n'est pas même maintenant complètement exondé, puisque de longues suites de marais ou, pour mieux dire, une immense flaque d'eau douce, sur laquelle surnagent des dépôts tourbeux, occupe la place que la mer n'a pas abandonnée complètement depuis l'époque du dépôt de la craie supérieure.

La craie supérieure, mieux connue dans le Cotentin sous le nom de

craie à baculites, ne s'est pas déposée au-dessus des assises jurassiques, mais dans un bassin creusé aux dépens de ces roches anciennes,
et l'on trouve ces dépôts adossés tantôt au calcaire à gryphées arquées,
tantôt à l'infrà-lias, tantôt aux quartzites siluriens et même aux roches
éruptives ; toutes les coupes de l'intérieur du pays prouvent, comme
celle que nous mettons sous les yeux du lecteur, que le niveau des

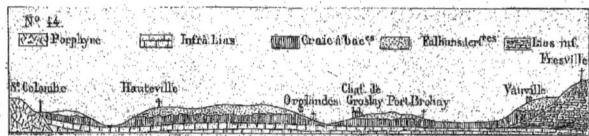

eaux n'a pas atteint la hauteur des collines jurassiques, formant généralement les contours de ce petit bassin.

On voit que le petit golfe s'étendait de S‍te-Colombe à Fresville, et
que le dépôt de la craie à baculites s'est formé tantôt sur le lias à
gryphées arquées, tantôt sur le calcaire de Valognes : la preuve que
la mer a battu contre ces roches, c'est que l'on trouve en plusieurs
points des Gryphées, des Cardinies ou autres fossiles de ces diverses
périodes remaniés dans la craie à baculites.

Toutes les coupes de l'intérieur sont à peu près les mêmes : telle est,
par exemple, la coupe C de la pl. I montrant la succession des couches depuis Chef-du-Pont jusqu'à Picauville. On y constate que la craie
à baculites offre une disposition tout-à-fait semblable. Quant aux dépôts
tertiaires, ils se sont formés généralement à un niveau plus bas encore,
et presque toujours ils coïncident à peu près avec le niveau actuel des
prairies.

Il est donc bien établi que le petit golfe crétacéo-tertiaire était en-
serré de tous côtés par des collines plus ou moins élevées qui auraient
empêché toute communication avec la mer, sauf vers l'est, où les eaux
du golfe devaient de toute nécessité déboucher dans la mer par la
baie des Veys. La mer n'est d'ailleurs sortie de ce point, pour ainsi
dire, que depuis les temps historiques ; et sans les digues, qui font des
marais de Carentan une sorte de Hollande en miniature, la mer monterait encore actuellement dans une grande partie de ces prairies. Les

noms mêmes des divers points riverains attestent qu'à une époque reculée la mer couvrait ce sol, maintenant converti en herbages ou en
tourbières. Tous ces noms (Angoville-au-Plain, Ile-Marie, Neuville-
au-Plain, le Port, donné à une foule de lieux, comme le port Bréhay,
les ports Filioles, Liselot, le rivage, etc., etc.) ne prouvent-ils pas que
tous ces villages ou hameaux, situés maintenant sur la lisière des co-
teaux au point où commencent les prairies, bordaient jadis un rivage
maintenant reculé de plusieurs lieues?

Nous avons vu d'ailleurs que des deux côtés de ce passage du Grand-
Vey, n'ayant pas moins d'une demi-lieue de largeur, nous avons constaté la présence de dépôts sableux non intéressés par les failles et
que nous avons tout lieu de croire tertiaires. On n'y rencontre, en
effet, aucun de ces cailloux roulés si abondants dans le diluvium.
On a recueilli des ossements de *Rhinoceros leptorhinus* dans un sable
tout-à-fait analogue d'aspect; enfin, le dépôt argileux à *Buccinum pris-
maticum* du Bosc-d'Aubigny est immédiatement recouvert, ainsi qu'une
partie du dépôt à *Terebratula grandis* de St-Eny, St-Georges-de-Bohon,
etc., par un sable argileux tout-à-fait semblable (1).

§ 42. — Ainsi, pour nous, il n'y a aucune espèce de doute : la
faille de la baie des Veys et les autres accidents concomitants se sont
produits pendant la période crétacée, probablement au moment ou à
la fin du dépôt de la craie de Meudon. Toutes ces failles, en brisant le
terrain, ont ouvert une barrière que la mer a bientôt élargie ; elle
s'est ensuite répandue par cette issue dans l'intérieur de la presqu'île du
Cotentin, où elle a creusé, aux dépens des assises jurassiques, ce petit
bassin si curieux, véritable joyau géologique, permettant de voir là
ce qu'on chercherait peut-être vainement partout ailleurs, c'est-à-dire
la superposition des étages de toute la série tertiaire, depuis le calcaire
grossier jusqu'à l'époque actuelle.

Nous ne pouvons donc, en aucune façon, admettre l'explication de
l'ouverture de la baie des Veys donnée par M. Bouniceau (2) et que

(1) Ce sable serait donc probablement pliocène, puisqu'il est en contact immédiat avec les couches
du Bosc-d'Aubigny, appartenant incontestablement à la partie inférieure du Subapennin.
(2) *Études sur la navigation des rivières à marées.* 1845.

nous trouvons signalée dans une très-intéressante étude de MM. Morière et Georges Villers sur l'origine, la transformation et le dessèchement de la baie des Veys, extraite de l'*Annuaire normand* pour 1858. « Dans « les temps reculés, dit M. Bouniceau, les roches plates de Maisy « étaient le siége d'une falaise contiguë à celle de la Percée (*cela est* « *très-vrai, mais la suite me paraît inacceptable*), et le continent dont « elles étaient la base, se réunissant au département de la Manche, « dans les environs du Grand-Vey où l'on retrouve un banc de roches « analogues à celles de Maisy (*erreur*), formaient une barrière in- « terceptant toute communication des marées avec l'intérieur du pays. « A cette même époque, les eaux douces de l'intérieur ne pouvaient « s'écouler dans la mer qu'en s'élevant au-dessus de cette barrière, « et formaient un lac considérable couvrant toute la surface connue « aujourd'hui sous le nom de marais du Cotentin.

« Cependant les eaux du lac, constamment accrues par les sources « nombreuses qui surgissaient sur ses rives et coulaient dans son sein, « se déversaient par dessus la barrière, dans sa partie la plus basse, « pour se jeter dans la mer. Pendant que la cataracte qui en résultait « la dégradait peu à peu, la mer, d'un autre côté, frappant incessam- « ment sa base, hâtait sa destruction. Au fur et à mesure qu'elle « s'affaissa, les eaux du lac se déprimèrent et descendirent vers la mer; « et le jour où elle fut détruite, les eaux douces s'écoulèrent com- « plètement. A ce moment, les sources qui alimentaient les lacs, cou- « lèrent sur leur plafond, en s'y creusant un lit sinueux jusqu'à la « basse mer; et la haute mer, venant ensuite recouvrir tous ces marais « qui se trouvaient au-dessous d'elle, porta la mort et la destruction « dans toute la végétation que les eaux douces avaient favo- « risées, etc., etc. »

D'après nous, le contraire serait précisément arrivé : la mer aurait tout d'abord été maîtresse absolue du passage qu'elle s'était formé après que les failles lui auraient facilité ce travail en fracturant les roches; puis, peu à peu, elle aurait comblé le lit de ce petit golfe devenu, pendant toute cette période, quelque chose de très-sem- blable à beaucoup de nos rades actuelles de la Bretagne, telles que celles de Brest, de Lorient, etc., où les eaux tranquilles offrent un abri non-seulement à nós vaisseaux de guerre , mais encore à une immense quantité de mollusques , qui affectionnent beaucoup de pareilles stations.

II. Production de l'axe du Merlerault.

§ 43. — Lors de la réunion extraordinaire de la Société géologique à Alençon, au mois de septembre 1837, M. Puillon-Boblaye fit voir que les divers groupes jurassiques et crétacés s'abaissaient d'une manière constante à droite et à gauche du plateau de la grande oolithe du Merlerault, et qu'en s'éloignant de ce point, on voyait plonger les couches au nord en se dirigeant vers la côte, au sud vers Alençon, à l'est vers Mortagne. Il en concluait que la hauteur où ce plateau se trouvait relevé était le résultat d'un soulèvement ayant dû avoir lieu à la fin de la seconde époque tertiaire. Pour s'en rendre compte, M. Boblaye prenait pour horizon géognostique une couche d'argile, sans fossiles, qu'il rapporte au bradford-clay, mais qui n'est autre que la partie inférieure argileuse de la série callovienne.

L'axe anticlinal est un fait parfaitement établi ; mais nous ne pouvons admettre que ce relèvement ait été causé par une action unique, dont l'effet se serait produit pendant la période tertiaire.

Or, si nous suivons la route allant du Merlerault aux Authieux, nous marchons d'abord sur la partie inférieure de la grande oolithe ou oolithe miliaire , formée ici d'un calcaire blanc, dur et très-compacte. Ces couches plongent vers l'est; et on peut voir , tout près du bourg, paraître un système très-peu épais de couches appartenant à la partie supérieure de la grande oolithe , c'est-à-dire au calcaire à polypiers des géologues normands. En s'éloignant , ces nouvelles couches deviennent plus épaisses ; enfin, elles plongent aussi vers l'est comme les couches de l'oolithe miliaire. La surface de séparation des deux roches est on ne peut mieux marquée , d'abord par une ligne d'usure et de lithophages à la partie supérieure de l'oolithe miliaire , et en second lieu par une composition minéralogique tout-à-fait différente (Voyez 1ᵉ part., p. 140 et s., la coupe 23). Si nous ajoutons que les couches du calcaire à polypiers viennent mourir en pointe au-dessous du niveau où atteint l'oolithe miliaire, entre Nonant et le Merlerault (Voir coupe 6 de la pl. II), on restera convaincu qu'une partie au moins de ce plateau était déjà émergée lors du dépôt de ce calcaire à polypiers correspondant, comme nous l'avons vu, aux couches de Langrune. La mer de cette époque a donc battu sur un rivage formé d'une légère éminence d'oolithe miliaire surgissant du fond des eaux; ses coquilles perforantes ont percé la roche; enfin, les Bryozoaires ont remplacé les Polypiers, qui ne pouvaient plus vivre dans cette nouvelle station où les eaux étaient trop basses et trop agitées pour eux.

Ces nouvelles couches ont été elles-mêmes relevées par un mouvement ascendant analogue à celui qui avait déjà fait surgir les couches de l'oolithe miliaire au-dessus du niveau des eaux; par conséquent, ce mouvement ne s'est pas arrêté, soit qu'il ait été lent et continu, soit qu'il se soit produit par intermittences, ce que nous serions plutôt disposé à admettre.

En poursuivant notre route vers les Authieux, nous voyons bientôt paraître les couches d'argiles que M. Boblaye avait prises pour horizon géognostique; elles appartiennent à la partie moyenne des assises calloviennes, et leur inclinaison, beaucoup moins sensible vers l'est, prouve qu'il y a une véritable discordance de stratification entre celles-ci et le calcaire à polypiers. Cette discordance avait déjà frappé M. Blavier, car dans la planche III de ses *Études géognostiques sur le département de l'Orne*, il avait donné un diagramme représentant cette discordance peut-être un peu exagérée; et bien qu'il n'en fasse pas mention dans le texte de son mémoire, il est évident, d'après cette figure, qu'elle était bien établie dans son esprit.

En remontant la côte, on suit la série des couches calloviennes dont les supérieures, prolongées, n'atteindraient qu'à peine à la hauteur du Merlerault. Ainsi donc, tout le plateau de la grande oolithe entre ce bourg et Nonant a été constamment au-dessus du niveau des eaux durant toute la période callovienne. Enfin, en remontant toujours vers les Authieux, nous trouvons successivement l'argile de Dives et la craie chloritée qui couronne la butte.

A l'autre extrémité, vers Nonant, on voit les couches siluriennes percer la grande oolithe; et si nous nous dirigeons, ouest-sud-ouest, vers

Séez, nous retrouvons encore, en contre-bas du plateau, les mêmes assises calloviennes, et nous les suivrons ainsi jusqu'à Chailloué où une nouvelle arête silurienne vient encore se montrer au jour. Ces couches calloviennes ne sont point les plus inférieures de la série : ce sont les couches à *Ostrea amor* reposant là directement sur le calcaire à polypiers. Plus loin, les argiles disparaissent et nous trouvons alors les assises calloviennes les plus inférieures ; elles sont formées d'un calcaire jaunâtre pénétré d'une grande quantité de débris de coquilles et très-bien caractérisé par l'*Ammonites macrocephalus*, par de nombreux Oursins, tels que l'*Echinobrissus clunicularis*, le *Disaster ellipticus* et enfin par de véritables *Terebratula digona.* Ces couches recouvrent elles-mêmes une mince assise de calcaire à polypiers ; et enfin, en arrivant à Séez, nous retrouvons l'oolithe miliaire.

§ 44. — De l'ensemble de ces faits, il ressort évidemment :

1° Que le bombement du Merlerault a commencé à se produire immédiatement après le dépôt de l'oolithe miliaire A ;

2° Que le calcaire à polypiers B, c'est-à-dire la partie supérieure de la grande oolithe, s'est déposé tout autour d'un îlot formé par les couches précédemment émergées ;

3° Que le même bombement a entraîné ensuite les assises elles-mêmes du calcaire à polypiers, de sorte qu'au moment de la sédimentation des premières assises calloviennes C′ à *Amm. macrocephalus*, l'îlot était de plus en plus élargi, et que ces couches sont encore en retrait sur le calcaire à polypiers ;

4° Les eaux sont alors revenues peu à peu reprendre une partie du terrain qu'elles avaient abandonné, de telle sorte que les assises calloviennes supérieures C″ se sont avancées presque jusqu'au niveau atteint précédemment par le rivage du calcaire à polypiers ;

5° Le mouvement d'exhaussement a ensuite continué à se produire, mais d'une manière plus lente, et les couches oxfordiennes et crétacées CR se développent successivement à droite et à gauche, en retrait les unes des autres.

Le résultat de ces diverses actions peut très-facilement se résumer par le diagramme suivant.

Axe anticlinal

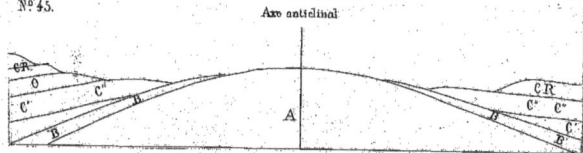

Ainsi donc, nous ne pouvons admettre que l'axe anticlinal du Merlerault soit le résultat d'une simple action produite après le dépôt
de la craie. Pour nous, cette action a été multiple. Elle a commencé
immédiatement après le dépôt de l'oolithe miliaire, et a eu pour premier
résultat de faire surgir du fond des eaux assez profondes pour être le siége
d'une station à Polypiers, un petit îlot d'abord étendu depuis Nonant jusqu'au Merlerault, et dont le pourtour est devenu le rivage sur lequel
s'est déposé le calcaire à polypiers. L'exhaussement a continué; l'îlot
s'est augmenté, et les couches calloviennes les plus inférieures sont
venues, en retrait des deux rivages précédents, se déposer horizon-
talement sur les sédiments légèrement redressés des deux assises de la
grande oolithe. Il y a eu alors une période de repos, peut-être un
léger affaissement graduel, durant lequel les assises calloviennes supérieures ont regagné une partie du terrain précédemment abandonné;
puis le bombement a continué de se produire lentement, d'abord de
façon que les assises oxfordiennes inférieures ont pu encore atteindre le bord oriental du plateau; mais, à partir de cet instant, toute
cette région a été de plus en plus exondée, de sorte que le rivage Corallien est à une grande distance, celui du kimmeridge-clay plus éloigné
encore; enfin, les eaux ont quitté complètement la contrée jusqu'au
moment où la mer de la craie glauconienne est revenue.

Le plateau du Merlerault n'a pas dû beaucoup changer durant cet
intervalle, puisque le rivage de la craie coïncide à peu près avec celui
de la mer callovienne. Il s'est enfin produit un nouvel exhaussement
général, qui a chassé pour toujours les mers de cette partie de la Normandie, et un autre particulier au point dont nous nous occupons et qui,
continuant l'action autour de l'axe du Merlerault, a redressé légèrement
encore, vers la Sarthe d'une part, vers le Calvados de l'autre, les différentes couches jurassiques et crétacées. Cette dernière action seule
coïnciderait avec le mouvement signalé par M. Boblaye.   32

III. Failles partielles dans le lias du Bessin.

§ 45. — Nous devons maintenant, pour terminer ce chapitre, parler d'un dernier accident, mais tout local, qui interrompt très-souvent la continuité des couches, principalement du lias inférieur, dans toute la partie occidentale du département du Calvados.

Presque toutes les carrières de Crouay, de Blay, de l'Épinay-Tesson, etc., en présentent des exemples nombreux ; ce sont de petites failles partielles ne s'étendant même pas toujours à la hauteur totale des excavations, mais seulement à la partie supérieure, et que les ouvriers appellent des Viroirs.

On sait que toute la partie du Bessin occupée par le lias inférieur est formée de petites buttes arrondies, séparées par ces prairies fertiles si bien connues de nos éleveurs. Si on pratique des excavations sur les flancs de ces buttes, on ne tarde pas à s'apercevoir que les couches plongent constamment du côté de la déclivité, c'est-à-dire vers les prairies , et que par conséquent elles se redressent vers la partie proéminente. Qu'on étudie une colline orientée, n'importe de quelle façon, que la pente soit vers le nord, vers le sud, vers l'ouest ou vers l'est, le même fait se représentera toujours. La pente constante vers les prairies n'est pas le seul accident qui signale ces carrières à l'attention des géologues : tantôt on y voit de place en place soit une, soit deux, trois ou quatre petites failles interrompant la continuité des bancs ; tantôt on voit ces mêmes bancs s'infléchir brusquement, en formant une sorte de cuvette plus ou moins grande, comme si la carrière avait subi en ce point un large effondrement (Voir le diagramme, fig. 46.)

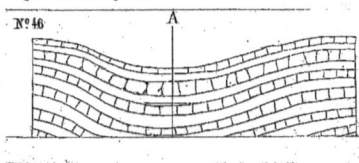

Nº 46

Très-souvent aussi cette espèce d'effondrement n'est pas complet ; il n'existe que vers la partie adossée à la colline, et les couches montrent de l'autre côté soit une fracture , soit une simple pente vers la déclivité du vallon. D'autres fois, enfin, cet effondrement se termine en son centre par une faille prenant exactement la place d'un axe A perpendiculaire à la direction du sol.

Par conséquent, nous pourrons représenter une butte quelconque du Bessin par le diagramme 47 suivant, où l'on voit les mêmes couches, horizontales vers le centre, s'infléchir en arrivant vers les bords, et offrir vers les pentes soit des failles, soit des effondrements de terrains en forme de cuvettes.

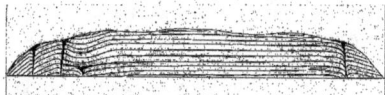

§ 46. — La forme particulière de ces failles, toutes semblables, mérite de nous occuper un instant. Les deux lèvres n'en sont pas nettement coupées comme celles des failles produites dans les circonstances habituelles ; ainsi, avant même qu'on voie la brisure, elle est annoncée par une très-forte flexion, vers le sol, des bancs qui sont comme bouleversés. Enfin, l'intérieur même des deux lèvres de la faille est rempli de débris de la roche, accumulés surtout à la partie inférieure, et l'argile interposée offre des ravinements très-caractéristiques indiquant le passage prolongé des eaux.

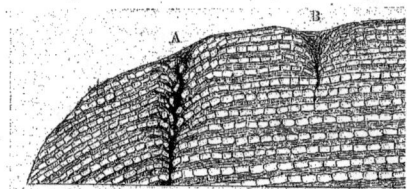

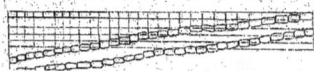

On doit aussi, pour l'intelligence de ce qui va suivre, se rappeler que le lias inférieur est constamment formé d'une succession très-régulière de bancs alternativement argileux et calcaires. Ces bancs calcaires ne sont jamais continus, mais fragmentés en morceaux plus ou moins gros, donnant aux parois de ces carrières l'aspect des vieilles murailles de nos châteaux-forts du moyen-âge.

Il résulte de cette disposition que ces assises argileuses, interposées entre les couches de calcaire, forment autant de points d'arrêt pour les eaux, des espèces de nappes qui tendent à s'écouler par les pentes en enlevant continuellement des parcelles argileuses. Au bout d'un grand nombre d'années, les argiles finissent par diminuer d'épaisseur; et la pression des masses supérieures tendant continuellement à combler ces petits vides, le tout s'incline peu à peu vers la déclivité des vallons. On comprend combien cette disposition alternative de calcaires et d'argiles favorise cette action, qui n'aurait pas lieu si la masse était toute argileuse. Dans ce cas, les eaux, comme dans l'oxford-clay, s'arrêteraient au-dessus et formeraient des marais donnant naissance à des ruisseaux qui s'écouleraient en cascades suivant les pentes. Si cette même masse était entièrement calcaire, comme dans la grande oolithe, par exemple, les eaux traverseraient aisément toute la masse, comme à travers un filtre, et ne s'arrêteraient qu'en dessous, lorsqu'elles auraient atteint une couche imperméable, comme cela a lieu, par exemple, à la base de notre calcaire de Caen.

Quoi qu'il en soit, ce ravinement lent, aidé de la pression des masses supérieures, fait incliner peu à peu les couches calcaires et les fragmente; de sorte qu'en beaucoup de points les bancs du lias inférieur offrent l'aspect de moëllons brisés presque régulièrement, ayant parfois même une tendance légère à se disposer en gradins, comme l'indique notre fig. 47.

Il arrive alors très-souvent qu'en un point plus perméable que d'autres, et surtout vers le bord des vallons, il existe de légères solutions de continuité dans la masse; les eaux filtrent alors dans ces points, s'y rassemblent, et lorsqu'elles ont trouvé la moindre fissure vers la vallée, s'y établissent une sorte de canal qu'elles continuent toujours d'augmenter. Au bout d'un certain temps, les couches argileuses ont presque entièrement disparu sur les deux lèvres de ce conduit; les roches calcaires de chaque paroi s'affaissent alors de plus en plus dans la fissure, et il en résulte à la fin un vide considérable dans lequel s'écoulent les eaux des parties supérieures. Les ouvriers donnent le nom de vitoirs à ces espèces de petits gouffres en miniature, et lorsque les exploitations viennent à en rencontrer, ils simulent de véritables failles; de

et l'on pourrait supposer que le terrain a été violemment disloqué là où les choses se sont passées le plus paisiblement du monde.

Quelquefois le *vitoir* ne se forme qu'à une certaine profondeur de la roche. Alors les assises supérieures se trouvent peu à peu au-dessus d'un vide plus ou moins considérable et finissent par s'affaisser en formant une courbe concave, comme dans l'effondrement de notre figure 44. Lorsque le vide est devenu considérable, les assises supérieures se brisent dans leur milieu, offrent une véritable petite faille suivant un axe perpendiculaire au sol, et cette faille devient alors le conduit d'un nouveau vitoir.

Dans notre figure 46, nous avons représenté une coupe prise dans une des carrières de Crouay qui nous montre deux de ces vitoirs. Le premier A est depuis long-temps en exercice, tandis qu'il ne fait que commencer à se produire au point B. Ces accidents sont dus, comme on le voit, à une cause toute particulière; mais nous avons cru qu'à cause de sa grande extension dans les couches de notre lias à Gryphées, il était assez important pour nous de lui consacrer un chapitre spécial.

CHAPITRE III.

EXTENSION DE CES ÉTAGES EN NORMANDIE, ET LIMITES DES MERS PENDANT LES DIVERSES PHASES DE LEUR DÉPÔT.

I. Coupes remarquables.

§ 47. — Les trois départements dont nous avons entrepris l'étude n'offrent, dans les étages examinés par nous, qu'un petit nombre de coupes permettant d'embrasser d'un seul coup-d'œil une grande étendue verticale; nous devons en excepter, toutefois, la longue série de falaises étendues depuis Grandcamp jusqu'à l'embouchure de la Seine et qui permettent de suivre, de la manière la plus nette et la plus instructive, la presque totalité des assises jurassiques et crétacées du département du Calvados. Aussi ces coupes, relevées depuis long-temps par

MM. de La Bêche, de Caumont, Dufrénoy et Élie de Beaumont, enfin, en dernier lieu, par M. d'Orbigny, dans son *Cours de géologie stratigraphique*, sont-elles devenues classiques à juste titre.

Cette grande notoriété nous dispensait peut-être de reproduire la coupe de ces falaises; toutefois, comme nous pouvons préciser davantage les limites des diverses couches visibles dans cette longue étendue de terrain, nous avons pensé qu'il ne serait pas inutile de la remettre sous les yeux du lecteur.

Mais si les grandes coupes générales naturelles sont peu nombreuses en Normandie, nous trouvons, d'un autre côté, une foule d'excavations partielles plus ou moins profondes, offertes par l'exploitation des carrières et par les coupures pratiquées dans les buttes dont les talus ont été entamés en ouvrant les routes des trois départements. Enfin, les plus étendues nous sont données par les tranchées du chemin de fer de Paris à Cherbourg, et surtout de Mézidon au Mans.

En reliant entr'elles ces diverses ouvertures, dont il est très-facile de combler les lacunes par la pensée, nous pourrons montrer facilement les allures et l'extension des divers étages étudiés précédemment, et en même temps juger les modifications que leurs couches subissent en passant d'un point à un autre.

COUPE A D'UNE PARTIE DU DÉPARTEMENT DE LA MANCHE ET DE LA CÔTE DU CALVADOS

(Pl. 1, fig. 1).

§ 48. — Cette coupe nous offre la succession complète des couches jurassiques, depuis l'infrà-lias jusqu'à l'oxford-clay.

En partant de Vindefontaine, petit village situé sur les terrains éruptifs, on rencontre d'abord des marnes triasiques jusqu'au-delà du village de la Maresquerie. Les couches plongent sous l'infrà-lias, dont on peut voir la série des bancs dans un certain nombre de carrières ouvertes en avant du village de Cretteville. Il y est formé d'un calcaire excessivement dur et très-fossilifère, dont nous avons donné la succession p. 10 de notre première partie. En dépassant le village de Cretteville, on trouve une butte en pente douce où paraissent les couches

inférieures du lias inférieur. Ces premières couches sont peu fossilifères
et on n'y voit d'abord que des *Mactromya liasiana*; un peu plus haut,
les Gryphées arquées deviennent abondantes; enfin, au haut du plateau
et avant d'arriver à Beuzeville-la-Bastille, le lias inférieur est parfaitement caractérisé dans une grande carrière où abondent tous les fossiles
de cet étage, la *Gryphée arquée*, l'*Ammonites bisulcatus*, la *Lima gigantea*, etc., etc. De l'autre côté du plateau, nous rencontrons un
marais tourbeux, au-delà duquel nous retrouvons, vers Blosville, le
lias à Gryphées arquées. A Blosville même, on peut étudier, dans un
certain nombre de carrières, les couches supérieures à Gryphées modifiées, à *Terebratula cor, Spiriferina Walcotti, Harpax spinosus*, etc.
Puis on voit paraître le lias à Bélemnites recouvert bientôt, à Étaville,
par les couches à *Ammonites bifrons*. Nous avons déjà décrit ce point
et la faille qui fait butter les couches du lias à Bélemnites contre les
marnes infrà-oolithiques : nous passerons donc rapidement Ste-Marie-
du-Mont, où nous retrouvons le lias à Gryphées, et en continuant
notre route, nous arrivons au hameau du Grand-Vey, à la limite des
départements de la Manche et du Calvados.

Nous avons vu, dans le chapitre précédent, que ce point a été le
siége d'une violente action ayant disloqué les roches, très-probablement vers la fin de la période crétacée; aussi existe-t-il de nombreuses failles d'un côté et de l'autre de la baie; et lorsque nous arrivons
à Grandcamp, nous trouvons immédiatement la grande oolithe fracturée en plusieurs points. Vers St-Pierre-du-Mont, le fuller's-earth
commence à affleurer au niveau de la mer; mais il disparaît bientôt : de
sorte que toute la falaise, qui n'a pas moins en ce point de 40 mètres
de hauteur, est entièrement formée par la grande oolithe. On peut y
distinguer, quoique peu tranchées, les assises de cet étage. L'inférieure
ou oolithe miliaire formée de calcaires très-durs avec une immense
quantité de silex; la supérieure est moins compacte, souvent sableuse,
et renferme, en petite quantité, quelques-uns des fossiles de Ranville;
nous y avons recueilli, entr'autres, une variété très-renflée de la *Ter.
cardium*. La falaise se poursuit ainsi jusqu'au-delà d'Englesqueville où
l'on voit paraître encore un léger affleurement du fuller's. Vers la pointe
de la Percée, les falaises offrent leur plus beau développement com-

plètement perpendiculaires et formées encore uniquement de grande oolithe ; mais alors on voit pour la troisième fois paraître au niveau de la mer, les couches du fuller's-earth, qui augmentent rapidement d'épaisseur et occupent toute la côte jusqu'à Colleville-sur-Mer. Mais en même temps la falaise, si belle et si élevée jusqu'ici, s'abaisse considérablement ou plutôt on ne voit plus qu'un terrain ondulé et couvert de broussailles, ou même une série de petits monticules herbeux. Cette disparition de la falaise est facile à expliquer : tant que la grande oolithe a bordé le littoral, les lames ont trouvé un sol très-résistant, qu'elles ne peuvent entamer qu'à la longue en rongeant le pied des escarpements. Peu à peu les parties supérieures, en s'éboulant, ont rendu le terrain plus abrupt, jusqu'à former ces falaises perpendiculaires, d'une hauteur de près de 200 pieds. Le travail incessant des lames a donc pour résultat de ronger continuellement cette falaise en lui conservant sa forme abrupte. Lorsqu'au contraire le sol, en contact avec les eaux, est formé de terrains tout-à-fait argileux, la mer ronge bien l'argile en dessous ; mais les parties supérieures, peu consistantes, s'éboulent aussitôt ; il en résulte un amas de parties terreuses obstruant la partie que la mer venait de ronger, atténuant pendant quelque temps l'effet de la lame, et le littoral n'offre plus qu'un talus en plan incliné. D'un autre côté, les sources venues de l'intérieur des terres se creusent de petits lits à travers ces argiles et entament également ces assises peu résistantes ; il en résulte que l'action combinée des sources et du travail incessant de la mer ronge cette région beaucoup plus vite que lorsqu'elle est formée d'une manière homogène par un calcaire très-résistant, comme celui de la pointe de la Percée. Aussi voyons-nous le littoral, depuis cette pointe jusqu'au-delà de Colleville-sur-Mer, former une grande échancrure, une sorte de baie terminée par deux caps ou pointes. Nous avons déjà nommé la première ; la seconde de ces pointes est celle de Ste-Honorine où des calcaires, également résistants, forment la base de ces falaises.

A partir de Colleville-sur-Mer, les couches argileuses du fuller's-earth se relèvent de plus en plus, et on voit paraître au-dessous la partie supérieure de l'oolithe inférieure, formée d'un calcaire gris-blanchâtre un peu marneux avec une grande quantité de Spongitaires, d'Oursins et de Brachiopodes. Ce sont les différents bancs de l'oolithe blanche qui atteignent, au moulin de Ste-Honorine, une hauteur de 6 à 7 mètres.

De l'autre côté de Ste-Honorine, nous trouvons la plus curieuse de toutes ces falaises, celle des Hachettes, dont nous avons déjà eu l'occasion de parler bien des fois dans le cours de ce Mémoire. Nous n'insisterons donc pas ici sur les failles de la falaise, dont on trouvera la description ci-dessus dans le deuxième chapitre de cette seconde partie, ni sur la coupe si remarquable que nous donnons comme type géognostique des environs de Bayeux. Cette falaise acquiert en ce point une hauteur perpendiculaire de 67 mètres, et cette grande élévation, en même temps qu'elle montre des escarpements d'un aspect grandiose, permet d'envisager d'un seul coup-d'œil tout l'ensemble de notre système oolithique inférieur, dont le profil se détache d'un seul trait dans cette coupe la plus belle, par sa simplicité et en même temps par son amplitude, que j'aie jamais pu observer en Normandie ou ailleurs.

En arrivant à Port-en-Bessin, l'oolithe blanche disparaît de nouveau et on trouve à marée basse, dans le port même, les couches inférieures du fuller's-earth formé d'un calcaire dur, bleuâtre et très-riche en fossiles : *Belemnites Bessinus*, *Ammonites ziczag*, *polymorphus*, *Terebratula sphœroidalis*, etc., etc. De l'autre côté recommence une longue suite de falaises très-élevées, étendues depuis Port jusqu'à St-Côme-de-Fresnay et formées uniquement de fuller's-earth et de grande oolithe. Nous citerons principalement la falaise de Longres comme très-fossilifère. Le fuller's s'y présente toujours avec son même caractère de calcaire marneux jusqu'à Arromanches, où il commence à devenir un peu plus calcaire et où il est d'une couleur grise moins foncée.

De St-Côme-de-Fresnay jusqu'à St-Aubin de Langrune, la falaise disparaît complètement sur une étendue de plus de quatre lieues ; le littoral n'est plus formé que de dunes ; et lorsque de grands coups de mer ont plus ou moins raviné le rivage, on constate que les couches jurassiques ne forment plus le sous-sol ; ce sont des tourbières, avec ossements de cerf, et une grande quantité de troncs d'arbres appartenant aux mêmes essences qui peuplent actuellement nos contrées, par conséquent à une époque reculée, probablement avant l'apparition de

33

l'homme, les terres s'étendaient beaucoup plus qu'actuellement, et formaient sans doute une région basse, continuation des grands marécages d'Asnelles, de Meuvaines, de Ver, etc., qui bordent maintenant la côte et qui finiront eux-mêmes par être également envahis si l'industrie ne les protége, par de fortes digues, contre les efforts incessants de la mer et surtout des grandes marées des équinoxes.

Si, dans ce parcours, nous nous éloignons un peu du littoral, la ligne de collines terminant les marécages à Asnelles, Meuvaines, Ver et Graye, nous montre les assises du fuller's-earth devenues de plus en plus calcaires : à Meuvaines, elles s'enfoncent de nouveau au-dessous du niveau de la mer, et deviennent dès lors entièrement calcaires ; partout elles sont recouvertes par les diverses assises de la grande oolithe, et toute cette série plonge normalement et régulièrement vers l'est : enfin, à l'embouchure de la Seulles, nous ne voyons plus paraître que les assises supérieures du dernier de ces étages, c'est-à-dire les couches de Langrune.

Ces dernières forment seules toute la série de falaises basses étendues depuis St-Aubin de Langrune jusqu'à Lion-sur-Mer, où nous voyons leur surface supérieure usée et fortement corrodée, garnie d'huîtres plates et de lithodomes; elles plongent alors elles-mêmes sous les premières assises argileuses calloviennes. Nous avons eu bien souvent l'occasion de citer cette localité, devenue classique, et dont on trouvera la description soit dans ce mémoire même, p. 151, soit dans tous les travaux antérieurs sur la géologie normande (1). Le sous-sol des marais d'Hermanville et de Colleville-sur-Orne montre, en divers points, des traces de ces couches inférieures du système oolithique moyen ; puis, en montant les petites buttes qui entourent à l'ouest, au sud et au nord le village de Colleville, nous retrouvons les assises supérieures de la grande oolithe. Par conséquent, les argiles calloviennes sont bien en ce point sur leur ligne de rivage, dans une légère dépression de

_____

(1) Consulter principalement la *Topographie géognostique du Calvados*, par M. de Caumont ; le Tableau des terrains de M. Hérault ; l'Explication de la Carte géologique de France, par MM. Dufrénoy et Élie de Beaumont ; le Cours de paléontologie stratigraphique de M. d'Orbigny ; ma note sur la coupe de Lion-sur-Mer (Ier vol. du *Bulletin de la Société Linnéenne de Normandie*), et enfin le travail de M. Hébert : *Les mers anciennes et leurs rivages dans le bassin de Paris*.

la grande oolithe ayant permis aux couches oolithiques moyennes de former un petit golfe borné par les communes de Lion-sur-Mer, Hermanville, Colleville-sur-Orne et Ouistreham. Dans ce dernier point, les assises sont masquées par de puissants dépôts d'argile diluvienne, avec une grande quantité de cailloux roulés et même de gros blocs de grès, de schistes, et autres terrains anciens venus évidemment du sud et d'au moins six lieux de distance, et charriés lors de la formation du cours de la rivière d'Orne.

Une petite falaise de grande oolithe borde l'embouchure de cette rivière, dont la largeur en ce point est d'un peu plus d'un quart de lieue; de l'autre côté, nous retrouvons, à la pointe de Sallenelles, un petit lambeau de grande oolithe, également usé et corrodé, comme à Lion-sur-Mer, par les premières assises callowiennes, qui se montrent ensuite exclusivement dans toute la campagne environnante, et atteignent une vingtaine de mètres à la butte d'Escoville.

COUPE TRANSVERSALE D'UNE PARTIE DU COTENTIN

(Pl. I, fig B).

§ 49. — Cette coupe nous montre la disposition des couches créta-cées et tertiaires au milieu de la presqu'île du Cotentin, et leurs rapports avec les assises jurassiques. Nous avons vu (II° partie, § 4 du deuxième chapitre) qu'à la suite de la grande faille qui a disloqué les couches jurassiques, au point maintenant occupé par la baie des Veys, la mer était revenue occuper, à l'époque du dépôt de la craie supérieure, le centre de la presqu'île de la Manche abandonné par elle depuis la période du lias. Les eaux se creusèrent alors un nouveau bassin qu'elles ont à peine quitté à l'époque actuelle: aussi trouvons-nous, en retrait du bord, la craie à baculites occupant constamment les flancs des collines jurassiques, et enfin les divers étages tertiaires qu'on ne rencontre plus guère qu'au niveau des prairies de notre époque. Les eaux se sont donc progressivement abaissées, et leur retrait est parfaite-ment démontré par toutes les coupes pratiquées dans ce petit bassin.

Si nous partons de Picauville, nous marchons pendant quelque temps sur l'infrà-lias, visible dans une grande quantité de carrières;

bientôt ces dernières couches plongent et sont recouvertes par un petit lambeau de lias à Gryphées. Un peu avant d'arriver au port Filioles paraît la craie à Baculites s'enfonçant rapidement vers les prairies ; enfin, au port Filioles même, surgit un petit lambeau de fahluns contemporain probablement de la partie supérieure du calcaire grossier des environs de Paris. Nous arrivons alors au niveau des prairies, fortement dénudées par des agents actuels, mais où l'on trouve cependant quelques lambeaux de fahluns, ou argiles tertiaires, reposant sur les couches continues de l'infrà-lias qui forme le soussol à une légère profondeur. Ces assises tertiaires sont quelquefois toutes remplies de cailloux roulés qu'on reconnaît aisément avoir appartenu à des couches infrà-liasiques dénudées. On y rencontre encore des portions roulées de Gryphées arquées, de Cardinies, etc., etc. ; preuve que la mer a battu violemment à cette époque contre les couches jurassiques.

De l'autre côté des plaines, on voit reparaître un petit lambeau de lias à gryphées, puis la craie à baculites jusqu'à Chef-du-Pont, auprès de la gare de Stᵉ-Mère-Église. La craie à baculites de Chef-du-Pont est très-fossilifère ; elle est formée, comme d'habitude, d'un calcaire compacte un peu caverneux, avec une grande quantité de fossiles, principalement Baculites et Brachiopodes. Dans le village même de Chef-du-Pont, on a creusé le sol pour former un herbage où l'on peut très-bien étudier la craie. Cette dernière y repose sur un sable très-glauconieux, rempli d'*Orbitolites*, et qu'on a long-temps cru devoir rattacher, à cause de cette circonstance, à la partie inférieure de la craie du Maine, qui ressemble beaucoup d'aspect à cette roche, et renferme comme elle une grande quantité d'orbitolites ; mais la présence de l'*Ostrea larva*, de la *Crania Ignabergensis*, de l'*Argiope bilocularis*, existant également dans la craie de Maëstricht, ne peuvent laisser aucun doute. Le sable glauconieux de Chef-du-Pont, aussi bien que la craie à Baculites, appartiennent à une seule et même époque, celle de la craie supérieure. On retrouve ensuite, au haut de la butte, le lias à Gryphées arquées qui se continue depuis ce point jusqu'à la mer.

COUPE DE LA BUTTE DE LANDES-SUR-DRÔME A CAEN

(Pl. I, fig. D).

§ 50. — Cette coupe, ainsi que la suivante, nous montre la série complète des couches depuis le rivage du lias à Bélemnites jusqu'à la partie supérieure de la grande oolithe ; elle rencontre les récifs de May et de Fontaine-Étoupefour et permet de voir les allures de ces diverses assises en-deçà et au-delà des récifs.

Au pont de Landes, nous voyons des schistes fortement redressés, appartenant au silurien moyen (niveau du *Calym. Tristani*) ; puis, à peu près à moitié côte, nous commençons à trouver les assises inférieures du lias à Bélemnites, c'est-à-dire un poudingue à gros galets de quartz empâtés par un argile sableuse ; puis les couches marno-calcaires à *Terebratula numismalis* ; enfin le roc, ou gros banc calcaire à *Amm. spinatus* et *margaritatus*. Les couches y sont très-fossilifères et peuvent être étudiées dans une suite de carrières où il est facile de faire une abondante récolte, principalement de Brachiopodes et d'Ammonites. Au-dessus se montre la couche à *Leptœna* ; puis les argiles à poissons formant la base des marnes infrà-oolithiques ; enfin , le haut de la butte est couronné par les marnes moyennes à *Amm. bifrons* et *serpentinus*. Cette dernière assise, recouverte d'une couche mince de mâlière, quelquefois dénudée, et dont on ne retrouve habituellement que les silex empâtés dans une argile d'origine diluvienne, forme partout le sous-sol des bois d'Ajon et de Vacognes. En arrivant vers Évrecy, on voit reparaître le banc de roc, et derrière l'église du bourg, on peut, en remontant la route à Ste-Honorine-du-Fay, étudier une magnifique coupe dont nous avons donné le détail dans notre première partie (Voir coupes 11 et 14), et qui comprend la série complète des couches, depuis le poudingue inférieur du lias à Bélemnites jusqu'au *fuller's-earth* (1).

L'église d'Évrecy est à peu près au niveau des argiles à poissons ; puis nous trouvons les marnes infrà-oolithiques jusqu'à la butte des Hauts-

---

(1) Voir aussi le premier article de nos Notes pour servir à la géologie du Calvados, dans le 1er vol. du *Bulletin de la Société Linnéenne de Normandie*.

Vents , où nous suivons d'abord les couches à *Ammonites Murchisonæ* , l'oolithe ferrugineuse ; enfin un petit lambeau de calcaire de Caen, ou *fuller's-earth* calcaire, au point où une ancienne voie romaine, dite chemin haussé du duc Guillaume, vient couper la route. A partir de ce point jusqu'à la butte de Bretteville-la-Pavée, on va continuellement en descendant. Nous retrouvons d'abord les couches à *Ammonites Murchisonæ* ; puis, au lieu marqué sur notre coupe *ancienne carrière de Fontaine-Étoupefour*, on voyait autrefois une série de petites excavations, qui sont devenues célèbres ; car c'est dans ce point qu'on a recueilli tout d'abord ces remarquables Gastéropodes du lias à Bélemnites que nous avons retrouvés heureusement depuis dans d'autres localités. On voyait alors les couches siluriennes (continuation de l'arête de May) percer la plaine, et sur ses bancs redressés s'adossaient en pointe les couches du lias à Bélemnites, des marnes à *Amm. bifrons*, et enfin des assises à *Amm. Murchisonæ*. Ainsi les argiles à poissons ont complètement disparu, et nous n'en retrouvons plus de traces en nous rapprochant de Caen. De l'autre côté de cette arête quartzeuse, les mêmes couches jurassiques vont continuellement en s'abaissant, et au point appelé l'Intendance jusqu'au Mesnil, il n'y a plus que l'oolithe ferrugineuse recouverte de 1 mètre à peine d'oolithe blanche. J'ai pu étudier plusieurs fois quelques petites excavations faites, en ce point, dans l'oolithe ferrugineuse : elle est tout-à-fait semblable d'aspect à celle de Bayeux ; mais les *Ancyloceras* et *Toxoceras* y étaient plus abondants que partout ailleurs ; il est à regretter que ces petites carrières soient maintenant comblées.

Au bas de la butte de Bretteville-la-Pavée , l'oolithe ferrugineuse plonge sous l'oolithe blanche ; puis enfin les puissantes assises du calcaire de Caen, au centre desquelles la ville est bâtie, forment le sous-sol jusqu'au sortir de la ville, où nous voyons, au Moulin-au-Roi, paraître l'oolithe miliaire sous forme de pierre à bâtir, recouverte par les couches de Langrune.

COUPE DE LA BUTTE DE LAIZE A LÉBISEY

(Pl. II, fig. E).

§ 51. — Cette coupe nous montre à peu près la même série que la

précédente, mais sur un espace moins étendu ; elle a encore l'avantage
de traverser le récif sur deux de ces arêtes, et de montrer le peu
d'épaisseur des couches jurassiques dans le voisinage du récif. A
la butte de Laize, nous trouvons, à la base du silurien, le niveau
du *Calymene Tristani* recouvert par de puissantes assises de marbre,
également silurien, auxquelles succèdent les grès de May perçant la campagne en deux points : à May et à moitié chemin de ce dernier village,
vers St-André-de-Fontenay ; ces deux points déterminent un petit bassin
dans lequel se sont déposées les assises jurassiques.

De la butte de Laize à May nous trouvons, au haut de la butte, le
lias à Bélemnites, très-peu fossilifère en ce point, formé de calcaire
jaunâtre en forme de plaquettes irrégulières, toutes pénétrées de débris
triturés de coquilles entièrement méconnaissables. Un peu plus loin,
nous trouvons, dans les champs, quelques *Ammonites bifrons* et serpen-
tinus, quelques *Amm. Murchisonæ*, *Tereb. perovalis*, etc. Il est donc
évident que les marnes infrà-oolithiques sont représentées en ce point ;
toutefois, elles doivent y être d'une minceur excessive, car nous voyons
paraître, à très-peu de distance de la butte et exactement au même
niveau que le lias à Bélemnites, l'oolithe ferrugineuse affleurant dans
les fossés de la route. A May, l'église est bâtie sur la sommité même
du récif silurien ; à droite et à gauche se développent ou se sont développées les arêtes quartzeuses que les exploitations ont fait disparaître ; mais leurs prolongements à l'est et à l'ouest du village sont
encore ouverts en carrières. Celles de l'ouest sont les mieux connues ;
ce sont les grandes carrières de May, d'où l'on extrait des pavés pour les
rues et où l'on a recueilli de nombreux fossiles du silurien moyen, tels
que les *Homalonotus Brongniarti*, la *Conularia pyramidata*, l'*Orthis redux*,
etc., etc. Celles de l'est sont près d'êtres comblées, car le grès plonge rapidement sous les assises jurassiques. Nous y voyons le lias à Bélemnites
dans un état tout-à-fait particulier : ce point, situé en dehors du brise-
lames du récif, nous montre la roche jurassique complètement dénuée de fossiles, mais toute lardée de gros blocs de grès empâtés
dans un sable argileux rempli de galets roulés de toutes grosseurs.
Par conséquent le récif était, en ce point, exposé à la fureur des
lames, plage analogue à celle du Hâvre, où pas un être organisé ne peut

vivre au milieu d'une telle agitation des eaux (§ 3, chap. 1er, 2e partie).

De l'autre côté de l'église de May, vers le nord, le sol va en pente douce jusqu'à la sortie du village. Il se relève ensuite vers le second récif qui perçait autrefois la route, mais qui maintenant n'est plus visible que dans les carrières ouvertes à gauche de celle-ci. Il y a donc une dépression très-sensible par la forme seule du terrain ; mais elle peut être prouvée d'une façon plus directe dans une petite carrière ouverte au centre même de la dépression, à peu de distance à gauche de la route. On y voit que le lias à Bélemnites y est très-épais, mais peu fossilifère ; au-dessus se voient des couches marneuses répondant au niveau des marnes moyennes infrà-oolithiques ; enfin, l'oolithe ferrugineuse recouvre le tout. Toutes ces couches viennent ensuite se terminer en pointe sur les flancs du récif, comme nous l'avons déjà fait voir (§ 28 de notre 1re partie et § 42, 2e partie). De l'autre côté de cette deuxième arête, les couches du lias à Bélemnites plongent rapidement vers le nord, et nous voyons l'oolithe ferrugineuse affleurer le long de la route de Caen, au milieu même du village de St-André, recouverte par 1 mètre environ d'oolithe blanche. Cette même assise forme ensuite la partie inférieure d'une butte assez élevée dont le haut est composé de calcaire de Caen, qu'on retrouve seul jusqu'au faubourg de Vaucelles. Le reste de la coupe est absolument le même que dans la précédente.

COUPE DE LION-SUR-MER A ARGENTAN (1).

(Pl. II, fig. F).

§ 52. — Cette coupe, prise dans une direction perpendiculaire à celle de la côte, nous fait voir la succession des couches, en passant à travers tout le département du Calvados, et une partie de celui de l'Orne ; elle nous montre parfaitement la constitution du sol de cette partie de la Normandie, presque exclusivement formé par la grande oolithe. On peut la diviser en deux parties, séparées entr'elles par la

(1) J'ai déjà donné une coupe à peu près semblable, prise suivant la direction du chemin de fer de Mézidon au Mans (Voir Notes pour servir à la géologie du Calvados, 2e article, VIIe vol. du *Bulletin de la Société Linnéenne de Normandie.*

pointe silurienne de Montabard, à la limite des départements de l'Orne et du Calvados. La première portion forme le sol de la *Plaine de Caen,* grande surface à peine accidentée par quelques légères éminences, et entièrement constituée par les épaisses couches de la grande oolithe et du fuller's-earth. La seconde portion commence sur l'autre versant des hauteurs de Montabard, à partir desquelles on retrouve une autre *plaine* formée par les mêmes assises, prolongées à travers le département de l'Orne jusque dans la Sarthe. Çà et là, des pointes siluriennes, de peu d'étendue, ont formé autant de petits îlots ou plutôt de récifs élevés au-dessus du niveau de la mer de la grande oolithe.

A Lion-sur-Mer même, nous voyons la grande oolithe dénudée, corrodée par des coquilles lithophages et recouverte par un petit lambeau d'argile dont les fossiles, très-caractéristiques, nous indiquent la base de la grande série oxfordienne. Ce petit lambeau, n'atteignant qu'un niveau de 14 mètres, s'est déposé, grâce à un affaissement en ce point de la grande oolithe; car celle-ci s'élève rapidement à 61 mètres, auprès du village de Perriers, à 1 kilomètre à peine du rivage oxfordien. On ne peut invoquer ici une dénudation de la grande oolithe, car ce sont les mêmes couches de Langrune qu'on retrouve au bas de la petite falaise de Lion-sur-Mer et sur les hauteurs de Perriers. A partir de ce point, on peut voir, dans le fond des petites vallées, sur la route de Caen, les calcaires plus marneux composant les couches si connues sous le nom de *calcaires de Ranville* ou caillasse. En sortant de Biéville, la route de Caen traverse un petit vallon dans le fond et sur les flancs duquel paraissent les couches inférieures ou pierre à bâtir de Ranville. Ces assises, durcies et perforées par les lithophages, indiquent un nouvel ordre de faits et représentent ici l'oolithe miliaire. En remontant la petite côte de Lébiscey, nous retrouvons de nouveau les couches supérieures jusqu'au Moulin-au-Roi, dont la butte nous montre de nouveau le calcaire inférieur sans fossiles. Ces calcaires changent déjà un peu de nature; quelques-uns des bancs deviennent sableux et passent à l'oolithe miliaire, caractéristique de cette assise inférieure dans la plaine située au sud de Caen.

Au bas de la butte commence le calcaire de Caen formant les escar-

34

pements sur lesquels sont bâtis le vieux château-fort de la ville et les faubourgs de Calix et de Vaucelles. Vers ce dernier, ses bancs supérieurs se reconnaissent aisément à de gros silex tuberculeux, disposés par lits irréguliers. Au sortir de Caen, nous pouvons observer sur la route de Troarn le contact de ce calcaire avec la pierre à bâtir de Ranville. C'est encore une surface durcie, perforée et criblée de trous de lithophages ; quelques rares *Rhynch. Hopkinsi* sont les seuls fossiles de ces premiers dépôts de l'oolithe miliaire, qui est d'une grande stérilité en débris organiques dans cette partie du département. La gare du chemin de fer et ses annexes sont ouvertes au milieu des bancs supérieurs du calcaire de Caen, dont on peut voir une coupe en tranchée sur la voie. En remontant ensuite tout-à-fait au haut de la butte, nous retrouvons les couches supérieures que nous ne quitterons plus que rarement ; car cette grande plaine est, comme nous l'avons dit, à peine ondulée. Nous passerons ainsi les villages de Cormelles, de Bras, Soliers, où nous avons reconnu une si remarquable station de Pentacrinites ; de Tilly-la-Campagne, de Secqueville, etc. La partie supérieure de la grande oolithe est ici très-peu épaisse, comme on peut s'en assurer dans les petites vallées, et repose constamment sur le calcaire de Caen. En partant de Secqueville, les assises supérieures s'élèvent rapidement jusqu'à 128 mètres au-dessus de St-Aignan. A partir de ce point, l'oolithe miliaire devient de plus en plus sableuse, et ses couches deviennent un peu plus faciles à entamer : aussi voyons-nous les buttes devenir plus élevées, et les petites vallées un peu plus profondes. Nous arrivons ainsi, en passant par Rénémesnil et Estrées-la-Campagne, jusqu'à une butte fort élevée, de 140 mètres de hauteur, ayant servi de signal pour la triangulation, et caractérisée, à son sommet, par un arbre qu'on nomme le *deuxième orme de Rouvres.*

A Assy, nous rencontrons la vallée du Laizon, dont le centre est formé par des grès siluriens redressés. Cette vallée, plus profonde que les autres, nous montre successivement l'oolithe miliaire, le calcaire de Caen, une petite couche d'oolithe inférieure, enfin le lias à Bélemnites reposant sur le trias. De l'autre côté de la vallée, les assises supérieures de la grande oolithe ont disparu, et nous ne trouvons plus que l'oolithe miliaire, devenue de plus en plus sableuse.

A Olendon, nous voyons paraître une seconde fois les anciens terrains, prolongements du récif de Potigny, et atteignant, en ce point, une hauteur de 135 mètres ; puis nous arrivons aux Monts-d'Éraines, formant, au milieu de cette vaste plaine, deux grands mamelons isolés dont les sommités, de 152 mètres d'altitude, sont occupés par deux grandes surfaces planes. Nous avons déjà fait connaître la coupe de ce point remarquable : nous rappellerons seulement qu'elle est formée presque entièrement d'oolithe miliaire ou sable incohérent, recouverte par un calcaire très-siliceux où l'on trouve des empreintes de fougère et qui correspond aux couches de Ranville. La base de ces collines est formée par le calcaire de Caen ; puis aussitôt on rencontre une vallée très-profonde, celle de la rivière d'Ante, où l'on retrouve l'oolithe inférieure, formée d'une mince couche de calcaire blanc très-siliceux, reposant directement sur le lias à Bélemnites. Ce dernier est lui-même en contact tantôt avec le trias, tantôt avec les anciens terrains. Une succession tout-à-fait semblable se voit de nouveau dans deux vallées, à Villy-la-Croix et à Fresnay-la-Mère, dans la vallée de la Traîne. Comme nous avons traité en son lieu (p. 60 de la première partie) de la coupe de Fresnay-la-Mère et de l'aspect tout-à-fait spécial du lias de ses environs, nous ferons simplement remarquer l'absence complète des argiles à poissons et des assises moyennes des marnes infra-oolithiques, réduites ici aux couches à *Ammonites Murchisonæ*. En suivant la voie ferrée, nous rencontrons la tranchée de Vignats, offrant une magnifique coupe partielle où l'on peut parfaitement étudier, sur un demi-kilomètre de longueur, l'oolithe inférieure et le fuller's-earth qui, comme dans toute la contrée que nous venons de parcourir, offrent des caractères tout-à-fait différents de ceux des environs de Caen et de Bayeux. Les oolithes ferrugineuses ont complètement disparu ; un calcaire dur, à cassure esquilleuse, où abondent les Trigonies, les Pholadomyes et les Céromyes, les remplace. Les couches à *Amm. Murchisonæ* sont également formées d'un calcaire très-dur, sableux. L'aspect de ces roches rappelle celui de l'oolithe inférieure du département de la Sarthe et n'a plus aucune ressemblance avec celui du Calvados.

Nous arrivons alors dans une région très-accidentée, formée de terrains anciens dont les sommités s'élèvent à des hauteurs très-grandes, variant de 135 jusqu'à 252 mètres, point le plus élevé de la contrée, et formant l'axe du récif de Montabard.

De l'autre côté de ce récif, ni l'oolithe inférieure, ni le lias ne se retrouvent plus. Les roches les plus inférieures appartiennent au fuller's-earth et surtout à l'oolithe miliaire, qui forme, avec les assises supérieures, tout le sol de la plaine d'Argentan. Le lias ne s'est pas étendu jusque-là et n'a pas contourné de ce côté le grand récif de Montabard; mais l'oolithe inférieure l'a dépassé et vient, au-dessous de la plaine d'Argentan, se joindre très-probablement aux lambeaux que j'ai observés dans un certain nombre de points le long de l'ancien rivage, notamment à Joué-du-Plain, près d'Écouché.

COUPE DE SÉEZ AUX AUTHIEUX PASSANT PAR LE MERLERAULT

(Pl. II, fig. 6).

§ 53. — Cette coupe est très-importante en ce qu'elle nous montre clairement la profonde discordance existant entre les couches de la grande oolithe et celles du système oolithique moyen. Pour obtenir, sur un petit espace, une série plus complète, nous avons fait infléchir notre coupe d'environ 50° suivant un axe qui passerait par les anciens terrains, à Nonant; par conséquent, la première partie de la section, c'est-à-dire de Séez à Nonant, est dirigée ouest-sud-ouest à l'est-nord-est, tandis que, depuis ce dernier point jusqu'aux Authieux, elle s'étend de l'ouest à l'est.

La ville de Séez est assise sur les couches de l'oolithe miliaire, dont l'horizon supérieur est facile à reconnaître à ses nombreuses et grandes Nérinées, à ses *Purpuroidea minax* et *Lucina Bellona*. Vers la cathédrale, on commence à trouver les couches supérieures de la grande oolithe ou calcaire à Polypiers, qui n'ont ici qu'une faible épaisseur. Au sortir de la ville, les talus des routes du Merlerault et de Nonant nous montrent d'abord les couches calloviennes les plus inférieures, formées d'un calcaire jaunâtre un peu argileux, pénétré d'une énorme quantité de débris de coquilles et caractérisé par l'*Ammonites macrocephalus*, de véritables *Terebratula digona* et l'*Holectypus depressus*. Un peu plus loin, les couches deviennent plus argileuses : nous arrivons alors à des niveaux un peu plus élevés où se trouvent encore les *Ammonites macrocephalus*, mais surtout une grande quantité d'*Ostrea amor*, de *Rhynchonella Orbignyana*, etc., c'est-à-dire le callovien argileux de M. Triger, le niveau habituel des tuileries du département de l'Orne.

A Chailloué, une grande saillie de grès silurien interrompt la continuité des roches, suivant une ligne orientée à peu près ouest-est. De l'autre côté de cette arête silurienne, les assises calloviennes reparaissent; mais nous ne voyons plus ces calcaires de la base à caractère mixte, renfermant à la fois des *Ammonites macrocephalus* et de nombreux *Nucleotites clunicularis*. Nous trouvons immédiatement audessous une mince assise de calcaire à Polypiers, disparaissant bientôt elle-même : de façon qu'en arrivant à Nonant, les couches à *Ostrea amor* reposent directement sur l'oolithe miliaire.

A Nonant, une nouvelle arête silurienne perce les roches jurassiques, et l'oolithe miliaire, seule, s'élève dès lors au-dessus du niveau des roches que nous avons suivies jusqu'ici, et cela sur tout le plateau étendu de Nonant au Merlerault. Vers ce bourg, les couches plongent vers l'est, et nous retrouvons le calcaire à Polypiers s'avançant en forme de pointe et plongeant aussi sous les assises calloviennes, qui plongent également, mais d'une manière beaucoup moins sensible, et sont recouvertes, sur toutes les buttes du voisinage, par une mince couche oxfordienne, et enfin par la craie.

II. — Extension des divers étages et rapports de leurs couches entr'elles

(Pl. III, fig 1 et 2).

§ 54. — Les différentes coupes que nous venons de passer en revue nous ont déjà montré l'extension des divers étages jurassiques inférieurs dans nos trois départements. Toutefois, pour mieux faire comprendre leurs relations, nous mettons sous les yeux du lecteur un diagramme (Pl. III, fig. 1) où nous déroulons toutes ces couches sur un très-petit espace, avec leurs principales modifications, suivant chacune des régions. Cette disposition nous a permis également de montrer leurs relations avec les terrains leur servant de base, c'est-à-dire le trias et les anciens terrains.

A gauche, le diagramme offre la succession des couches dans le Cotentin, depuis Valognes jusqu'à la limite du département de la Manche. Le milieu est consacré au département du Calvados, le droit à celui de l'Orne. En même temps, pour qu'on puisse se rendre un compte exact des altitudes où atteignent les différents points considérés, nous ajoutons (fig. 2) un second diagramme correspondant au premier, point pour point, et suivant les côtes des hauteurs réelles au-dessus du niveau de la mer. Enfin, pour qu'on puisse vérifier exactement la coupe réelle de chacun des points considérés dans les deux diagrammes, nous avons marqué des lignes correspondant à chacun des profils décrits dans le courant de cet ouvrage. Ces lignes indiquent le nombre des couches atteintes par ces coupes partielles, et les numéros correspondent à ceux des figures intercalées dans le texte.

§ 55. *Première région. Cotentin.* — Elle s'étend à gauche de notre planche jusqu'à la baie des Veys, de A en B ; on n'y voit, au jour, que les couches les plus inférieures de la série jurassique, depuis l'infrà-lias jusqu'aux marnes infrà-oolithiques.

Une arête quartzeuse s'élevant à 117 mètres d'altitude, c'est-à-dire celle de Montebourg, coupe, comme on le voit, cette région en deux parties distinctes. La première comprend les environs de Valognes ; on n'y voit que l'infrà-lias seul en rapport à sa base avec le trias, qui avait commencé à niveler le terrain. Dans ce petit bassin, l'infrà-lias nous offre trois subdivisions : l'inférieure, A, formée de sables dolomitiques avec calcaire associés, alternant avec des couches argileuses ; la moyenne, B, ou infrà-lias marneux formé de couches alternatives d'argile bleue et de calcaire marneux ; la supérieure, C, ou calcaire de Valognes est la plus épaisse, ses caractères sont très-constants ; il est formé d'un calcaire blanc très-dur, exploité comme pierre de taille.

La deuxième partie de cette première région s'étend entre l'arête quartzeuse de Montebourg et la baie des Veys. On y voit un plus grand nombre de couches : 1° l'infrà-lias, avec des caractères semblables à ceux du petit bassin de Valognes, y est en rapport avec le trias, qui prend dans cette partie de la Normandie une très-grande extension.

La partie supérieure de l'infrà-lias est formée d'un calcaire très-gréseux avec une grande quantité de *Cardinia copides* (coupe 4 de Cretteville); il est recouvert par les puissantes assises du lias à Gryphées arquées, formé constamment d'une alternance de calcaires et d'argiles bleues ou jaunâtres, occupant une très-grande étendue dans tout le plateau de Sᵗᵉ-Mère-Église, qui règne depuis l'arête quartzeuse de Montebourg jusqu'à la baie des Veys (coupe 7 de Beuzeville-la-Bastille). Un petit lambeau de lias à Bélemnites se voit dans les environs de Sᵗᵉ-Marie-du-Mont jusqu'à la mer; il y est très-marneux et atteint une épaisseur considérable à la chaussée du Grand-Chemin. Le dernier étage visible dans cette région appartient aux marnes infrà-oolithiques. Les assises désignées par nous, sous le nom de marnes moyennes, y existent seules.

§ 56. *Deuxième région. Calvados.* — La série complète de toutes les couches que nous avons étudiées existe dans ce département, le plus instructif pour une étude synthétique du terrain jurassique. Il y est en rapport tantôt avec le trias (arrondissement de Bayeux), tantôt avec les anciens terrains (arrondissement de Caen), tantôt avec les deux (arrondissement de Falaise). Ses limites sont aussi nettes que possible: à l'ouest, la baie des Veys le sépare de la Manche; à l'est, le grand récif de Montabard, limite géologique coïncidant avec la limite administrative. Enfin, pour montrer combien les grandes divisions géologiques sont nettes dans ce département, il suffit de rappeler que les limites de la grande oolithe et de l'oxford-clay, c'est-à-dire du système oolithique inférieur et du système oolithique moyen, correspondent exactement au cours de la Dive formant en même temps les arrondissements de Caen et de Falaise d'une part, ceux de Pont-l'Évêque et de Lisieux de l'autre.

Nous prendrons donc chaque étage séparément, et nous montrerons son extension dans les trois arrondissements.

L'infrà-lias n'occupe qu'un faible espace à l'extrémité occidentale du Calvados. Il constitue le calcaire d'Osmanville C, très-semblable à celui de Valognes, bientôt terminé, comme on le voit dans notre diagramme, et n'arrivant pas jusqu'à Bayeux. En rapport à sa base avec

le trias, il est recouvert, en stratification discordante (coupe 5, Osmanville), par les assises argileuses du lias à Gryphées arquées, et la
surface de séparation est très-marquée par une ligne d'usure et de perforations, donnant lieu en même temps à un durcissement très-grand de
la roche inférieure de contact (banc de fer d'Osmanville).

Le lias inférieur s'étend jusqu'auprès de Bayeux; il constitue une
grande masse très-homogène formée, depuis la base jusqu'au sommet,
d'alternances successives de calcaires marneux et d'argiles, où fourmillent les Gryphées arquées. Les couches inférieures, D, sont caractérisées par l'*Ammonites bisulcatus* et la *Lima gigantea* (coupe 7, Beuzeville-la-Bastille); les supérieures, E (coupe 9, Crouay), par les
Gryphées arquées modifiées (c'est-à-dire dont le sillon est peu marqué),
montrent des couches calcaires plus épaisses que dans l'assise précédente; c'est également le niveau des *Terebratula cor* et *Harpax spinosus*.
Ces assises calcaires ne sont pas continues, mais toujours fragmentées
de manière à offrir l'aspect d'une maçonnerie.

Le lias à Bélemnites, beaucoup plus étendu, se voit dans les trois
arrondissements, depuis l'embouchure des Veys jusqu'au grand récif de
Montabard; ses caractères sont beaucoup plus variables que ceux de
l'étage précédent auquel il succède normalement, sans traces de discordance. Très-marneux et assez épais dans le Bessin, il est moins puissant et beaucoup plus calcaire dans l'arrondissement de Caen (coupe 11,
Évrecy); il devient de plus en plus sableux dans celui de Falaise
(coupe 12, Fresnay-la-Mère), à mesure qu'on se rapproche de la limite
du département.

Lorsqu'il est en relation à sa base avec les anciens terrains, ses premières couches sont formées d'un poudingue à base de sable aggluéiné,
renfermant une grande quantité de galets roulés, de quartz ou
d'autres roches anciennes. Lorsqu'il est au complet, on peut y distinguer cinq couches spéciales; la plus inférieure, F, constitue une
alternance de calcaires et d'argiles jaunâtres où fourmillent les *Belemnites
niger* et *paxillosus;* c'est également le niveau de la *Terebratula numismalis.* Cette couche existe constamment dans les arrondissements de
Bayeux et de Caen. La seconde est composée d'une argile schisteuse, avec
Ammonites Davœi et *fimbriatus;* elle forme une lentille de peu d'étendue

que l'on observe seulement dans les environs de Bayeux. La troisième, H, est très-semblable à la première : formée comme elle d'une alternance de calcaires et d'argiles, elle s'étend dans les trois arrondissements, devient plus calcaire dans celui de Caen et sableuse dans celui de Falaise ; c'est le niveau des grandes *Ammonites fimbriatus*, des *Amm. Bechei* et *Henleyi*. La quatrième, I, est la plus constante et la plus homogène de toutes ; elle est composée d'un calcaire un peu gréseux, formant un seul gros banc, le *roc*, caractérisé par les *Pecten æqiuvalvis*, les *Ammonites spinatus* et *margaritatus*, les *Terebratula cornuta* et *quadrifida*, la *Rhynchonella acuta*. C'est un des meilleurs horizons géognostiques de la Normandie. Enfin, la cinquième, J, ou couche à *Leptæna*, d'une puissance très-réduite, n'a encore été observée que dans l'arrondissement de Caen.

Ces diverses couches que nous venons d'énumérer forment pour nous la série du lias, comprenant, comme on le voit, trois étages : 1° l'infrà-lias, 2° le lias à Gryphées, 3° le lias à Bélemnites ; toutes les autres appartiennent au système oolithique inférieur.

Les marnes infrà-oolithiques sont au complet aux environs d'Évrecy (coupe 14, Évrecy) ; elles montrent cinq niveaux bien distincts, très-inégalement répartis dans notre deuxième région, c'est-à-dire les argiles à poissons, K, formées d'argiles feuilletées, avec un niveau de nodules calcaires à empreintes de poissons et autres vertébrés (coupe 15, Gurcy). Elles occupent un petit bassin très-restreint dans le sud de l'arrondissement de Caen. Les marnes moyennes offrent deux niveaux, L et M, très-semblables minéralogiquement, mais ayant une distribution géographique bien différente. Le premier est caractérisé par les *Ammonites bifrons* et *serpentinus*. Il existe partout, recouvrant habituellement le roc, et formé d'une alternance d'argiles et de calcaires qui varient suivant les lieux. Ce calcaire est très-marneux dans l'arrondissement de Bayeux ; dans celui de Caen, où il est excessivement réduit, ses bancs sont très-multipliés et offrent quelquefois de légères traces d'oolithes imparfaites. Dans celui de Falaise et à Bazoches, c'est une véritable oolithe ferrugineuse. Le second niveau, M, caractérisé par les *Ammonites* et *Lima Toarcensis* et la *Belemnites irregularis*, forme une lentille de peu d'étendue, visible dans les arrondissements de Bayeux et de Caen. Les calcaires supérieurs se divisent dans les arrondissements de Bayeux et de Caen en deux niveaux distincts, nord et ouest ; tous deux renferment comme fossile caractéristique l'*Amm. Murchisonæ*, mais le plus inférieur, nord, est en outre caractérisé par l'*Ammonites primordialis*. Ces deux niveaux ne forment plus, dans les environs de Falaise, qu'une seule couche de calcaire gréseux (coupe 12, Fresnay-la-Mère) ; dans les deux autres arrondissements, le niveau inférieur, toujours formé d'un calcaire marneux plus ou moins pénétré d'oolithe ferrugineuse, n'a jamais qu'une très-faible puissance. Le niveau supérieur est beaucoup plus épais : c'est la mâlière des géologues normands ; il est formé d'un calcaire un peu siliceux, rempli de chlorite et montrant de gros silex irréguliers disséminés dans sa masse, ou même formant de véritables couches (arrondissement de Bayeux) ; il devient plus marneux et donne même lieu à quelques petites sources dans l'arrondissement de Caen, où il est en outre très-fossilifère. Il redevient siliceux dans l'arrondissement de Falaise ; et même, près du récif de Montabard, il est tellement changé d'aspect qu'on a peine à le reconnaître.

L'oolithe inférieure (coupe 19, S*-Honorine-des-Perthes, et coupe 18, les Moutiers) a une composition beaucoup plus simple, exactement la même dans les arrondissements de Caen et de Bayeux, mais tout-à-fait différente dans celui de Falaise ; elle est composée de deux couches. L'oolithe ferrugineuse, P, nettement séparée des marnes infra-oolithiques, commence par un conglomérat de grosses oolithes ferrugineuses qu'on voit constamment à la base, et se termine par 1 à 2 mètres d'un calcaire tout pénétré d'oolithes ferrugineuses, petites et excessivement nombreuses ; le tout rempli d'un nombre immense de fossiles. Cette première couche ne s'étend pas dans tout le Calvados, elle forme une lentille commençant dans la partie occidentale du Bessin et se terminant vers la limite des arrondissements de Falaise et de Caen. L'oolithe blanche, Q, forme une assise bien plus épaisse, d'un calcaire blanc un peu marneux et très-homogène, riche en Oursins et Spongiaires. Dans l'arrondissement de Falaise, ces deux couches n'en forment plus qu'une seule, très-peu épaisse (coupe 12, Fresnay-la-Mère) ; c'est un calcaire blanc un peu siliceux, à cassure esquilleuse, avec les mêmes fossiles.

Le fuller's-earth forme une masse puissante de 30 à 40 mètres, dont les caractères varient beaucoup suivant les points considérés. Dans l'arrondissement de Bayeux, c'est le calcaire de Port-en-Bessin ; dans ceux de Caen et de Falaise, c'est le calcaire de Caen (coupe 19, l'oolithe inférieure et le fuller's dans les deux régions). Le calcaire marneux est formé d'une masse énorme d'argiles bleues avec de minces lits calcaires ; le tout très-peu fossilifère. Vers Ste-Croix, on voit le calcaire gagner rapidement en épaisseur, et dans l'arrondissement de Caen il est formé d'un calcaire blanc très-pur donnant de magnifiques pierres de taille (pierre de Caen), avec un niveau très-remarquable, le gros banc ou ligne des Sauriens. A la base seulement, il reste une mince assise marneuse, le *banc bleu*. Dans l'arrondissement de Falaise, il est plus dur et se reconnaît aisément à ses nombreuses *Rhynchonella spinosa,* qui ont conservé des traces de couleur. La surface de séparation d'avec l'étage suivant est bien marquée par une ligne de perforation par les lithophages.

La grande oolithe est la masse la plus imposante de nos couches jurassiques inférieures ; d'une homogénéité remarquable, elle n'a pu que difficilement être corrodée par les eaux et forme tout le sous-sol de la Plaine de Caen. Nous y admettons deux grandes divisions : l'oolithe miliaire, S ; et le calcaire à polypiers, T. L'oolithe miliaire est très-variable dans le Bessin : c'est un calcaire très-dur, très-épais, avec de nombreux silex ; dans l'arrondissement de Caen, c'est une pierre de taille grossière, toute pénétrée de lamelles spathiques (pierre de Ranville), qui commence vers Caen à se charger par place d'oolithes miliaires. Dans la plaine au sud de Caen, les oolithes miliaires deviennent plus abondantes et la pierre elle-même est disposée irrégulièrement ; enfin, dans l'arrondissement de Falaise (coupe n° 20, Monts-d'Éraines), ce n'est plus qu'une masse incohérente de sable formé exclusivement de petites oolithes blanches et tout-à-fait semblables à des grains de millet, d'où le nom. L'assise supérieure, T, est non moins variable. Dans l'arrondissement de Bayeux, c'est généralement un calcaire en plaquettes, blanc et très-légèrement marneux ; mais dans celui de Caen sa composition est très-différente. On peut prendre pour type les environs de Ranville ; à la base, des calcaires marneux, grossiers, tout pénétrés de gros Bryozoaires et surtout de bassins d'*Apiocrinites*. C'est la caillasse, ou couches profondes dont la surface supérieure est criblée de trous de Lithophages. Au-dessus sont les couches de Langrune; leur base est marneuse, leur partie supérieure formée de "couches en plaquettes, très-remarquables par la grande quantité de petits fossiles qu'elles renferment. Dans l'arrondissement de Falaise, ces couches supérieures sont beaucoup plus dures et siliceuses, variant excessivement d'épaisseur et de caractères; leur stratification, confuse et oblique dans tous les sens, prouve qu'elle a été faite sous l'empire de forts courants formant des bancs de sable. La surface supérieure de la grande oolithe est fortement usée et corrodée au contact des couches calloviennes. Enfin, ces dernières, U, montrent une ligne de fossiles remaniés d'une couche qui a été dénudée et qui seule représente le cornbrash, dont les assises n'existent plus en Normandie.

§ 57. — *Troisième région. Orne.* — Le grand récif de Montabard forme, ainsi que nous l'avons vu, la limite des départements de l'Orne et du Calvados. Sur le versant méridional de ce récif, on ne voit plus que les couches du système oolithique inférieur, constamment en rapport à leur base avec les anciens terrains qui percent la contrée sur un grand nombre de points. L'oolithe inférieure, Q, ne se voit que dans les parties les plus déclives et sur les bords du bassin; elle y est formée d'un calcaire blanc assez fossilifère. Le fuller's-earth, R'', y est représenté par le calcaire de Caen, qui s'amincit de plus en plus. La grande oolithe forme également une grande plaine, continuation de celle de Caen. On peut y reconnaître les deux niveaux. L'oolithe miliaire, très-développée, s'appuie au nord sur le grand récif de Montabard et se prolonge jusqu'à Séez. Ses caractères sont encore très-variables: sableuse et montrant quelques couches calcaires dans les environs d'Argentan (coupe 21), elle n'offre d'abord qu'un petit nombre de fossiles mal conservés; mais peu à peu ses couches, surtout les supérieures, deviennent de plus en plus calcaires, et, auprès de Séez, elles sont très-remarquables par la grande quantité de fossiles, grandes *Nérinées*, *Purpuroidea minax*, *Lucina Bellona*, qu'elles renferment; elle est ensuite dépassée par les couches argileuses du callovien, qui viennent s'adosser à Vingt-Hanaps contre les

terrains anciens, limite méridionale que nous avions à considérer.
Dans l'intervalle, elle éprouve une forte inflexion : ses couches se relèvent à 225 mètres et forment le plateau du Merlerault, entouré de tous
côtés par les assises déposées au moment du dépôt des argiles calloviennes, dont le rivage s'appuie sur les bords du plateau. La partie
supérieure de la grande oolithe, ou calcaire à Polypiers, recouvre l'oolithe miliaire dans un assez grand nombre de points de cette région ;
elle y est formée constamment de calcaires blancs, en plaquettes très-
semblables à celles de Langrune. Ces mêmes couches ont participé
au soulèvement lent qui a relevé le plateau du Merlerault, et s'appuient sur ses pentes contre l'oolithe miliaire, en plongeant également
au nord et au sud comme les couches inférieures, et formant
ainsi une ligne de rivage sur le pourtour du plateau.

§ 58. *Niveaux des sources et des nappes d'eau.* — Les sources sont
très-nombreuses dans les couches jurassiques inférieures. Les plus considérables sont à la base même de la formation ; elles filtrent à travers
les calcaires et s'arrêtent soit sur le trias, soit sur les anciens terrains.
Nous avons marqué, sur notre diagramme, les plus fréquentes et celles
que viennent chercher les différents puits dans les trois régions. Dans le
Cotentin, la plus considérable des nappes d'eau est à la base de l'infra-
lias ; la seconde au niveau des couches marneuses à *Mytilus minutus*
qui, comme nous l'avons déjà démontré (§ 8 de la 1re partie), forment
une nappe considérable, à laquelle s'arrêtent toutes les exploitations.
Un grand nombre d'autres puits sont percés jusqu'à l'arête quartzeuse
de Montebourg, qui donnent des eaux d'une excellente qualité ; on
trouve ensuite un grand nombre de niveaux d'eau, de peu d'importance,
dans les couches du lias inférieur et dans celles du lias moyen ; mais
la plus considérable de ces nappes est à la base des marnes infra-
oolithiques, et c'est elle que viennent chercher la plupart des abreuvoirs des environs de Ste-Marie-du-Mont.

Dans la seconde région, outre celles qui sourdent des anciens terrains et qui sont toujours de meilleure qualité, nous en voyons un
grand nombre arrêtées, soit par les argiles à *Ammonites Davœi*,
dans les environs de Bayeux, soit par les autres niveaux du lias à

Bélemnites ; mais elles sont particulièrement abondantes dans les marnes infrà-oolithiques.

Les argiles à poissons forment une masse impénétrable, augmentée encore par les couches diluviennes très-argileuses qui la recouvrent : aussi une grande étendue de terrain est-elle de très-mauvais rapport au-dessus de ces argiles, où les eaux, en s'amassant, forment des flaques qui détrempent les terres, et où l'agriculture est forcée d'employer le drainage pour en tirer parti. Dans l'arrondissement de Caen, quelques puits rencontrent une nappe peu abondante dans les couches marneuses de la malière ; mais ces eaux s'épuisent très-vite pendant l'été. Le fuller's-earth des environs de Bayeux en produit au contraire de très-abondants, et c'est sans doute à cette circonstance qu'est due la forme des collines onduleuses de tout le Bessin, parce que ces sources, en dégradant continuellement les pentes, finissent par creuser le terrain et donnent lieu à de nombreux petits cours d'eau. C'est à elles que sont dues également la majeure partie de ces sources incrustantes qui tombent en cascades très-pittoresques le long des falaises du Bessin. Le carbonate de chaux, en se déposant sur les mousses et autres plantes, forme, en plein été, le long de ces falaises des accidents très-remarquables : des traînées d'un aspect semblable à celui de la glace que l'on voit en hiver pendre aux toits des maisons, et simuler des stalactites. Dans l'arrondissement de Caen, où le fuller's-earth est entièrement calcaire, on trouve à sa base un petit niveau marneux, le *banc bleu*, donnant lieu à une nappe très-abondante et bien connue, que viennent chercher un grand nombre de puits des faubourgs et des parties hautes de la ville : telle, par exemple, que la source si belle et si pure du château de Caen, source dont l'importance devait être bien appréciée pendant le moyen-âge, puisque ce point était, en cas de siége, approvisionné d'une source intarissable.

Les sources sont à peu près nulles dans la grande oolithe du Bessin ; mais la proximité du fuller's-earth, formé ici d'un calcaire marneux, remédie à cet inconvénient ; les puits sont généralement peu profonds, sauf dans les parties les plus élevées, manquant souvent d'eau pendant l'été et qui ne sont guère approvisionnées que par de minces filets s'amassant quelquefois dans le diluvium. Dans

la plaine, au nord de Caen, cette insuffisance serait plus grave encore, puisque le fuller's-earth, entièrement calcaire, ne fournirait
d'eau qu'à une profondeur jamais moindre que 50 mètres ; heureusement la composition des assises supérieures de la grande oolithe
vient remédier un peu à cet inconvénient. Nous avons vu, en effet,
que les couches profondes de Ranville étaient plus ou moins marneuses ; celles de la caillasse donnent lieu à une mince petite nappe
d'eau, qui s'épuiserait bien vite pendant les chaleurs de l'été, si
une autre plus abondante n'était produite par le cordon argileux
de la base des couches de Langrune, la *glaise*, comme l'appellent
les ouvriers, retenant assez l'eau pour que la nappe ne se tarisse
que très-rarement et lors des sécheresses extraordinaires. C'est ce
niveau que viennent chercher tous les puits de la plaine au nord de
Caen, qui serait entièrement privée d'eau sans cette bienfaisante petite
couche argileuse, laquelle est quelquefois employée pour former
des mortiers avec la chaux dans des constructions de peu d'importance.

III. — Limites des mers pendant les divers étages

(Pl. III, fig. 3, 4, 5).

§ 59. — La science doit à M. Hébert, pour l'étude de la géologie,
des travaux d'une importance capitale : ils ont permis de rétablir les
limites des anciennes mers, et de juger des modifications immenses
subies par les rivages durant les diverses périodes géologiques. C'est ainsi
qu'il a déjà publié les rapports des terres et des eaux pendant le dépôt
du calcaire grossier et des sables de Fontainebleau. Tous les ans, il
expose également, dans son Cours, les limites des rivages pendant les
diverses périodes jurassiques, crétacées et tertiaires. Aussi les leçons du
maître que j'ai eu l'avantage d'être appelé à suivre pendant quatre
années m'ont-elles inspiré le désir d'appliquer à la Normandie ces
précieux enseignements, et d'esquisser ainsi une petite partie des détails
des grandes cartes générales dues aux brillants travaux du savant pro-
fesseur.

§ 60. — Les rivages des mers pendant le dépôt de nos étages ont bien souvent changé de limites, et ces diverses périodes correspondent tantôt à un retrait, tantôt à une extension des eaux ; mais on peut voir, en consultant nos trois cartes, pl. III, fig. 1, 2 et 3, qu'en outre de ces oscillations, on peut assigner, en Normandie, une marche générale régulière aux retraits et empiétements successifs de la mer jurassique. Il est facile de s'assurer, en effet, que, du côté occidental (le Cotentin), les eaux abandonnèrent du terrain graduellement, mais d'une manière continue, puisque tous les étages y sont en retrait les uns des autres ; tandis que de l'autre, c'est-à-dire vers l'est, on les voit dépasser souvent de beaucoup les limites des étages précédents ; empiétant sur ces derniers et regagnant ainsi, à l'est, plus de terrain qu'ils n'en avaient perdu à l'ouest. La série de tous ces rivages successifs forme ainsi une longue ligne courbe dont la concavité est tournée vers Caen, et peut être considérée comme une espèce d'anse autour de laquelle les rivages de ces anciennes mers se rangent, à peu près comme les feuillets d'un éventail.

Sous le rapport de l'extension des mers et par conséquent de la profondeur des eaux, nous pouvons considérer trois phases bien distinctes, représentées par chacune de nos trois cartes. La première est une période constante d'envahissement des eaux ; elle correspond au lias, tel que nous l'avons restreint dans ce travail. La deuxième est une période où les eaux sont très-basses et où le retrait est tellement complet, qu'à un certain moment les eaux ont presque entièrement disparu de la Normandie ; elle s'est produite pendant le dépôt des marnes infrà-oolithiques. Vers la fin de cette époque, les eaux regagnent considérablement ; et la dernière période, coïncidant avec le dépôt de l'oolithe inférieure, du fuller's-earth et de la grande oolithe, nous montre de nouveau une marche constante et de plus en plus prononcée d'approfondissement du bassin.

PREMIÈRE PÉRIODE, D'EXTENSION.

§ 61. *Mer de l'infrà-lias.* — La mer ne s'est étendue, pendant la formation de ce premier étage, que dans la partie orientale du Cotentin et

une faible partie du département du Calvados; elle formait deux golfes
séparés par l'arête silurienne de Montebourg, dont les îles St-Marcouf
étaient alors de toute évidence la continuation. Le plus septentrional de
ces golfes forme ce qu'on pourrait appeler la baie de Valognes; bordé en
grande partie par les argiles du trias, il ne devait pas avoir de côtes bien
accidentées, sauf vers le nord, où il forme une petite anse, celle de Videcosville; il communiquait, sans doute, avec la haute mer par un détroit
très-resserré entre la pointe de St-Vaast et les îles St-Marcouf. Le second golfe, beaucoup plus grand que le premier, occupe toute la partie
orientale, depuis l'arête de Montebourg jusqu'à Carentan; il recouvrait
également les environs d'Isigny, et son rivage devait être encore bien
éloigné de Bayeux. La mer jurassique n'est donc tout d'abord représentée
que par un petit golfe, resserré entre deux promontoires d'anciens terrains; il y a eu à ce moment retrait des eaux, puisque les argiles
triasiques débordent partout les limites de l'infrà-lias. Le creusement de
la dépression, qui a permis aux mers de la période jurassique d'envahir
la plus grande partie de la Normandie, est donc antérieur à cette grande
époque et coïncide avec la formation du trias. La nature des sédiments
déposés pendant la plus ancienne période jurassique nous montre que
le fond des deux golfes était, au commencement, une station vaseuse
très-favorable au développement des huîtres, et des acéphales myacidées, et aussi des oursins; cette nature vaseuse était commandée probablement par les argiles triasiques sur lesquelles s'est effectué ce
premier dépôt. Mais, plus tard, lorsqu'une première ligne de rivage eût
été formée, des plages sableuses, très-favorables au développement des
lamellibranches, remplacèrent la vase, et cet état de choses persista
jusqu'à la fin de cette première période.

§ 62. *Mer du lias à Gryphées.* —Pendant cette nouvelle période, la mer
abandonne complètement le premier petit golfe que nous avons nommé
la baie de Valognes; ses limites sont, au nord, l'arête quartzeuse
de Montebourg; à l'ouest, à peu près la ligne du rivage précédent;
mais au sud, et surtout à l'est, la mer gagne rapidement, s'étend sur
la plus grande partie du Bessin jusqu'aux environs de Bayeux. Toutefois, ce n'est qu'à la fin de la nouvelle période que les limites en ont

été définitivement arrêtées. Nous avons des preuves manifestes que les eaux avaient abandonné pendant quelque temps la contrée ; en effet, lorsque nous considérons le contact des deux roches à Os-manville (coupe n° 4), nous voyons que celle de l'infrà-lias avait subi un relèvement assez marqué pour n'être plus parallèle à celle du lias inférieur ; que la surface de contact est très-fortement durcie, usée et perforée, avec un grand nombre d'huîtres plates appliquées dessus. Il y a donc eu un instant où cette surface supérieure de l'infrà-lias a été exposée à l'air ; puis les eaux sont progressivement revenues, et la meilleure preuve de cette rentrée lente des eaux, c'est que ce ne sont pas partout les mêmes couches du lias inférieur qui viennent ainsi s'appliquer sur la surface perforée de l'infrà-lias. D'ailleurs, une lacune considérable, constatée par l'absence des couches à *Amm. angulatus*, prouve qu'il y a eu un temps d'arrêt, et même assez long, entre le dépôt de l'infrà-lias et celui du lias à gryphées. Pendant cette période, aux anses sableuses a succédé une large plage vaseuse, aux contours probablement arrondis, où ont vécu en abondance les huîtres et des Myacées, telles que la *Mactromya liasiana*, dont les coquilles sont presque aussi nombreuses que celles de la Gryphée arquée elle-même. A la fin, les eaux se sont de plus en plus approfondies vers le centre du bassin : aussi voyons-nous paraître alors une grande quantité de nou-veaux mollusques, tels que des *Térébratules*, des *Rhynchonelles*, des *Plicatules*, etc., etc.

§ 63. *Mer du lias à Bélemnites.* — Pendant cette nouvelle période, les mers ont considérablement gagné en surface : c'est à peine si elles sont légèrement en retrait du rivage précédent vers l'ouest ; mais, vers l'est, elles le débordent et viennent occuper un espace trois fois aussi considérable que pendant le dépôt du lias à gryphées ; toutefois, cet accroissement s'est fait progressivement et sans qu'aucune trace d'action violente sépare les deux étages ; c'est donc plutôt la continuation de la seconde période que la formation d'une nouvelle. Les rivages de la mer sont, pendant le dépôt du lias à Bélemnites, bien différents, suivant qu'on les considère en un point ou en un autre. Ainsi, dans le Cotentin et le Bessin, c'étaient de grandes plages vaseuses, aux contours arrondis. Mais déjà, en se rapprochant de Bayeux, la mer commence à battre contre des anciens terrains, et son premier rivage est bordé d'un dépôt sableux avec de gros galets ; les eaux rongent le rivage avant de s'y établir ; peu à peu les galets disparaissent, et, à une faible distance du bord, des sédiments un peu vaseux donnent retraite à une foule de mollusques parmi lesquels dominent encore les Lamellibranches. En allant vers Caen, les rivages deviennent de plus en plus accidentés : ce sont des pointes, des anses, des rades à l'infini, et leur aspect devait ressembler beaucoup à celui que présente de nos jours la Bretagne. De plus, à une certaine distance de la côte, se dressent les récifs plus ou moins élevés, formés de pointes siluriennes dont les cimes plus hautes percent seules au-dessus des eaux, et les moins profondes forment des pointes sous-marines. Une série nombreuse de ces îlots forme alors une sorte de chaînon situé parallèlement à la côte et à une distance du rivage variant d'une à deux lieues ; contre ces récifs, la mer brise avec violence et entasse tout autour des galets, des blocs de roches qui, peu à peu, augmentent l'étendue des récifs et finissent par diminuer la profondeur du chenal régnant ainsi depuis le récif jusqu'à la côte. Ces pointes de récif font l'office de brise-lames enserrant de petits bassins où les eaux sont d'une tranquillité parfaite. En se rapprochant de Falaise, les dépôts deviennent de plus en plus sableux, les anses et les sinuosités du rivage plus accidentées. De grandes pointes siluriennes, celles de Montabard et de Falaise, forment un grand cap qui suit à peu près la direction de la petite chaîne de récifs, et par une étroite issue ménagée entre la côte et le grand cap de Falaise, les eaux pénètrent dans le département de l'Orne, où elles forment encore de nouveaux caps, de nouveaux golfes ; les eaux s'infiltrent dans toutes les dépressions siluriennes, qu'elles comblent de petits dépôts isolés, entièrement sableux, devenus depuis de véritables grès quartzeux. Les limites de ces petits bassins, très-accidentés et à bords déchirés, ne sont pas encore connues et ne le seront sans doute jamais entièrement ; nous savons seulement qu'ils se prolongent jusque dans l'arrondissement de Domfront, et donnent lieu à ces dépôts si curieux, connus sous le nom de grès de Ste-Opportune, dont la date a été

fixée récemment par M. Morière. De l'autre côté de Falaise, le rivage
suit la grande arête silurienne de Montabard, et nous en perdons ensuite la trace vers l'est; et, en étudiant les environs d'Argentan et les
arrondissements de Séez, d'Alençon, du Mans, etc., nous n'en trouvons plus aucun vestige : ils ne reparaissent plus au sud qu'à Précigné, sur les confins de la Sarthe et de la Mayenne.

DEUXIÈME PÉRIODE, DE RETRAIT OU DE TRANSITION

(Pl. III, fig. 4).

§ 64. *Mer des marnes infrà-oolithiques.* — Cette période est un temps
d'arrêt très-marqué. Les eaux, que nous avons vues s'étendre si largement pendant la période du lias à Bélemnites, diminuent tout d'un
coup d'une manière extraordinaire, et ne forment plus qu'une rade
étroite vers le centre de la dépression. Elles s'étendent ensuite de nouveau, mais elles sont très-peu profondes, et une nouvelle oscillation
du sol les rejette encore une fois hors de leurs limites ; elles s'éloignent
même probablement tout-à-fait de la Normandie ; elles reviennent
ensuite et prennent alors une grande extension, et la fin de cette
période, que nous appellerons de transition, les voit de nouveau
s'approfondissant de plus en plus, et donnant encore lieu à des sédiments épais et réguliers. Nous étudierons donc successivement ces
changements survenus progressivement.

§ 65. *Période des argiles à poissons.* — Dans ce moment, les eaux
sont excessivement basses et ne persistent en Normandie que dans
le point le plus déclive de la dépression ; elles s'étendent dans un
petit golfe ou plutôt une rade comprenant une faible partie de l'arrondissement de Caen, et qui a dû communiquer avec la haute mer
par une passe fort étroite ne s'étendant pas même jusqu'à Bayeux ;
les sédiments produits alors sont formés d'une argile feuilletée ;
la faune, si riche durant la période précédente, est entièrement
disparue, et nous ne voyons alors qu'un petit nombre de mollusques appartenant aux Lamellibranches, dont l'existence est la plus

tenace, telles que des moules, des Avicules, des Possidonomyes. Il est même arrivé, sans doute, un instant où la communication avec la haute mer a été tout-à-fait coupée ; c'est à cette cause que nous attribuerions volontiers l'arrêt de mort frappant toute cette faune si remarquable de vertébrés et de poissons dont les carrières de Curcy, entr'autres, nous offrent de si précieux restes.

§ 66. *Première période des marnes moyennes.* — Les eaux couvrent, de nouveau, un très-grand espace, mais sont excessivement basses et n'ont produit que des sédiments très-peu épais. Les Céphalopodes sont en nombre immense pendant cette période et la suivante ; le rivage est partout formé de grandes plages vaseuses, très-plates, qui devaient s'étendre à l'infini. Les eaux s'avancent aussi vers le département de la Manche et forment une petite anse à Sᵗᵉ-Marie-du-Mont ; elles suivent ensuite à peu près les limites du lias à Bélemnites ; mais, comme elles sont en même temps très-basses, elles ne recouvrent pas tous ces îlots de récifs que nous avons vus faire une ligne à quelque distance du rivage ; elles n'en atteignent que quelques-uns, tels que ceux de Fontaine-Étoupefour et de May. On ne les voit plus sur aucun de ceux des environs de Falaise. Toutefois, les eaux occupent encore le centre du chenal profond que nous avions vu régner entre la côte et les récifs ; et c'est ainsi que les marnes moyennes pénètrent jusqu'à Bazoches. Leurs autres relations nous sont cachées par les terrains supérieurs, dans le nord et l'est de la plaine de Caen ; mais tout porte à croire que leur rivage s'avançait en formant une ligne oblique, dirigée vers Lisieux ou Pont-l'Évêque.

§ 67. *Deuxième période des marnes moyennes.* — Nous assistons de nouveau à un retrait des eaux. Les sédiments sont tout-à-fait semblables aux précédents ; mais, toutefois, quelques espèces nouvelles ont paru ; c'est l'époque où se montrent les *Ammonites* et *Lima Toarcensis*. On voit que les eaux baissent progressivement, en suivant une ligne à peu près concentrique aux contours des mers pendant la sous-période précédente ; et il arrive un instant où elles ont complètement quitté la Normandie. Ce moment coïncide avec le dépôt des marnes à *Ammonites torulosus*, à

Trigonia navis et *Ammonites primordialis*, si bien développées dans l'est de la France, mais dont nous n'avons aucune trace dans nos pays.

§ 68. *Période des calcaires supérieurs.* — Lorsque les eaux reviennent occuper nos contrées, elles sont d'abord très-basses. Ce premier état coïncide avec le dépôt des couches inférieures à *Amm. Murchisonæ*, où l'on trouve encore en grand nombre l'*Ammonites primordialis*. Avec les couches supérieures, le bassin s'approfondit de plus en plus : les mers sont alors à peu près rentrées dans les limites qu'elles avaient lors du dépôt du lias à Bélemnites ; mais elles dépassent cette limite vers le sud-est. C'est ainsi qu'elles pénètrent jusqu'auprès d'Argentan, en grandissant de ce côté le golfe que nous avions vu s'étaler, au contraire, vers Briouze, lors du dépôt du lias. Ces mêmes couches supérieures envahissent également de nouveau toute la partie orientale de l'arrondissement de Falaise, viennent contourner le grand cap de Montabard, et de là passent dans le département de l'Orne, en s'avançant vers Alençon et le département de la Sarthe.

Comme on le voit, à la fin de cette période de transition, les eaux sont revenues occuper à peu près l'espace qu'elles avaient envahi pendant la sédimentation du lias à Bélemnites. A partir de cet instant, le bassin des mers ira continuellement en s'approfondissant.

TROISIÈME PÉRIODE, D'EXTENSION

(Pl. III, fig. 5).

§ 69. *Mers de l'oolithe inférieure, du fuller's-earth et de la grande oolithe.* — Les mers occupent dès lors des limites à peu près semblables jusqu'au moment du dépôt des assises oxfordiennes ; le bassin va toujours en s'approfondissant. La ligne de rivage s'étend obliquement, depuis l'embouchure des Veys jusqu'à Vingt-Hanaps, dans l'Orne, et se continue ensuite régulièrement dans les départements de l'Orne et de la Sarthe. Tous ces rivages sont presque superposés ; les grandes inégalités du fond disparaissent peu à peu, comblées par les dépôts successifs, et la mer de la grande oolithe forme un fond très-égal, allant en s'abaissant insensiblement depuis le rivage jusque vers le centre du bassin. Les récifs de May, de Fontaine-Étoupefour et de Bretteville-sur-Laize sont à peu près nivelés, et leurs pointes les plus élevées seules forment çà et là de petits récifs de très-peu d'étendue. Dans l'arrondissement de Falaise, les sédiments sont encore fort peu épais, et les côtes offrent à peu près la même disposition dentelée signalée lors du dépôt du lias à Bélemnites. Le grand cap de Montabard devient lui-même un long récif, orienté nord-ouest sud-est, que la mer entoure de tous côtés ; enfin, dans le département de l'Orne, quelques pointes siluriennes, comme celles de Villedieu-les-Bailleul, forment encore de petits récifs très-peu élevés au-dessus du niveau des eaux. On peut dire, en général, que le dépôt de ces trois étages a successivement nivelé les inégalités du sol. Il en résulte que la composition de ces terrains offre très-peu de dissemblance entre les divers points que nous avions à considérer. Lors donc qu'un nouvel étage, celui des argiles oxfordiennes, vient remplacer les calcaires oolithiques inférieurs, le retrait des eaux dans les arrondissements de Caen et de Falaise met à nu une immense plaine calcaire (celle de Caen) que les trois étages ont concouru à former. A ce moment, un petit soulèvement partiel fait encore émerger un îlot peu étendu, celui du Merlerault, où l'oolithe miliaire forme un petit espace exondé au-dessus des premières assises oxfordiennes. Mais il s'est passé un temps assez considérable pendant lequel les eaux avaient continué à baisser. Si nous suivons leur retrait graduel, par exemple, autour du petit îlot du Merlerault, nous voyons que les assises supérieures de la grande oolithe, celles qui correspondent aux couches de Langrune, sont en retrait de l'oolithe. Une surface durcie, usée et dénudée, percée partout par des lithodomes, marque la séparation du système oolithique inférieur et moyen. Le retrait est d'ailleurs parfaitement marqué par l'absence des couches du cornbrash, qu'on ne voit nulle part en Normandie, mais qui ont dû se produire à une faible distance, puisque nous trouvons à Lion-sur-Mer un niveau spécial de fossiles du cornbrash remanié dans les couches calloviennes. Si, de plus, nous suivons les lignes de contact de la grande oolithe et du callovien dans le département du Calvados et dans le nord de celui de l'Orne, nous voyons que les assises calloviennes les plus inférieures manquent encore ; nous n'en

trouvons plus, ainsi que nous l'avons dit plusieurs fois, qu'autour
de l'îlot du Merlerault. Nous pouvons donc suivre facilement le
retrait des eaux, s'abaissant de plus en plus et progressivement jusqu'à la fin du dépôt des couches appartenant au système oolithique inférieur. Lorsqu'ensuite les mers viennent de nouveau envahir la contrée, ce n'est pas brusquement, mais lentement et par étapes
successives. La première de ces étapes est marquée par les couches les
plus inférieures du callovien, c'est-à-dire celles où se montrent avec un
grand nombre d'Oursins les premières Ammonites macrocéphales ; les
assises moyennes à *Ostrea amor* leur succèdent ensuite et ne s'étendent
également qu'à une certaine distance vers l'ouest ; enfin, les couches les plus supérieures du callovien, celles que caractérisent les
Amm. bullatus et les premières Gryphées dilatées, recouvrent seules
la grande oolithe dans les buttes de Sannerville, d'Escoville, etc., en se
rapprochant de Caen.

CONCLUSION.

Dans ces pages, qu'on jugera peut-être trop longues, je me suis
attaché à faire connaître, le mieux qu'il m'a été possible, la partie du
sol de notre Normandie sur laquelle j'ai concentré mes études pendant
près de quinze années. On trouvera sans doute que j'ai été trop minutieux,
que j'aurais pu passer sous silence une foule de détails et éviter des répéti-
tions. Mon excuse sera dans l'épigraphe même de ce travail. C'est la pensée
qui m'a soutenu et m'a fait croire que cette monographie serait de
quelque utilité pour la science. Nous sommes d'ailleurs arrivés à un
moment où la géologie a fait tant de progrès, que les questions de
détail ont besoin d'être de plus en plus approfondies pour perfectionner
l'ensemble de nos connaissances.

En un mot, les bases étant posées, nous devons dès lors, par des
monographies de régions, compléter l'œuvre grandiose de la Carte
géologique de France. C'est ce que j'ai cherché à faire, pour une partie
de la Normandie.

On dira, peut-être, que c'est par un amour exagéré du sol natal que j'ai
été entraîné dans de si longues études pour un si petit espace de terrain,

pour faire , comme on dit, de la GÉOLOGIE DE CLOCHER. J'accepte le re-
proche, si c'en est un, et je dirai, avec un de nos maîtres les plus chers
à la Normandie : « Chacun a pour le pays qu'il habite une prédilection
« marquée qui lui inspire un vif désir de le connaître sous tous les rap-
« ports, et celui qui sera indifférent aux plus belles découvertes relatives
« à la constitution géognostique de la France en général, pourra étudier
« avec empressement la géologie de son canton. »

EXPLICATION

DES FIGURES ET DES PLANCHES.

PLANCHE I.

Fig. A. Coupe d'une partie du département de la Manche et de la côte du Calvados, montrant la succession complète des couches jurassiques depuis l'infrà-lias jusqu'à l'oxford-clay.

    Nota. —Pour l'intelligence des nuances de convention indiquant chaque couche de terrain, nous prions le lecteur de vouloir bien se reporter aux teintes marquées sur cette première coupe, qui seront les mêmes pour toutes les autres, sauf quelques cas particuliers où quelque chose sera changé. Dans ce cas, comme dans la coupe C, les teintes nouvelles accompagneront chacune des coupes.

Fig. B. Diagramme indiquant les dislocations subies par les couches de la coupe A, prolongées au-dessous du niveau de la mer.

Fig. C. Coupe montrant la disposition des couches crétacées et tertiaires au milieu de la presqu'île du Cotentin, et leurs rapports avec les assises jurassiques.

Fig. D. Coupe prise depuis la butte de Landes-sur-Drôme jusqu'au-delà de Caen, montrant la série complète des assises jurassiques depuis le lias à Bélemnites jusqu'à la grande oolithe.

PLANCHE II.

Fig. E. Coupe de Lébisey à la butte de Laize, offrant toute la série des couches jurassiques depuis le lias à Bélemnites jusqu'à la partie supérieure de la grande oolithe.

Fig. F. Coupe depuis Lion-sur-Mer jusqu'à Argentan, passant par le récif de Montabard.

Fig. G. Coupe des Authieux à Séez, montrant le soulèvement de la grande oolithe formant l'axe du Merleroult.

PLANCHE III.

Fig. 1. Diagramme offrant l'ensemble des couches jurassiques inférieures de la Normandie, leurs rapports et leur composition, suivant les localités. Ce diagramme est donné, abstraction faite des failles et accidents locaux. Les n⁰⁵ 1—80 et les lignes qui leur correspondent indiquent les numéros des coupes partielles intercalées dans le texte. Enfin, les nappes d'eau et les puits sont indiqués par des tubes simples pour les sources peu importantes, doubles pour les nappes d'une grande abondance.

Fig. 2. Différents points du grand diagramme, suivant les côtes des hauteurs réelles au-dessus du niveau de la mer.

Fig. 3-6. Essais de cartes représentant les limites des terres et des mers pendant la période du lias, des marnes infrà-oolithiques, de la grande oolithe et de l'oxford-clay.

TABLE DES MATIÈRES.

A. Coupe d'une partie du département de la Manche et de la côte du Calvados montrant la succession complète des couches jurassiques depuis l'extrémité des Basses jusqu'au Calvados d'Orne

B. Diagramme indiquant les dislocations subies par les couches de la coupe A.

C. Coupe, montrant la disposition des couches crétacées et tertiaires au milieu de la presqu'île du Cotentin et leurs rapports avec les couches jurassiques.

D. Coupe de la limite des couches jurassiques et de l'eau montrant

E. Coupe de Lebisey à la Hotte de Loire offrant toute la série des couches jurassiques
et leurs rapports avec les grès siluriens formant récif.

F. Coupe de Lion sur mer à Argentan passant par le récif de Montolart.

C. Coupe des Authieux à Sées montrant le soulèvement de la grande Oolite
qui a produit l'axe de Médavault.

Kaspar delamp krappt Sculp.

Aug. Roupert.

Fig.1. Diagramme offrant l'ensemble des couches jurassiques inférieures dans la Normandie, leurs rapports et leur composition, suivant les localités, les nappes d'eau et les puits qui les traversent.

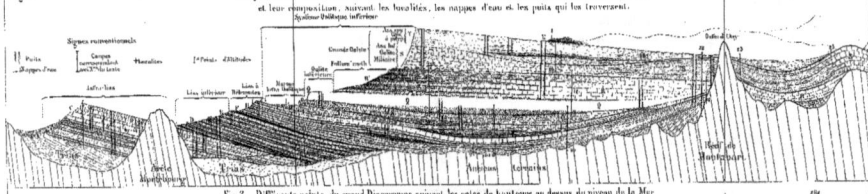

Fig.2. Différents points du grand Diagramme suivant les côtes de hauteurs au dessus du niveau de la Mer

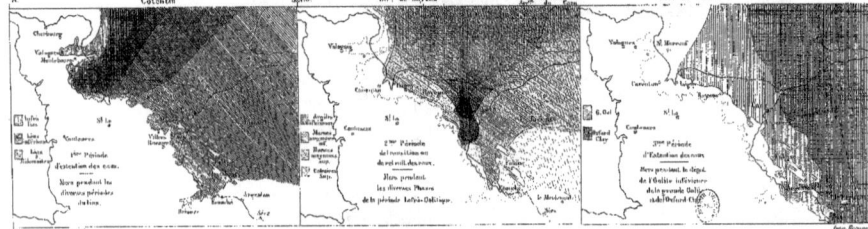

www.ingramcontent.com/pod-product-compliance
Lightning Source LLC
Chambersburg PA
CBHW070233200326
41518CB00010B/1546